"本科教学工程"全国服装专业规划教材

高等教育"十二五"部委级规划教材

女下装
结构设计原理与应用

NÜXIAZHUANG

JIEGOU SHEJI

YUANLI YU

YINGYONG

侯东昱　编著

化学工业出版社

·北京·

《女下装结构设计原理与应用》是服装专业"本科教学工程"系列教材之一。全书以女性人体的生理特征、服装的款式设计为基础，系统阐述了女裙、女裤的结构设计原理、变化规律、设计技巧，内容直观易学，有较强的系统性、实用性和可操作性。本书对基本原理的讲解精准简明，并选取典型款式深入浅出地进一步将理论知识解析透彻，同时根据实际生产状况对结构制图的方法与步骤进行了规范化和标准化，符合现代服装工业生产的要求。本书图文并茂、通俗易懂，制图采用CorelDraw软件，绘图清晰，标注准确。

　　本书既可作为高等院校服装专业的教材，也可供服装企业女装制板人员及服装制作爱好者进行学习和参考。

图书在版编目（CIP）数据

女下装结构设计原理与应用/侯东昱编著． —北京：化学工业出版社，2014.8
"本科教学工程"全国服装专业规划教材
高等教育"十二五"部委级规划教材
ISBN 978-7-122-20857-6

Ⅰ.①女… Ⅱ.①侯… Ⅲ.①女服-裙子-纸样设计-高等学校-教材②女服-裤子-纸样设计-高等学校-教材 Ⅳ.①TS941.717

中国版本图书馆 CIP 数据核字（2014）第 119403 号

责任编辑：李彦芳　　　　　　　　　装帧设计：史利平
责任校对：蒋　宇

出版发行：化学工业出版社（北京市东城区青年湖南街 13 号　邮政编码 100011）
印　　刷：北京云浩印刷有限责任公司
装　　订：三河市前程装订厂
889mm×1194mm　1/16　印张 18½　字数 614 千字　2014 年 9 月北京第 1 版第 1 次印刷

购书咨询：010-64518888（传真：010-64519686）　　售后服务：010-64518899
网　　址：http://www.cip.com.cn
凡购买本书，如有缺损质量问题，本社销售中心负责调换。

定　　价：39.80 元

"本科教学工程" 全国纺织服装专业规划教材

编审委员会

序 *Preface*

　　教育是推动经济发展和社会进步的重要力量，高等教育更是提高国民素质和国家综合竞争力的重要支撑。 近年来，我国高等教育在数量和规模方面迅速扩张，实现了高等教育由"精英化"向"大众化"的转变，满足了人民群众接受高等教育的愿望。 我国是纺织服装教育大国，纺织本科院校47所，服装本科院校126所，每年两万余人通过纺织服装高等教育。 现在是纺织服装产业转型升级的关键期，纺织服装高等教育更是承担了培养专业人才、提升专业素质的重任。

　　化学工业出版社作为国家一级综合出版社，是国家规划教材的重要出版基地，为我国高等教育的发展做出了积极贡献，被新闻出版总署评价为"导向正确、管理规范、特色鲜明、效益良好的模范出版社"。 依照《教育部关于实施卓越工程师教育培养计划的若干意见》（教高［2011］1号文件）和《教育部财政部关于"十二五"期间实施"高等学校本科教学质量与教学改革工程"的意见》（教高［2011］6号文件）两个文件精神，2012年10月，化学工业出版社邀请开设纺织服装类专业的26所骨干院校和纺织服装相关行业企业作为教材建设单位，共同研讨开发纺织服装"本科教学工程"规划教材，成立了"纺织服装'本科教学工程'规划教材编审委员会"，拟在"十二五"期间组织相关院校一线教师和相关企业技术人员，在深入调研、整体规划的基础上，编写出版一套纺织服装类相关专业基础课、专业课教材，该批教材将涵盖本科院校的纺织工程、服装设计与工程、非织造材料与工程、轻化工程（染整方向）等专业开设的课程。 该套教材的首批编写计划已顺利实施，首批60余本教材将于2013-2014年陆续出版。

　　该套教材的建设贯彻了卓越工程师的培养要求，以工程教育改革和创新为目标，以素质教育、创新教育为基础，以行业指导、校企合作为方法，以学生能力培养为本位的教育理念；教材编写中突出了理论知识精简、适用，加强实践内容的原则；强调增加一定比例的高新奇特内容；推进多媒体和数字化教材；兼顾相关交叉学科的融合和基础科学在专业中的应用。 整套教材具有较好的系统性和规划性。 此套教材汇集众多纺织服装本科院校教师的教学经验和教改成果，又得到了相关行业企业专家的指导和积极参与，相信它的出版不仅能较好地满足本科院校纺织服装类专业的教学需求，而且对促进本科教学建设与改革、提高教学质量也将起到积极的推动作用。 希望每一位与纺织服装本科教育相关的教师和行业技术人员，都能关注、参与此套教材的建设，并提出宝贵的意见和建议。

姚　穆

2013.3

前言

　　现今人们的生活方式发生着巨大的变化，国外各大行业涌入国内市场，各个行业的发展面临着严峻的挑战，我国服装行业是受国外冲击较大的行业之一，这对专门从事服装技术的工作者来说既是挑战也是机遇，应当以合理的心态学习国外的先进知识，不断增强自己的"内功"，逐步完善自我。　我国从事板型研究的技术人员虽然较多，但是，真正能够称得上是一名优秀的"板型师"的人却不多。　想成为一位优秀的板型师，仅仅只懂得画板型图是远远不够的，还应当要懂设计、面料、工艺等。

　　服装设计、服装结构设计、服装工艺设计，这三部分是紧密相连、息息相关的，其核心是服装结构设计。　服装结构设计是以人体为依据，研究人体与纸样的关系，用二维空间的材料包裹着三维人体，完成的是二维纸样到三维的转换过程。　作为一位专门从事服装板型方面的技术人员来说，基础理论知识的积累是必备的，一款成功的设计手稿，由技术高超的板型师给予款式灵魂，再由经验丰富的工艺师给予生命力，那么这个款式就"活了"，定能吸引人眼球，提升人们的购买欲望。

　　服装加工技术的日新月异，现代各款式的千变万化，这些无不都来源于精准的板型。因此，板型技术的发展是服装造型优美的灵魂，是内在的关键。　本教材主要就女下装对纸样进行探讨和研究。　全书通过对女性人体各个部位的结构特点、构成原理、构成细节、款式变化等方面，进行了系统而较全面地解剖和分析，具有较强的科学理论性、系统性以及实用性，使读者能够全面地理解和掌握女下装结构设计的方法。

　　本书通过学习女性人体结构特点，使读者全面地理解和掌握女下装结构设计方法。　详细阐述了女下装裙子、裤子设计方法及其变化规律和设计技巧。　本书共三篇，从服装结构设计的基本概念着手，由浅入深，循序渐进，内容通俗易懂，以中国女性人体特征为主，每个篇章既有理论分析，又有实际应用，并结合市场上较为流行的款式进行深入的解剖。　全书采用经典丰富的款式造型，结合笔者自身多年的实际生产经验，全方位地讲解，使读者能够真正地学到并且掌握女下装的理论知识。

　　本书适合从事服装行业的技术人员和业余爱好者系统提高女下装结构设计的理论和实践能力的学习之用；更适合作为各大中专院校的服装专业的教材。　本教材采用 CorelDRAW 软件按比例进行绘图，以图文并茂的形式详细分析了典型款式的结构设计原理和方法。

　　本教材由侯东昱教授负责整体的组织、编写，东谦负责第一章、第二章、第三章部分内容的整理。　河北科技大学的赵广艳和屈国靖同学为本书用图的绘制做了大量工作，在此表示感谢。

　　书中难免存在疏漏和不足，恳请专家和读者指正。

编著者

2014 年 3 月

目 录
Contents

第一篇　女下装结构设计基础理论

第二篇 裙子的结构设计

第三篇　裤子的结构设计

第一篇

女下装结构设计基础理论

第一章
女性下体结构特点

【学习目标】
1. 了解女性下体结构特点。
2. 了解女性横截面的特征对服装结构设计的影响。

【能力目标】
1. 能正确掌握人体平衡的关系，在裙子的结构设计中理解各部位结构设计的要求。
2. 能正确掌握女性横截面的特征，在裙子的结构设计中理解臀腰差设计的要求。

第一节 女性下体结构特点分析

一、人体平衡的关系

　　了解躯干肌肉的形体状态对服装结构的认识是十分重要的。把握结构的关键在于理解躯干肌肉构成所呈现的形态特征。躯干由腰部将胸部和臀部相连接，呈现为平衡的运动体，从静态观察其形体特征，胸部前身最高点是胸乳点，此凸点相对靠近腰部；背部最高点是肩胛点并相对远离腰部。因此，侧面观察胸部呈现出向后倾斜的蛋形。为了与胸部取得平衡，臀部是一个与胸部相反的向前倾斜的蛋形，它们由腰部连接着，形成人体躯干的节律，如图1-1所示。

　　在人体躯干的节律中可以理解许多关于纸样设计和修正的原理，在裙子的结构设计中可以看出，人体的腰线呈现的是前高后低的形态，这说明裙片前后的腰线不在同一水平线上，同时可以看出前后省的确定，人体的腹凸点靠上，形成的腹省短；臀凸点靠下，形成的臀省长，这些制图的要求都是由人体躯干形态结构所造成的，如图1-1所示。

二、女下体体表的功能性分析

　　腰围线是服装固有人体结构线，它把人体分成上半身和下半身，是人体上下半身的分界线。

　　人体下肢体表上的功能分布有以下几个功能，如图1-2所示。

① 贴合区

由裙子的腰省等形成的密切贴合区，是研究贴合性的部分。

② 作用区

作用区包含臀沟和臀底易偏移的部分，是考虑裤子运动功能的中心部分。

③ 自由区

自由区是对于臀底剧烈偏移调整用的空间，也是纸样裆部自由造型的空间。

④ 设计区

设计裙子时，进行感觉造型的区间。

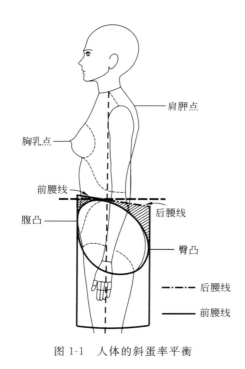

图1-1　人体的斜蛋率平衡

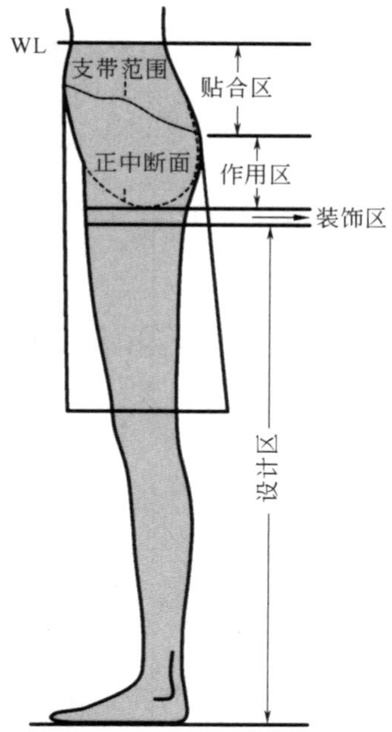

图1-2　人体下体体表功能分布图

第二节　女性横截面的特征对服装结构设计的影响分析

一、下半身人体体态

如图1-3所示，外包围立体的上部与人体之间存在着一定的空隙。为了形成立体形态，需要在腰部利用省道及其他方法使圆柱体与人体形态相贴合。

从腰线到臀围线的体表曲面是类似椭圆球面形态一部分的复曲面，严格地讲，这一复曲面结构要在同一块平面布料上形成是不可能的，但是利用布料组织的柔软性，再配合数条省道，便可以作出接近人体曲面的结构。

图1-4是针对下半身重合图的外包围和腰省的各部位进行测量，并求得腰省分配量的示意图。

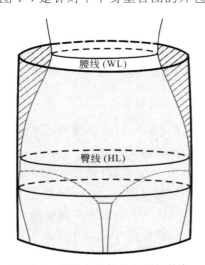

图1-3　下半身整体外包围长状态

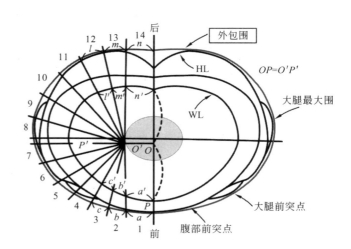

图1-4　利用断面重合图测量腰部省量

腰省的设定基准是当视线面向站立人体的体表率中心时，腰省基本上呈垂直状态。将这理论简单化，并假设平面图上的断面重合图由两个半圆和中间的方形部分组成。将圆的中心假设为曲率中心，从中心开始做15°的间隔等分，在每一部分的中心位置收省量，省量为该区域内外包围与腰围的差数。

图 1-5 是下半身腰省分配的模式示意图，虽然从结果来看，在前、后中心位置的省量为负值，但实际应用中是将这一部分融入邻近的省道中，中心的部位没有放置省道。此外，省量由中心向侧面过渡时逐渐加大。因此，在裙型的结构设计上要想符合人体而使用的两种造型方法的基本结构设计方法是省道处理的方法和切展处理的方法。

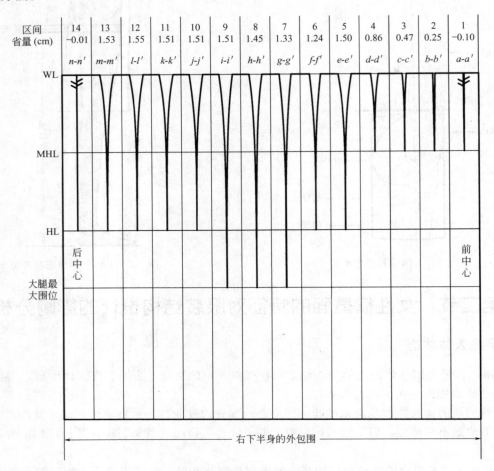

图 1-5　下半身腰省分配的模式示意图

裙子的基本立体形态是包围人体下半身，经过各个方向上的突出点形成的直筒型立体形态。但在裙子的实际设计中，为了与布料的厚度，人的行走、坐立等动作相适应，必须考虑加入适度的松量。此外，裙子的实际立体形态应与基本立体相接近，并同时满足单曲面、构成简单等重要条件。

二、下半身人体的立体形态与结构的平衡关系

图 1-6 是计测省量方法的其中一例，间隔 15°加入分割线，求出各区间内的外包围和腰围的差值，图中显示了在每个 15°间隔中所划分的各部分省量大小的计测方法。侧缝线的位置在 O_1 和 O_2 之间，决定了侧面突出点和外包围之间的关系。用该平面重合图的方法计算得到平均值结果，如图 1-7 所示。图 1-7 是将图 1-6 中间隔 15°分割的省量归纳为 7 个区间的展开图，图 1-6 是归纳为 7 个区间的图示，每一部分的中央部位都取有省量。观察这些图，可以看出下半身外包围比臀部尺寸大。此外，从图 1-7 中的下半身横断面重合图可以看到，在下半身外包围线与腰线形状呈垂直的后中心线及前中心线附近省量很少，而在两者形状呈现类似同心圆的部分（侧腰附近的部分）则明显增多。尤其是外包围的曲率发生变化，腰线和外包围线距离偏离比较大的地方，由于外包围和腰线的差值增大，省量也明显变多。

从以上结果可知，在前、后中心线附近基本上不需要腰省，同时可以判断出从斜侧面到侧面在腰线处应取省道的数量及其合理性，并可证明立体裁剪的结果。

从以上的讨论中可以看出，与直筒裙相关的基本人体因素除了腰部、臀部、裙长以外，与自然腰部形态

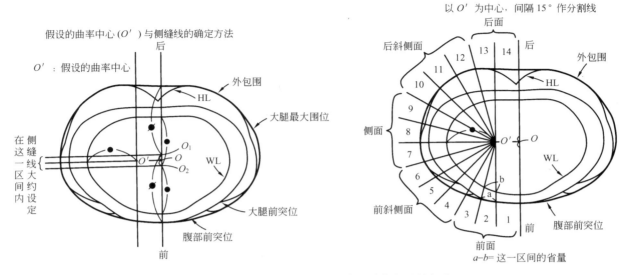

图 1-6　根据下半身的横断面重合图计算省量的方法

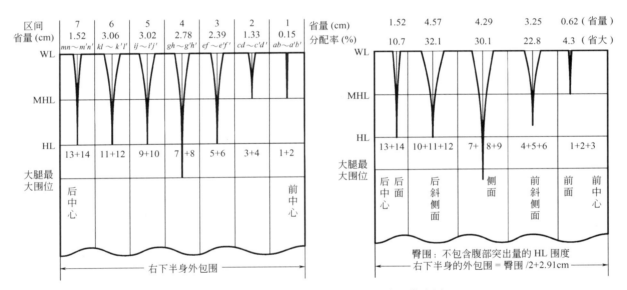

图 1-7　与下半身外包为相对应的腰省分配模式图

相对的裙子腰身位置以及腰部断面形状和外包围形状的尺寸差距等因素，都会对腰省的分配产生很大的影响。

思考题 ▶▶

1．人体平衡的关系对在裙子的各部位结构设计要求是什么？

2．在裙子的结构设计中为什么裙子的后腰和前腰的处理有所不同？

3．女性横截面的特征对裙子的结构设计的影响是什么？

第二章

女下装规格及参考尺寸

【学习目标】

1. 了解女下装规格及号型应用。
2. 了解女下装人体参考尺寸。

【能力目标】

1. 掌握我国服装号型的表示方法。
2. 掌握女下装人体参考尺寸。

第一节　女下装规格及号型应用

我国服装号型标准是在人体测量的基础上根据服装生产需要制订的一套人体尺寸系统，是服装生产和技术研究的依据，包括成年男子标准、成年女子标准和儿童标准三部分。现行《服装号型　成年女子》国家标准于 2009 年 8 月 1 日实施，其代号为 GB/T 1335.2-2008。

服装号型国家标准的实施对服装企业组织生产、加强管理、提高服装质量，对服装经营提高服务质量，对广大消费者选购成衣等都有很大的帮助。

一、服装号型基本原理

（一）号型的定义

号指人体的身高，以厘米（cm）为单位，是设计和选购服装长短的依据。

型指人体的上体胸围和下体腰围，以厘米（cm）为单位，是设计和选购服装肥瘦的依据。

（二）体型分类

通常以人体的胸围和腰围的差数为依据来划分人体的体型，并将体型分为四类，分类代号分别为 Y、A、B、C，见表 2-1。

表 2-1　体型分类代号及数值　　　　　　　　　　　　　单位：cm

体型分类代号	女性胸腰差
Y	19～24
A	14～18
B	9～13
C	4～8

（三）号型标志

上下装分别标明号型。号与型之间用斜线分开，后接体型分类代号。如：下装 160/68A，其中 160 代表号，68 代表型，A 代表体型分类。

二、号型系列

号型系列是把人体的号和型进行有规则的分档排列，是以各体型的中间体为中心，向两边依次递增或递减组成。成年女子标准号为 145～180cm，身高以 5cm，腰围分别以 4cm、2cm 分档组成下装的 5·4 和 5·2 号型系列。

中间体的设置是根据大量实测的人体数据，通过计算，求出均值，即为中间体。它反映了我国成年女子各类体型的身高、胸围、腰围等部位的平均水平。中间体设置见表 2-2。

表 2-2　中间体设置　　　　单位：cm

女子体型	Y	A	B	C
身高	160	160	160	160
胸围	84	84	88	88
腰围	64	68	78	82

号型系列表。

5·4、5·2A 号型系列，如表 2-3 所示。

表 2-3　5·4、5·2A 号型系列　　　　单位：cm

部位	数　值																							
身高	145			150			155			160			165			170			175			180		
颈椎点高	124.0			128.0			132.0			136.0			140.0			144.0			148.0			152.0		
腰围	54	56	58	58	60	62	62	64	66	66	68	70	70	72	74	74	76	78	78	80	82	82	84	86
臀围	77.4	79.2	81.0	81.0	82.8	84.6	84.6	86.4	88.2	88.2	90.0	91.8	91.8	93.6	95.4	95.4	97.7	99.0	99.0	100.8	102.6	102.6	104.4	106.2

三、控制部位数值

控制部位数值是人体主要部位的数值（净体数值）。长度方向有身高、颈椎点高、坐姿颈椎点高、腰围高、全臂长。围度方向有胸围、腰围、臀围、颈围以及总肩宽。控制部位表的功能和通用的国际标准参考尺寸相同，表 2-4 为服装号型各系列控制部位数值。

表 2-4　5·4、5·2A 号型系列控制部位数值　　　　单位：cm

胸围	身　高																							
	145			150			155			160			165			170			175			180		
	腰　围																							
72				54	56	58	54	56	58	54	56	58												
76	58	60	62	58	60	62	58	60	62	58	60	62	58	60	62									
80	62	64	66	62	64	66	62	64	66	62	64	66	62	64	66	62	64	66						
84	66	68	70	66	66	70	66	68	70	66	68	70	66	68	70	66	68	70	66	68	70			
88	70	72	74	70	72	74	70	72	74	70	72	74	70	72	74	70	72	74	70	72	74	70	72	74
92				74	76	78	74	76	78	74	76	78	74	76	78	74	76	78	74	76	78	74	76	78

胸围	145			150			155			160			165			170			175			180		
							78	80	82	78	80	82	78	80	82	78	80	82	78	80	82	78	80	82
96																								
100										82	84	86	82	84	86	82	84	86	82	84	86	82	84	86

（表头：A　身高　腰围）

四、女子服装号型的应用

服装号型是成衣规格设计的基础，根据《服装号型》标准规定的控制部位数值，加上不同的放松量来设计服装规格。一般来讲，我国内销服装的成品规格都应以号型系列的数据作为规格设计的依据，都必须按照服装号型系列所规定的有关要求和控制部位数值进行设计。

《服装号型》标准详细规定了不同身高、不同胸围及不同腰围人体各测量部位的分档数值，这实际上就是规定了服装成品规格的档差值。

以中间体为标准，当身高增减 5cm，净腰围增减 4cm 或 2cm 时，服装主要成品规格的档差值，见表2-5。

表2-5　女子服装主要成品规格档差值　　　　单位：cm

规格名称	身高	后衣长	袖长	裤长	胸围	领围	总肩宽	腰围		臀围	
档差值	5	2	1.5	3	4	0.8	1	5·4	4	Y、A	B、C
								5·2	2	3.6、1.8	3.2、1.6

第二节　女下装人体参考尺寸及参考数据

一、女下装参考尺寸

这里以 160/68A 为依据列出女下装标准人体参考尺寸，见表2-6。

表2-6　女下装主要成品规格档差值　　　　单位：cm

	序号	部位	标准数据	序号	部位	标准数据
长度	1	身高	160	2	腰高	98
	3	总长	136	4	腰长	18
	5	上裆长	25	6	膝长	58
	7	前后上裆长	68	8	裤长	98（不包括腰头宽）
	9	下裆长	73			
围度	1	腰围	68	2	膝围	33
	3	腹围	85	4	踝围	21
	5	臀围	90	6	足围	30
	7	大腿根围	53			

二、女下装参考数据

日本工业标准（JIS）是日本国家级标准中最重要、最权威的标准，由日本工业标准调查会（JISC）制定，分类细化共 19 项。截至 2007 年 2 月 7 日，共有现行 JIS 标准 10124 个。从 1992 年 6 月起至 1993 年 8 月，日本人类生活工业研究中心在日本全国调查收集了 33600 人的人体数据，作为通产省修订 JIS 标准的基础资料。通常在服装单件定做时需要考虑个体的人体测量尺寸，同样在成衣生产中也需要参照日本工业规格（JIS）中的服装号型规格。

　　这里以 160/68A 为依据列出 JIS 女装标准人体参考尺寸，见表 2-7。

表 2-7　JIS 人体标准参考数据　　　　　　　　　　　　　　单位：cm

身高	156												164				
胸围	76			均值	82			均值	92			均值	76	82			均值
臀围	84.6	85.1	85.6	85.1	88.2	88.8	89.2	88.7	94.2	94.9	95.2	94.8	86.3	91.0	89.9	90.5	90.5
腰围	59.0	59.7	59.8	59.5	63.2	64.9	65.2	64.4	70.2	73.6	74.3	72.7	59.0	63.3	63.2	64.6	63.7
会阴点高	70.3	69.5	69.6	69.8	70.0	69.2	69.3	69.5	69.6	68.7	68.9	69.1	75.0	75.9	74.7	73.5	74.7
膝点高	39.0	38.8	39.0	38.9	39.1	38.8	39.0	39.0	39.1	38.9	39.0	39.0	41.4	42.0	41.4	41.2	41.5
小腿最大围高	28.6	28.3	28.6	28.5	28.7	28.4	28.7	28.6	28.9	28.5	28.9	28.8	30.5	30.9	30.6	30.0	30.5
踝点高	6.1	6.1	6.2	6.1	6.0	6.1	6.2	6.1	6.0	6.1	6.2	6.1	6.4	6.3	6.3	6.4	6.3
腹围	75.9	76.6	77.6	76.7	80.9	81.6	82.9	81.8	88.7	89.7	91.2	89.9	75.9	79.7	80.8	81.6	80.7
大腿最大围	49.6	49.2	48.7	49.2	52.5	51.7	51.0	51.7	57.0	55.6	54.3	55.6	49.2	52.5	52.1	52.1	52.2
小腿最大围	32.8	32.3	32.0	32.4	34.5	33.8	33.4	33.9	37.1	36.1	35.4	36.2	32.8	34.7	34.5	33.9	34.4
WL～座面	27.2	27.4	27.4	27.3	27.6	27.7	27.7	27.7	28.0	28.1	28.1	28.1	28.4	28.8	28.8	28.8	28.8

思考题

1. 我国人体体型分类是什么？
2. 女下装控制部位数值有哪些？

第三章

服装制图准则、代号及纸样符号

【学习目标】

1. 了解服装制图准则。

2. 了解服装制图代号。

【能力目标】

1. 掌握服装制图代号。

2. 掌握纸样符号的绘制。

第一节 服装制图准则和代号

一、服装制图准则

（一）制图比例

在女装结构制图中，标准样板的绘制和放缩通常采用1：1与实物相同的比例。

（二）图线及画法

同一图纸中同类图线宽度应一致。图纸中的线迹清晰、明确。

（三）字体及尺寸标注

图纸中的文字、数字、字母及尺寸标注都必须做到字体端正、笔画清楚、排列整体、间隔均匀。

二、服装制图基本规则

（1）服装各部位和零部件的实际大小应以图样上所注的尺寸数值为准。

（2）图纸中（包括技术要求和其他说明）的尺寸，一律以cm为单位。

（3）服装制图部位、部件的每一尺寸，一般只标注一次，并应标注在该结构最清晰的图形上。

三、服装制图代号

女下装制图主要部位代号见表3-1。

表 3-1　女下装制图主要部位代号

序号	部位名称	代号	英文名称	序号	部位名称	代号	英文名称
1	腰围	W	Waist	9	前中心线	FCL	Front Center Line
2	臀围	H	Hip	10	后中心线	BCL	Back Center Line
3	大腿根围	TS	Thigh Size	11	裙长	SL	Skirt Length
4	脚口	SB	Sweep Bottom	12	裤长	TL	Trousers Length
5	腰围线	WL	Waist Line	13	股上长	CL	Crotch Length
6	中臀围线	MHL	Middle Hip Line	14	股下长	IL	Inside Length
7	臀围线	HL	Hip Line	15	前上裆	FR	Front Rise
8	膝盖线	KL	Knee Line	16	后上裆	BR	Back Rise

第二节　纸样符号

在服装结构设计纸样绘制中，若用文字说明缺乏准确性和规范性，容易造成误解。纸样符号主要用于服装的工业化生产，它不同于单件制作，而必须是在一定批量的要求下完成。因此，需要确定纸样绘制符号的通用性以指导生产、检验产品。另外，就纸样设计本身的方便和识图的需要也必须采用专用的符号表示。

纸样符号分为两类：纸样绘制符号和纸样生产符号。

一、纸样绘制符号

纸样绘制符号，是在纸样绘制中所采用的规范性符号，见表 3-2。

表 3-2　纸样绘制符号

序号	名称	符号	序号	名称	符号
1	制成线		7	整形符号	
2	辅助线		8	重叠符号	
3	贴边线		9	省略符号	
4	等分线		10	相同符号	
5	直角符号		11	距离线	
6	剪切符号				

（一）制成线

制成线在本书所有纸样设计的图例中是最粗的线。它分两种，①是实制成线，②是虚制成线。实制成线又称裁剪线，用粗实线表示，通常指纸样的制成线，依此线剪出的纸样就叫净样板。净样板只有部分适用于工业生产中画净线使用。加上缝份的样板叫毛样板，这种样板多用在工业样板生产中。虚制成线也称对折线，用长虚线表示，此线是专指纸样两边完全对称或不对称的折线，在图例中看到这种线意味着实际纸样是以此对称或不对称的整体纸样。

（二）辅助线

在图例中，表示各部位制图的辅助线，用细实线表示。它是图样结构的基础线，如尺寸线和尺寸界限、引出线，在制图中起引导作用。

（三）贴边线

贴边线主要用在面布的内侧，起牢固作用，绘图时用点划线表示。

（四）等分线

等分线和尺寸相同符号在功能上是一样的。

（五）直角符号

图例中的直角符号与数学直角符号有一定区别。

（六）剪切符号

纸样设计需要剪切、扩充、补正。剪切符号箭头所指向的部位就是剪切的部位。需要注意的是，剪切只是纸样设计修正的过程，而不能当成结果，要根据制成线识别最后成型纸样。

（七）整形符号

当纸样设计需要变动基本纸样的结构线时，必须在这些部位标出整形符号，以示去掉原结构线，而变成完整的形状。当然，同时还要以新的结构线取代原结构线，这意味着在实际纸样上此处是完整的形。

（八）重叠符号

交叉线所共处的部分为纸样重叠部分，在分离复制样板时要按裁片分离。

（九）省略符号

省略符号是省略长度的标记。

（十）相同符号

相同符号表示尺寸大小相同。

（十一）距离线

表示某部位起始点之间的距离。

二、纸样生产符号

纸样生产符号，是在纸样绘制中所采用的指导生产的规范性符号，有助于提高产品档次和品质，见表3-3。

（一）双箭头符号

双箭头符号也称经向符号（直丝符号），表示服装材料布纹经向对标志，符号设置应与布纹方向平行。

纸样中所标的双箭头符号，要求操作者把纸样中的箭头方向对准的经向排板。当纸样双箭头符号与布丝出现明显偏差时，会严重影响质量，或者使设计中所预想的造型不能圆满实现。因此，纸样设计者正确运用和掌握此符号是很重要的。

表 3-3 纸样生产符号

序号	名称	符号	序号	名称	符号
1	双箭头符号 （经向符号）		8	眼位符号	
2	单箭头符号		9	扣位符号	
3	省符号 （埃菲尔省） （钉子省） （宝塔省） （开花省） （弧形省）		10	明线符号	
4	褶裥符号 （暗裥） （明裥）		11	对格符号	
5	缩褶符号		12	对条符号	
6	对位符号 （剪口符号）		13	拉链符号	
7	钻眼符号		14	橡筋符号	

（二）单箭头符号

单箭头符号也称顺向符号，表示服装材料表面毛绒、花型方向顺向的标志，当纸样中标出单箭头符号，表示要求生产者把纸样中的箭头方向与带有毛向、花型方向相一致。如皮毛、灯芯绒、有方向花型等。

（三）省符号

省的作用往往是一种合体的处理。省的形式也多种多样，如：钉子省、埃菲尔省、开花省、宝塔省、弧线省等，最常见的是前两种。

（四）褶裥符号

褶裥在服装中起到既合体又增加装饰功能的作用。常见褶的种类有活褶、暗褶。当把褶从上到下全部车缝起来或者全部熨烫出褶痕，就成为常说的裥。常见的裥有顺裥、相向裥、暗裥、倒裥。裥是褶的延伸，所以表示的符号可以共用。一般看活褶符号的斜线方向，打褶的方向总是从斜线的上方倒向下方，划斜线的范围表示褶的宽度。

（五）缩褶符号

缩褶是通过缩缝完成的，其特点是自然活泼，因此，用波浪线表示。

（六）对位符号

对位符号也称剪口符号，在工业纸样设计中，对位符号起两个作用，一是确保设计在生产中不走样；二是可缩短生产时间。首先，对位可以保证各衣片之间的有效复合，提高质量，例如前后裤片等，对位符号越充分，品质系数越高。其次，是对应性，对位符号一定是成双成对的，否则对位的意义就不存在了。

（七）钻眼符号

表示多层剪裁时裁片内需要明确标注明确位置，如省尖、袋口等需要标注钻眼的位置。

（八）眼位符号

表示服装中有实用功能的扣位，标记扣眼符号，常见的眼位符号分为两种：横眼和竖眼，横眼普遍用于西服门襟、大衣门襟、裙腰、裤腰；竖眼用于衬衫门襟。

（九）扣位符号

表示服装钉纽扣位置的标记，交叉线的交点是钉扣位。交叉线带圆圈带表示装饰纽扣，没有实用功能的扣位才标注此符号，如西服的袖扣等。

（十）明线符号

明线符号表示的形式也是多种多样的，这是由它的装饰性所决定的。虚线表示明线的线迹，在某种情况下，还需标出明线的单位针数（针/cm）、明线与边缝的间距、双明线或三明线的间距等。实线表示边缝或倒缝线。

（十一）对格符号

表示相关裁片格纹应一致的标记，符号的纵横线应对应于布纹。

（十二）对条符号

表示相关裁片条纹应一致的标记，符号的纵横线应对应于布纹。

（十三）拉链符号

拉链符号表示服装在该部位缝制拉链位置。

（十四）橡筋符号

橡筋符号也称罗纹符号、松紧带符号，是服装下摆或袖口等部位缝制橡筋或罗纹的标记。

思考题 ▶▶

1. 在制板过程中为什么要严格地标注制图符号？
2. 在服装制板中，纸样生产符号的作用是什么？
3. 缩写 BL、WL、HL、BP 在制板中表示什么意思？
4. 在服装制板中对位符号的作用是什么？

第二篇

裙子的结构设计

第四章

裙子概述

【学习目标】
1. 了解裙子的发展演变过程。
2. 了解裙子的分类。

【能力目标】
1. 掌握裙子结构线名称、作用和专业术语。
2. 能根据裙型款式进行材料选择。

第一节　裙子的产生与发展

　　裙装是下装的两种基本形式之一（另一种是裤装），主要是指女性的下体衣。人们通常所说的裙子是指以独立形式存在的，但有时也指连衣裙中的下半部分，因其样式变化多而为人们广泛穿用。

　　远古时代，先民有了害羞观念之后，用树叶或兽皮遮挡前面隐私部位，形成裙子的雏形——围裙。到殷商时期，围裙则衍变成祭服的一种装饰品，实用价值不大，仅保存纪念价值。裙子到先秦时期，被称为裳，通常穿在腰部以下的部位，也称"下裳"。下裳服制直到清代，在礼服中仍保留着它的遗制，只不过将裳改制为两片，遮覆在左右两膝。而真正意义上的裙装样式出现在汉代，女性穿着裙子，上身以孺袄等短衣款式搭配，在进入汉代以后逐渐成为风尚。此外，裙装伴随少数民族入主中原，出现了汉式、胡式并存和胡装汉化的现象，适于骑射的戎式裙装等新款风行一时。而唐代裙子与前代相比，主要由裙、衫、帔三件组成，裙长曳地，肩上再披着长围巾一样的帔帛。清定都之后立即着手推行以满式旗装为中心的"官员士庶冠服"制度，为现今的旗袍雏形奠定了基础，并于 1929 年确定为国家礼服之一。近代西式裙传入我国，成为人们日常穿着的重要服装，逐渐取代了我国传统的裙子。

　　古埃及时就有裙装，初始是一种合体简单直筒形的装束，多为具有较高地位的女子穿用。到了中世纪哥特式时期，宽衣时代的平面性、直线性的裁剪方式受到颠覆，由于省道技术的使用，服装走入三维立体裁剪的天地，为窄衣形服装大行其道奠定了技术基础，同时也使东西方的男女服装观念出现分道扬镳的现象。随着整体服装的装饰化，到了 16 世纪中期，出现裙撑（为裙子造型用的一种衬裙），是用来撑开裙褶的撑架物，使裙子造型更有膨胀感。19 世纪末期，又出现了在臀部放入后腰垫的裙子。20 世纪后，由于第一次世界大战的发生，伴随女性加入社会生活的同时，裙子也变为易于活动的短裙形。第二次世界大战后，像长裙、超短裙等，根据流行出现了各式裙形，直至如今。

　　现代时装不仅要注重其实用性，而且还要重视其自由着装的个性，裙子也不例外。特别是组合变化多的服装已成为流行的主流，裙子所起的作用也越来越引起人们的关注，它的形状与着装也越来越向多样化发展。裙子根据各个时代的不同要求与流行，经历了各种演变至今，已成为不可缺少的服装之一。

第二节 裙子的基本知识点

一、裙子的分类

裙装的款式千变万化，种类和名称繁多，从不同的角度有不同的分类。

（一）按裙腰的高低形态分类

根据裙腰的高低形态分类，裙子可分为低腰裙、无腰裙、装腰裙、连腰裙、高腰裙等，如图4-1所示。

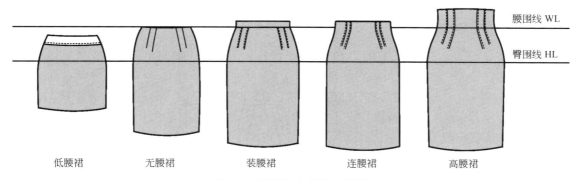

腰围线 WL

臀围线 HL

低腰裙　　　　无腰裙　　　　装腰裙　　　　连腰裙　　　　　高腰裙

图 4-1 裙腰的高低形态分类

（二）按裙子的长度分类

根据长度分类，裙子可分为微型迷你裙、迷你裙、露膝短裙、及膝短裙、过膝裙、中长裙、长裙、拖脚面长裙，如图4-2所示。

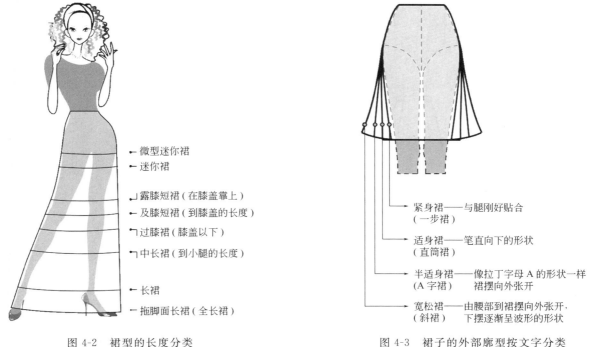

→ 微型迷你裙
→ 迷你裙

↳ 露膝短裙（在膝盖靠上）
→ 及膝短裙（到膝盖的长度）
↰ 过膝裙（膝盖以下）
↰ 中长裙（到小腿的长度）

→ 长裙
→ 拖脚面长裙（全长裙）

图 4-2 裙型的长度分类

紧身裙——与腿刚好贴合
（一步裙）

适身裙——笔直向下的形状
（直筒裙）

半适身裙——像拉丁字母 A 的形状一样
（A 字裙）　　裙摆向外张开

宽松裙——由腰部到裙摆向外张开，
（斜裙）　　下摆逐渐呈波形的形状

图 4-3 裙子的外部廓型按文字分类

（三）按裙子的外部廓型分类

按文字表示裙子的外部廓型可分为紧身裙、适身裙、半适身裙、宽松裙等，如图4-3所示。
按字母表示裙子的外部廓型可分为 H 型、A 型、S 型、O 型、T 型等，如图4-4所示。

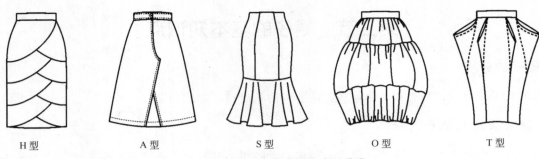

H型　　　　A型　　　　S型　　　　O型　　　　T型

图4-4　裙子的外部廓型按字母分类

（四）按裙子的内部结构分类

按裙子的内部结构分类，分为省道裙、褶裙、分割线裙和组合裙，如图4-5所示。

图4-5　按裙子的内部结构分类

1. 省道裙

省道裙又可分为垂线省、水平线省（横向）、斜线省、曲线省等。

2. 褶裙

褶裙又可分为规律褶裥和无规律褶裥。

3. 分割线裙

分割线裙又可分为四片裙、六片裙、八片裙、多片裙、育克裙等。

4. 组合裙

组合裙又可分为育克褶裙、多片鱼尾裙等。

二、裙子结构线名称、作用和专业术语

裙子结构线名称、作用和专业术语，如图4-6所示。

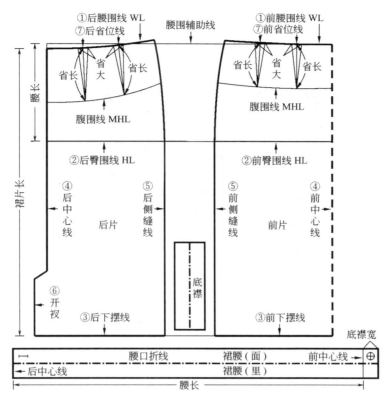

图 4-6 裙子的外轮廓分类

（一）腰围线

根据人体腰部命名，依据人体形态后腰稍低，构成前、后腰围线结构的不同的特点。

（二）臀围线

平行于腰口辅助线以腰长取值的水平线即为臀围线。臀围线除确定臀围位置外，还控制臀围和松量的大小。

（三）前下摆线和后下摆线

以裙片长取值的水平线，其大小直接影响裙子廓型。

（四）前中心线和后中心线

位于人体前、后中心线上，是指前、后腰节点至前、后下摆线的结构线。

（五）前侧缝线和后侧缝线

位于前、后裙片外侧的结构线。

（六）开衩

裙开衩是当裙子前、后下摆线的尺度满足不了人体步距需求所要设计的加长量，开衩的位置通常在后中心线上或侧缝上，也可以根据款式需求设计在其他位置。

（七）前省位线和后省位线

省线一般位于腰口线上，其量的大小、数量的多少，主要依据裙型和臀腰差的多少而定，依据人体形态腹高臀低，构成前、后腰省长度的不同的特点。

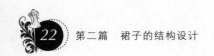

三、裙子的面、辅料简介

服装是由款式、色彩和材料组成的。其中材料是最基本的要素。服装材料是指构成服装的一切材料，它可分为服装面料和服装辅料，如图4-7所示。

苎麻　　　　　　　　雪纺印花　　　　　　　　桑蚕丝　　　　　　　　纯棉刺绣

图4-7　春夏裙子面料的选择

（一）面料的分类

根据不同季节和穿用目的分别选用不同类型的面料进行裙装设计。夏季的裙装多选择轻薄、合身、柔软、滑爽、吸湿性、透气性、悬垂感较好的面料作为首选，例如棉麻、丝绸、乔其纱等；冬季的裙装则多选用防皱耐磨、轻盈保暖、悬垂挺括、质地厚实的毛呢、华达呢、毛涤混纺的面料进行裙装设计。

在正式社交场合穿着的服装宜选纯毛、纯丝等面料；礼服、西装、大衣等正规、高档的服装宜选纯丝、纯毛、呢绒等面料；时装、休闲装、内衣和衬衫及休闲服饰宜选用棉、麻、皮革、混纺等面料进行设计，如图4-8所示。

毛呢浮雕绣花　　　　　羊毛麻花呢　　　　　　羊毛混纺　　　　　　涤纶浮雕轧花

图4-8　秋冬裙子面料的选择

（二）辅料的分类

1. 里料分类

里料是用于服装夹里的材料，它是指用于部分或全部覆盖服装里面的材料，在裙子里料使用中大部分为部分覆盖，如裙摆较大裙型里料在下摆围度上满足人体步距需求；长度上在膝围线附近即可。里料的材料主要有涤纶塔夫绸、尼龙绸、绒布、各类棉布与涤棉布等。经常使用的里子绸类材料有170T、190T、210T、230T涤纶塔夫绸、尼龙塔夫绸与人棉绸；绒布有单面绒、双面绒、经编绒等，一般以克重计算，常见的绒类材料克重为120～260G/m²，通常把各类口袋布归为里料类，常用的口袋布为T/C45×45/65×35/96×72，与133×72等品种服装炉料的基本作用。

根据不同的裙装形态会选用不同的里料来与之相配，丝绸类面料搭配如塔夫绸、花软缎、电力纺等；化纤类面料搭配如美丽绸、涤纶塔夫绸等；混纺交织类面料搭配如羽纱、棉/涤混纺里布等；毛皮及毛织品类面料搭配各种毛皮及毛织物等，如图4-9所示。

2. 衬料分类

服装衬料即衬布，是附在面料和服装里料之间的材料，它是服装的骨骼，起着衬垫和支撑的作用，保证服装的造型美，适应体型，可增加服装的合体性。它还可以掩盖体型的缺陷，对人体起到修饰作用。裙子在

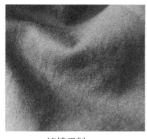
纯棉里料

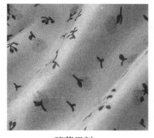
碎花里料

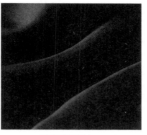
亚沙涤里布

针织网眼里料

图 4-9　不同裙子里料的选择

选用衬料时需要考虑透气性，衬料往往选用薄布衬或薄纸衬，防止裙片出现拉长、下垂等变形现象。比较常用的衬料有热熔黏合衬与树脂衬，如图 4-10 所示。

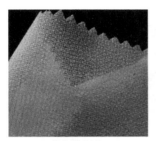
热熔黏合衬

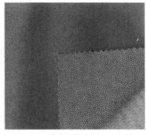
树脂黏合衬

纸衬

针织热熔黏合衬

图 4-10　不同裙子衬料的选择

（1）热熔黏合衬

热熔黏合衬是将热熔胶涂于底布上制成的衬。在使用时需在一定的温度、压力和时间条件下，使黏合衬与面料（或里料）黏合，达到服装挺括美观并富有弹性的效果。因黏合衬在使用过程中不需繁复的缝制加工，极适用于工业化生产，又符合了当今服装薄、挺、爽的潮流需求，所以被广泛采用，成为现代服装生产的主要衬料。

（2）树脂衬

树脂衬是以棉、化纤及混纺的机织物或针织物为底布，经过漂白或染色等其他整理，并经过树脂整理加工制成的衬布。树脂衬布主要包括纯棉树脂衬布、涤棉混纺树脂衬布、纯涤纶树脂衬布；常用于生产腰带、裤腰等；纯涤纶树脂衬布因其弹性极好和手感滑爽而广泛应用于各类服装中，它是一种品质较高的树脂衬布。

3. 其他辅料

（1）拉链

拉链是依靠连续排列的链牙，使物品并合或分离的连接件，现大量用于服装、包袋、帐篷等。普通拉链与隐形拉链用于后中心与侧缝处，长 50～60cm，如图 4-11 所示。

铜、铝等金属拉链

隐形拉链

共聚甲醛拉链

聚酯单丝拉链

图 4-11　不同拉链的选择

按不同的材料可分为尼龙拉链、树脂拉链、金属拉链。

尼龙拉链有隐形拉链、双骨拉链、编织拉链、反穿拉链、防水拉链等。

树脂拉链有金（银）牙拉链、透明拉链、半透明拉链、发光拉链、蕾射拉链、钻石拉链。

金属拉链有铝牙拉链、铜牙拉链（黄铜、白铜、古铜、红铜等）、黑牙拉链。

按品种可分为闭尾拉链、开尾拉链（左右插）、双闭尾拉链（X 或 O）、双开尾拉链（左右插）。

根据规格分类以及操作工艺可分为 3＃、4＃、5＃、7＃、8＃、9＃……20＃，型号的大小和拉链牙齿的大小成正比，通常夹克上的拉链都是 5＃的，4YG 专指裤子上的拉链，指的是 4＃的 YG 头的拉链，这种拉链头是带锁的，尤其是牛仔裤和休闲裤上，比较牢固，一般都是金属牙的。

按结构可分为闭口拉链、开口拉链和双开拉链。闭口拉链的后码是固定的，只能从前码端拉开。在拉链全开状态下，两链带被后码连接不能分开，适用于裙、裤。开口拉链在牙链下端无后码而设紧锁件。紧锁件锁合时相当于闭口拉链，把拉头拉靠锁紧件而将锁紧件分开，链带即可分开。适用于上衣（夹克、大衣）。双开拉链有两个拉头，可从任意一端打开或闭合。将两个拉头都拉靠紧锁件而使其分开，便可完全打开，适用冬季大衣等。

（2）纽扣或裤钩

裙腰用直径为 1～1.5cm 纽扣或裤钩，如图 4-12 所示。

按扣　　　　　　　树脂扣　　　　　　保险扣、裤钩　　　　　裤钩

图 4-12　不同扣子、裤钩的选择

（3）其他辅料

除此之外还有很多装饰用的辅料，比如花边、蕾丝、丝带、珠片等，如图 4-13 所示。

图 4-13　装饰用辅料的选择

 思考题 ▶▶

1. 裙子的款式变化主要取决于裙子的哪几个部分的变化？

2. 常见裙子面辅料的选择方法是什么？

第五章

裙型的基本结构设计原理

【学习目标】

1. 掌握裙子纸样设计重点——人体与裙子纸样的对应关系。
2. 掌握裙子纸样设计重点——腰臀差的解决方案。
3. 掌握裙子纸样设计重点——裙子下摆尺度的解决方案。

【能力目标】

1. 掌握裙摆与步距之间的关系。
2. 掌握基本裙型的结构设计方法。

第一节　裙子纸样设计重点

裙子相对于上半身穿用的服装和同为下半身穿用的裤子而言，它所要求的机能性相对较少。这是因为上衣与裤子在考虑它的基本松量的同时，还要考虑到手臂与下肢的活动对其的影响，这些对裙子的影响都是非常小的，而裙子没有裆部的连接设计，它在受到大运动量时，裙片上下还有滑动作为缓冲。因此，对于裙子结构设计的要求，通常是在合体的前提下考虑的最基本的要求。

裙子设计的原理主要是下半身人体体态对结构设计的影响，主要考虑按以下三个方面作为设计重点：第一，人体与裙子纸样的对应关系；第二、腰臀差解决方案；第三，下摆尺度解决方案。

一、裙子纸样设计重点——人体与裙子纸样的对应关系

（一）裙子基本立体形态与平面展开图的制图原理

在初步设计裙型结构时，先将人体下肢体态简单归纳为单存的立体圆柱造型，再把裙片外包围围在假设的圆柱型人体下肢体态上，和假设的虚拟圆柱型人体下肢体态完全吻合，由此在结构纸样上得到平面展开的形式为长方形，横向为围长，纵向为高度，如图 5-1 所示。

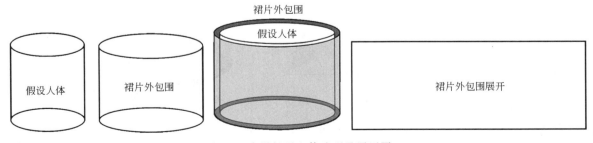

图 5-1　虚设裙子立体造型及展开图

　　然而将"实际人体"归纳为所谓的几何造型事实上是圆台型，如果还是将圆柱型外包围包裹到圆柱型人体上，其外包围会呈现如图5-2所示的状态，和假设的圆柱型人体完全不吻合。而将外包围也设计成符合人体的圆台型，其外包围会呈现如图5-3所示的状态，和假设的圆台型人体完全吻合，在结构纸样的上得到的平面展开的形式为扇形。

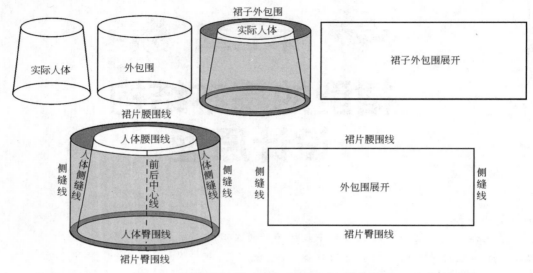

图 5-2　虚设裙子立体造型与实际裙子立体造型对比

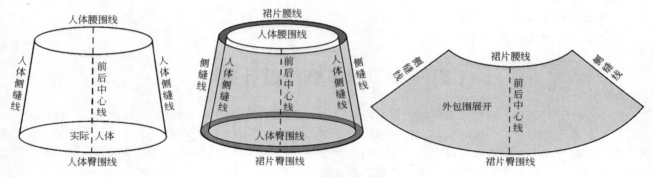

图 5-3　实际裙片展开的效果图

　　通过以上的图示说明，这种圆台型得到的扇形结构才是符合人体的实际裙型结构的设计。然而，初学者在裙型设计上最容易犯的错误就是将人体腰臀差形成的圆台型的差量直接从侧缝去掉，这样所形成的外包围形态在人体的正面似乎看不出什么差别，但是在人体侧面，就会看出问题所在，如图5-4所示。

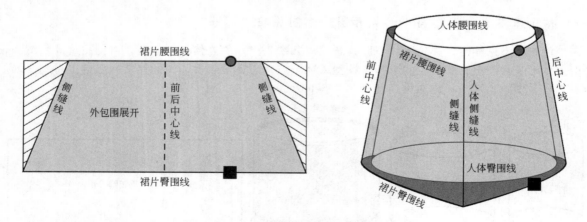

图 5-4　错误的裙片纸样展开图示

裙型的结构设计要想达到符合人体的目标，需采用的基本结构设计方法有两种：一种是省道处理的方法；一种是切展处理的方法，如图5-5所示。

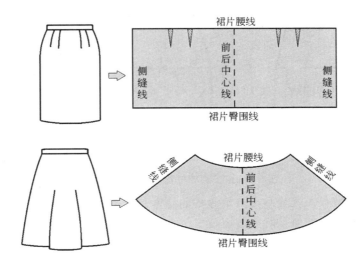

图5-5 两种裙型结构设计方法示意图

裙子的基本立体形态是包围人体下半身，经过各个方向上的突出点形成的直筒型立体形态。但在裙子的实际设计中，为了与布料的厚度，人的行走、坐立等动作相适应，必须考虑加入适度的松量。此外，裙子的实际立体形态应与基本立体相接近，并同时满足单曲面、构成简单等重要条件。

（二）下半身人体基本立体形态与人体平衡的关系

1. 人体平衡的关系

在人体躯干的节律中可以理解许多关于纸样设计和修正的原理，在裙子的结构设计中可以看出，人体的腰线呈现的是前高后低的形态，这说明裙片前后的腰线不在同一水平线上，同时可以看出前后省的确定，人体的腹凸点靠上，形成的腹省短，臀凸点靠下，形成的臀省长，这些制图的要求都是由人体躯干结构所造成的，如图5-6、图5-7所示。

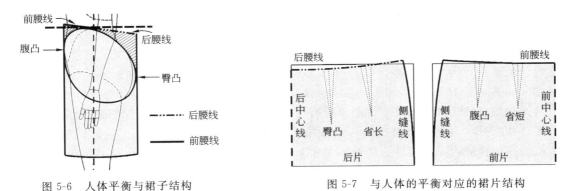

图5-6 人体平衡与裙子结构 　　图5-7 与人体的平衡对应的裙片结构

2. 腰围线设计依据

腰围线是服装固有人体结构线，它把人体分成上半身和下半身，是人体上下半身的分界线，腰围线是与体形有关的支持带，人体腰围线的功能是支撑下半身的服装和产生由腰围线的位置及状态所决定的美的功能。人体腰围线的位置和状态的效果多半根据体形差异。腰围线的高低有个体和性别的差异。设计时，款式腰围线的位置和倾斜，基本上是在它的体形感觉之上建立起来的。而且它的美的效果与纸样直接相关。

正常裙子的腰线位置通常有两种情况：其一是作为裙子的腰线缝合腰头后应贴合人体腰部；另一种情况是作为连衣裙的腰线。根据款式的不同，其位置也会有所改变，如图5-8所示。

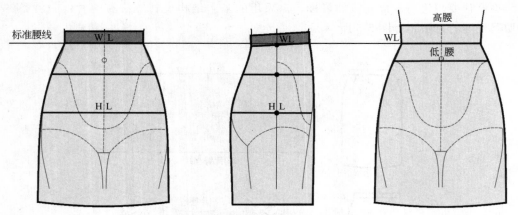

图 5-8 裙子腰线位置设定的示意图

作为裙子，它的腰带位置和人体计测过程中腰线的基本设定不一定一致。从正面观察人体时，体侧最凹点的水平位置（实际腰线）和腰带着装时最适合位置（裙腰线）之间的差，差值少的情况下两者基本一致，差值大时，间隔可以达到5cm左右（腰带位置低）。虽然存在着实际腰线、裙腰线尺寸相近的情况，由于存在着个体差异，对于大多数人来说还是裙腰线的尺寸会大些。当用腰带稍勒紧腰围时，尺寸会变得大体相同。

二、裙子纸样设计重点——腰臀差的解决方案

（一）人体腰部和臀部的机能设计及裙子围度加放量设计原理

1. 裙子腰围加放量设计原理

裙子的腰部设计只需考虑腰围实际尺寸和松度，没有必要考虑运动度。裙子腰围尺寸是直立、自然状态下进行测量得到的净尺寸，当人坐在椅子上时，腰围围度增加1.5cm左右；当坐在地上时，腰围围度增加2cm左右；呼吸、进餐前后会有1.5cm差异。通常裙子腰围加放量为2～3cm左右。所以，在裙子腰围尺寸设计上，合体的腰围加放量是满足人体的基本需求量值，再加放2cm左右，虽然从生理学角度看，2cm程度的压迫对人体没有影响，但如果在结构设计上忽略这部分量值，在穿着上会造成不舒适的现象。

基本裙子腰围尺寸 = 腰围净尺寸 + 2cm（最小值不系腰带）～3cm（系腰带）

2. 裙子臀围加放量设计原理

裙子的臀部设计只需考虑腰围实际尺寸和松度，没有必要考虑运动度。臀部是人体下部最丰满的部位，人体在站立时，测量的臀围尺寸是净尺寸；当人坐在椅子上时，臀围围度增加2.5cm左右；坐在地上时，臀围围度增加4cm左右。根据人体不同姿态时的臀部变化可以看出，臀部最小加放量应为4cm。臀部无关节活动点，其运动量往往增加在长度上，裙子没有裆部的连接设计，所以在裙子臀围尺寸设计上合体的臀围加放量是满足人体的基本需求量值应加放4cm左右。人体在弯腰、下蹲、坐卧时，前臀部、腹部会受到挤压，后臀大肌会产生伸展现象，同样会使臀围尺寸发生3～4cm左右的膨胀变化，因此，在基本的裙子臀围作出与之相对应的松量是必需的，而对于有一定弹性的面料，则可按净围尺寸作出松量。

基本裙子臀围尺寸 = 臀围净尺寸 + 4cm（最小值）

人体下半身的外包围在半身裙片中相对于臀围处应加2～3cm。这个臀围的数值包括腹部突出量，实际上是HL/2的数值，因此运动量不一定充足。在实用裙子的制作过程中，应考虑适当地增加松量。加入松量后的直筒裙断面周长比净体臀围在半身裙片上大约多4～5cm（20岁左右的女子），与下半身外包围相比约大0.5～1cm。

（二）腰臀差的比例分配原则

1. 腰省的形成

由图5-9可知，通常利用这些计测方法所得到的省道平均分配值，再加上皮尺测量所得的数据便可简便

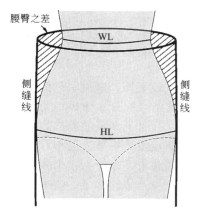

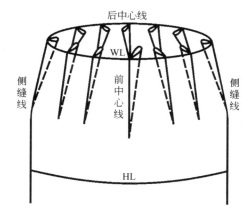

图 5-9　腰省的构成

地绘制出裙子纸样。

无论哪种情况，基本上是应用圆柱体展开法，可以将满足以下设定条件的省量作为基本省量。

（1）裙立体前、后中心线处的面料纱向为直纱。

（2）臀围线为面料的横纱方向。

（3）在立体姿态下，从前面、前侧面、侧面、后侧面、后面及其中间的位置等方向，将视线朝向腰部及腰部体表曲面曲率中心进行观察，省道应是垂直的，另外，在这些位置上，两个省道之间的面料经向也应是垂直的。

展开图上的腰线不一定是完全水平的状态。也就是说，即使立体形态上的臀围线和腰围线都处于水平状态，但由于在前面、侧面、后面或在其间的其他方向上腰长不同，因此，展开图中的腰线在前、侧、后呈不同高低的曲线。人体的自然腰线在体后部呈稍下落的状态，当裙子的腰线按照身体的自然形态设计时，展开图的腰线在后中心也会呈现稍下落的状态。反之，如果将腰线设计为水平状态，后中心的腰长由于身体表面的倾斜度较大而加长，展开图的腰线在后中心则呈上弧形态。腰部侧面无论在什么情况下都呈现上翘状态。

2. 腰省的分配

现针对预先设定省道位置再确定省量的计算方法进行说明，如图 5-10、图 5-11 所示。

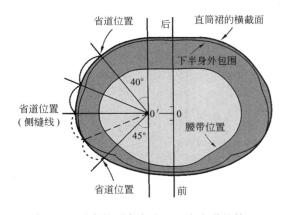

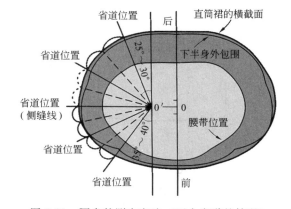

图 5-10　腰省的测定方法（一个省道的情况）　　　　图 5-11　腰省的测定方法（两个省道的情况）

图 5-10 为裙子腰省测定方法图示。在此的腰围横断面是裙子腰带位置的横断面。

省道的位置因人而异，通过直筒裙横断面的曲率和腰线曲率来共同决定。简化构成的情况下，如图 5-10 所示，在前、后各有一个省道，分别位于从 0′点开始沿水平线向前 45°、向后约 40°左右的位置。

除侧缝省外，当前、后片一个省道的省量超过 4cm 时，将省道分割为两个会更合适。两个省道的构成情况，如图 5-11 所示，前片省道的位置设置在与前中矢状方向夹角约 35°～40°的直线上和这条直线与侧缝线的中间，后片则是大约 25°～30°矢状夹角的直线处以及这条线与侧缝线中间的附近。在该情况下，四条省位线基本上是沿直筒裙横断面的法线方向。此外，侧缝线会作为一个省道位置。

为了计算省量，首先在各省道之间确定中间位置，即省道间中点（图 5-10、图 5-11 中的虚线位置）。从

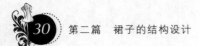
省道的间中点到下一个省道的间中点以及前、后中心到下一个省道的间中点之间，分别测量外包围和腰围的尺寸差量，从而得到省量。

（三）裙片上腰省位置的确定

当裙子作紧身结构设计时，裙子纸样的侧缝线在臀部形成凸点较明显，这说明此处腰臀之差的状态。由

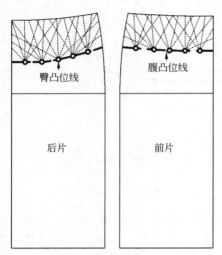

图 5-12　裙片腰省的位置分布

于人体臀部的生理特征，其凸点的分布比较均匀，大体分布在前身腹部、侧身大转子和后身的臀大肌上。不过髋部的凸点特征与上身凸点在程度上有所不同，髋部凸点虽然明显，但相对上身又很模糊。它的凸点分布可以用一条线串联起来，即分布在中腰线（腹围）和臀围线之间的连线上。换言之，下身凸点可以在一条横线区域里任意选择。因此，下装无论是省的设计，还是结构线的设计，与上衣相比都较灵活，当上衣与下装结构线发生关联时，应以上身凸点为准，如图5-12所示。

下身凸点结构射线在一线的区域内处存在。如果说一个球体的凸点是全方位的，一个锥体的凸点就是定位的，那么一个台体的凸点则是以线的区域定位的。髋部凸点与台体的凸点分布很相似。

（四）腰长与腰线完成线

在制图的第一阶段，腰省是在纸样的水平腰线上测定的，但实际上如立体裁剪的平面展开图，如图5-13所示，腰线完成线并非水平，需要按照省道缝合后的状态进行修正。另外，还必须根据腰长在前、侧、后几个方向上的长度差来决定腰线的完成线。腰长的测量是顺沿纵向方向量取腰线到臀围水平线之间的体表长度。普通裙子的腰高，与前中心线上的前中心腰长一致，由于人体的侧缝处得臀腰差较大因此一般在侧缝处加上 0.7～1.2cm。

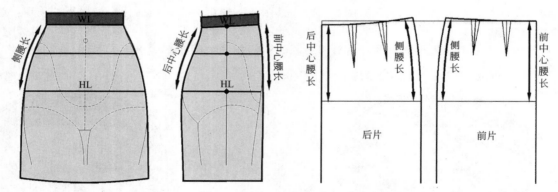

图 5-13　裙子前、后、侧缝长度的不同在结构制图中的状态

三、裙子纸样设计重点——下摆尺度的解决方案

正常行走包括步行和登高。通常，标准人体迈一步的前后足距约为 65cm（前脚尖至后脚跟的距离），而对应该足距的膝围是 82～109cm，两膝的围度是制约裙子下摆造型的条件。

人体大转子的反向运动影响裙子设计下摆时要考虑的两个方面的问题：一是两膝围度控制着裙子开衩高度的设计，二是足距尺寸控制着裙子下摆尺寸的设计。设计裙子的时候，裙摆幅度不能小于一般行走和登高的活动尺度。两膝围度尺寸和足距尺寸十分重要，如图5-14所示。

（一）两膝围度控制的下摆结构设计

紧身裙设计开衩或活褶就是基于这种功能设计的。开衩或活褶的长度和下肢的运动幅度成正比。两膝围度尺寸不仅决定裙摆的松度，还决定了开衩位置的高低，开衩的长度设计依据来源于两膝围度的设计方法。

以紧身裙设计为例：采用标准人体 160 /68A，腰围值为 70cm，臀围值为 94cm，裙片长 50cm。裙片长

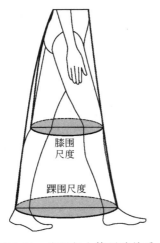

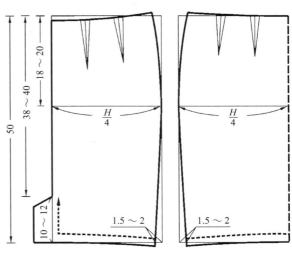

图 5-14　步距与人体下肢关系　　　　　　　　图 5-15　紧身裙开衩设计原理

位于膝围线上 5cm 左右，人正常行走时的两膝围度的最大值为 109～112cm，采用中间值 110cm 计算。裙子下摆满足人正常行走的尺寸为 110cm（前后裙片的下摆值 27.5cm），而臀围尺寸为 94cm（前后臀围值 23.5cm），为满足人体状态，侧缝下摆收 1.5～2cm，下摆一周共要回收 6～8cm，而前片在紧身裙的造型上并无加放量的地方，需要将所有的加放量放在后中心线上的开衩处，因此，后开衩为 10～12cm。当下摆回收量为 1.5cm 时，根据计算所得到的下摆的设计范围值为 108～112cm；当下摆回收量为 2cm 时，根据计算所得到的下摆的设计范围值为 106～110cm，也就是说要从腰线往下 38～40cm 来确定开衩位置，如图 5-15 所示。

（二）足距尺寸控制的下摆结构设计

标准人体足距的直线距离范围值为 65cm，如果以踝围围度考虑，如图 5-16 所示，标准人人体的裙子下摆围度范围为 130～150cm，在无开合设计（无开衩或系扣）的款式设计中，也就是说下摆的摆围要在这个范围里才能满足基本行走的要求。以 130cm 计算，裙子的长度到踝骨位置的长裙其下摆的前后片最小控制量的范围值应为 32.5cm =（130 /4）至 37.5cm =（150 /4），即 32.5～37.5cm。小于这个范围值在走路时就会

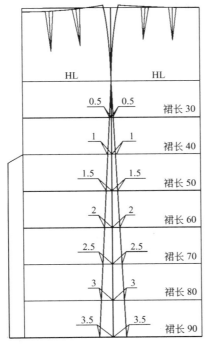

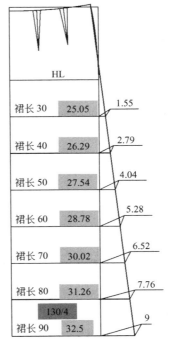

图 5-16　裙长与下摆尺寸的关系

出现挡腿的现象，只能小步行走，否则就需要加设开衩设计。

不同的裙长在结构设计时都应当对其足距范围值对下摆的影响有准确的认识，以标准体为例，分析人体的足距范围值对其影响，如图 5-16 所示。紧身裙的下摆回收量的设计依据可根据上面对紧身裙的分析，由于确定了开衩设计的顶点位置，其回收量的大小可以根据款式需求，正常回收量在 1.5～2cm 的时候，以 10cm 为跨度，其在不同裙长的回收量值的范围是，裙长 30cm 其回收量范围值 0.5～0.67cm；裙长 40cm，其回收量范围值 1～1.33cm；裙长 50cm，其回收量范围值 1.5～2cm；裙长 60cm，其回收量范围值 2～2.67cm；裙长 70cm，其回收量范围值 2.5～3.33cm；裙长 80cm 其回收量范围值 3～4cm；裙长 90cm，其回收量范围值 3.5～4.66cm。紧身裙的下摆放量的设计依据以标准人体的裙子下摆围度范围为 130～150cm 计算，裙长 30cm，其放量范围值 1.55～3.25cm；裙长 40cm，其放量范围值 2.79～5.05cm；裙长 50cm，其放量范围值 4.04～6.84cm；裙长 60cm，其回放量范围值 5.28～8.63cm；裙长 70cm，其回放量范围值 6.52～10.42cm；裙长 80cm，其回放量范围值 7.76～12.21cm；裙长 90cm，其回放量范围值 9～14cm。

（三）不同裙长与下摆尺寸的设计关系

裙子的长度设计至少要考虑三个因素：一是款式特征，二是人体活动作用点适应范围，三是造型设计的流行因素。

这里要重点说明的是第二因素。人体活动作用点是指人体的关节点，腿的活动作用点主要是大转子、膝关节、踝关节，这些关节点的运动在穿着时影响人体着装效果。在结构设计上要求邻近这些关节运动点的位置考虑的往往是加强，因此，服装的长度设计，凡是邻近运动点的地方要设法避开，特别是运动幅度较大的连接点。通常裙长的设计，其摆位都不适合设计在与运动点重合的部位，在裙子的造型设计上三个作用点影响较大的是膝关节，比较常见的设计方法如下。

① 超短裙的摆位在臀围线以下。
② 紧身裙的摆位在臀围线与髌骨线之间，在膝盖以上。
③ 适身裙裙长的摆位在膝盖以下。
④ 长裙的摆位位置在髌骨和踝关节之间。
⑤ 超长裙的摆位在踝骨以上。
⑥ 礼服裙的裙长及地，其摆位超过了人体的足部。

第二节 基础裙型变化原理

一、基础裙型结构设计

（一）裙原型的尺寸制定

以人体 160/68A 号型规格为标准的参考尺寸，依据我国使用的女装号型 GB/T 1335.2-2008《服装号型女子》，基准测量部位以及参考尺寸，见表 5-1。

表 5-1 成衣规格　　　　　　　　　　　　　　　　　　　　　　　　单位：cm

名称 规格	裙片长	腰围	臀围	下摆大	腰长	腰头宽
尺寸	60	70	94	94	18～20	3

（二）基础裙原型结构制图

裙原型结构是裙型结构中的基本纸样，这里将根据图例分步骤进行制图说明。

1. 建立裙原型框架结构

① 腰围辅助线的确定。首先做出一条水平线，该线为腰线设计的依据线，也称之为腰围辅助线，如图 5-17 所示。

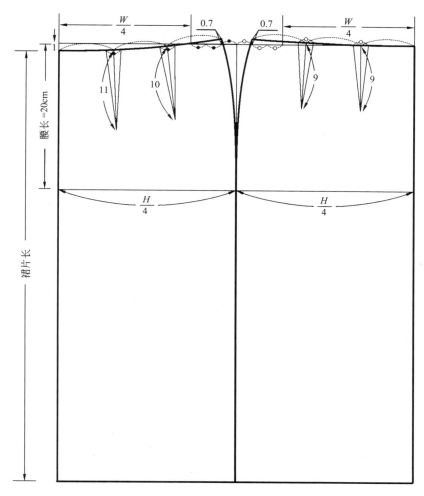

图 5-17　基础裙原型结构图

②　后中心线的确定。做与腰围辅助线相交的垂直线。该线是裙原型的后中心线，同时也是成品裙长设计的依据线。

③　臀围辅助线的确定。由腰围辅助线与后中心线的交点在后中心线上量取 18～20cm 的腰长值，且做 18～20cm 点的水平线，此线为臀围辅助线。

④　前中心线的确定。由后中心线与臀围线辅助线的交点在臀围线辅助线上由左向右量取 H/2 臀围值，确定前中心线，如图 5-17 所示。

⑤　侧缝线的确定。在臀围辅助线上平分 H/2 值做出与后中心线、前中心线平行的侧缝线。

⑥　下摆线辅助线的确定。由腰围辅助线与后中心线的交点在后中心线上量取 60cm 作为下摆线辅助线，且与腰围辅助线保持平行。

2. 建立裙原型结构制图步骤

①　后腰尺寸的确定。从后中心线与腰围辅助线的交点向前中心方向量取后腰尺寸 W/4 = 70/4 = 17.5cm。

②　后腰口劈势的确定。后腰口劈势大为臀腰差值的 1/3，如图 5-18 所示。

③　后腰省位置、后腰省长、后腰省大。后腰省位置的确定是将后腰尺寸与臀腰差的 2/3 的总尺寸三等分为省位；后腰省长由后中心线向侧缝方向依次为 11cm、10cm；后腰省大为臀腰围差的 1/3。

④　后腰口弧线的确定。由后中心线与腰围辅助线的交点在后中心线下落 1cm 确定点一，沿后腰口劈势处起翘 0.7cm 确定点

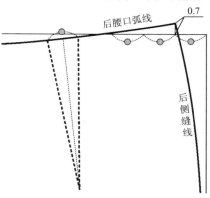

图 5-18　后腰口劈势示意图

二。起翘 0.7cm 的目的是为了满足人体的侧缝弧线长度，由于人体臀腰差的存在，使裙侧缝线在腰口处出现劈势，因劈势的存在，使起翘成为必然。因为侧缝有劈势使得前后裙身拼接后，在腰缝处产生了凹角。劈势越大，凹角也越大，而起翘的作用就在于将凹角得到填补。将点一和点二连成圆顺的后腰口弧线。

⑤ 裙片后中心线的确定。在后中心线上由点一作垂线，垂直延长到下摆辅助线。

⑥ 前腰尺寸的确定。从前中心线与腰围辅助线的交点向后中心方向量取前腰尺寸 $W/4 = 70/4 = 17.5cm$。

⑦ 前腰口劈势的确定。前腰口劈势大为臀腰差的 1/3。

⑧ 前腰省位置、前腰省长、前腰省大的确定。前腰省位置的确定是将前腰尺寸与臀腰差的 2/3 的总尺寸三等分为省位，前腰省长由前中心线向侧缝方向依次为 9cm，前腰省大为臀腰围差的 1/3。

⑨ 前腰口弧线的确定。由前中心线与腰围辅助线的交点确定为点三，沿前腰口劈势处起翘 0.7cm 确定点四，将点三和点四连成圆顺的前腰口弧线。

⑩ 裙片前中心线的确定。由点三做垂线，垂直延长到下摆辅助线，如图 5-17 所示。

⑪ 后侧缝线的确定。在侧缝线上把后臀围宽与腰长的交点确定为点五，后腰口劈势 0.7cm 与点五连成外凸弧线并垂直延长到下摆辅助线。

⑫ 前侧缝线的确定。在侧缝线上把前臀围宽与腰长的交点确定为点五，前腰口劈势 0.7cm 点与点五连成外凸弧线，垂直延长到下摆辅助线。

⑬ 前后下摆线辅助线的确定。在下摆辅助线由后中心线向侧缝连接后下摆线。在下摆辅助线由前中心线向侧缝连接前下摆线，如图 5-17 所示。

二、基础裙型变化分析

（一）基础裙型款式变化分析

任何事物都是遵循它固有的规律而发展变化的，裙子结构造型也是如此。从表面上看裙子的造型是包括三个基本结构规律变化：即廓型变化、分割线变化和褶裥变化。

从形式上看裙子在这三个基本规律中决定裙装造型的是廓型变化。那么通常用裙摆的阔度划分出裙子廓型变化的决定性因素。采用基础裙型变化来阐述裙型款式变化的分析，基础裙型是指不考虑分割线变化和褶裥变化的廓型变化裙型。

由紧身至宽松的廓型变化的基础裙型其分类包括紧身裙、适身裙（直筒裙）、半适身裙（A 字裙）、斜裙、半圆裙、整圆裙和全圆裙，如图 5-19 所示。

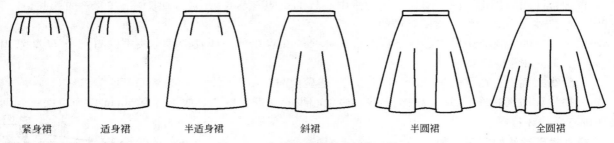

紧身裙　　　　适身裙　　　　半适身裙　　　　斜裙　　　　半圆裙　　　　全圆裙

图 5-19　基础裙型的廓型变化过程

（二）基础裙型结构变化分析

制约裙子廓型的因素是什么？是裙子的腰口结构与裙摆阔度之间的关系。从表面上看，影响裙子外形的是裙下摆，实质制约裙摆的关键在于裙腰线的构成方式。这一规律可以从紧身裙到整圆裙结构的变化中得以证明。

1. 紧身裙

紧身裙在众多的裙子造型中，存在着一种特殊的状态，因为它恰恰处在贴身的极限，其廓型变化是从腰部到臀部贴身合体，从臀部至下摆裙摆阔度呈收摆状态，如图 5-20 所示。

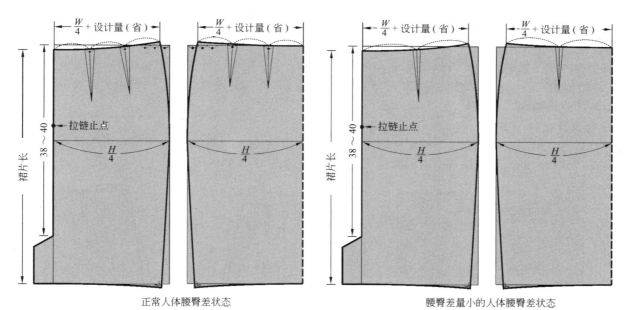

图 5-20 紧身裙腰臀差结构处理图

（1）腰口结构设计

紧身裙的腰口结构设计主要是解决腰臀差的存在，腹省与臀省的省量大小和多少要按照腰臀差量进行结构设计。标准体范围内紧身裙的腰口结构设计同基本纸样的结构设计方法一致，前裙片有四个腹省，后裙片有四个臀省。腰臀差即省量，省量大小会影响省的个数。

（2）裙摆阔度结构设计

紧身裙的裙摆结构设计主要是解决下摆尺度的合适度，紧身裙的裙摆结构设计要按照人体体态作收量处理，下摆尺度要比臀围减少 6～8cm，满足不了下摆阔度的要求，需设计开衩结构处理。标准体范围内紧身裙的下摆结构设计参考第五章第一节的裙子纸样设计重点——下摆尺度的解决方案。

2. 适身裙（直筒裙）

适身裙是从腰部到臀部贴身合体，而从臀部至下摆呈直线状。与紧身裙的区别仅在于下摆阔度不做收量处理，如图 5-21 所示。

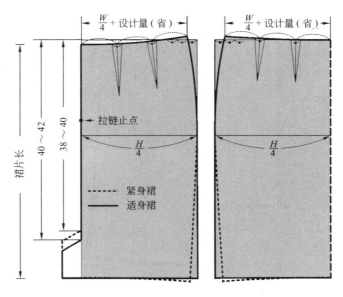

图 5-21 适身裙腰臀差结构处理图

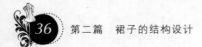

（1）腰口结构设计

适身裙的腰口结构设计同紧身裙的腰口结构设计一致。

（2）裙摆阔度结构设计

适身裙的裙摆结构设计不做收量处理，与臀围围度尺寸一致，相对于紧身裙来讲，下摆尺度加大6～8cm，若仍然满足不了下摆阔度的要求，需设计开衩结构处理。需要说明的是，适身裙的开衩长度略比紧身裙长度距腰线距离长。

3. 半适身裙（A字裙）

裙子的合体与宽松程度取决于裙摆的阔度。半适身裙的款式呈A字形，裙摆阔度大于适身裙，半适身裙就是在适体裙的基础上增加其裙摆阔度而完成，如图5-22、图5-23所示。

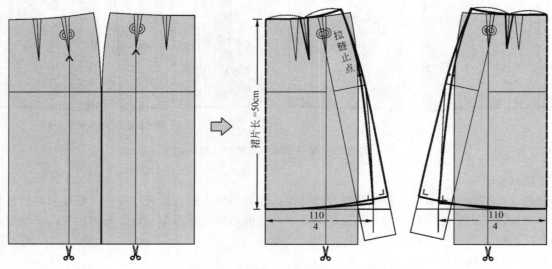

图5-22 短半适身裙腰臀差结构处理图

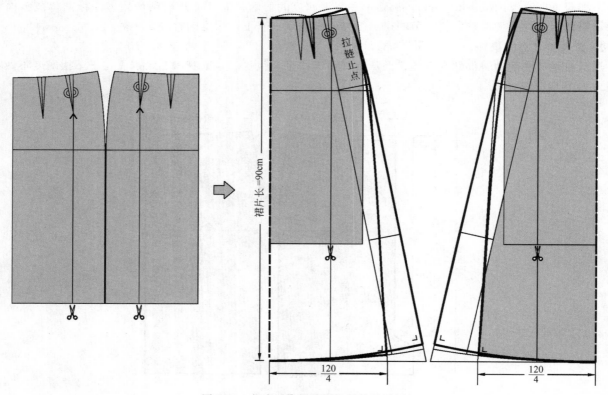

图5-23 长半适身裙腰臀差结构处理图

（1）腰口结构设计

半适身裙腰口结构设计的处理方法是在原型裙结构基础上将原有的腰臀差量以省量部分地保留在腰口线上，部分省道合并，其对应的省道下摆自然张开，臀围略有增大。此时腰口弧线状态会随着裙下摆放量的增大，弧度也随之增大，腰口线呈现内凹状态，侧缝起翘量增大。

（2）裙摆阔度结构设计

半适身裙下摆阔度结构设计受裙子长度的影响，一是通常说的及膝裙，裙长范围控制在 60cm 以内，在正常步距下行走时，通过两膝围度的最大值 110cm 计算来控制下摆尺寸，满足该尺寸的下摆尺度后可按照款子需求适当加大裙子的裙摆阔度。二是通常说的长裙，裙子长度达到 90cm 左右，通过下摆围度 130cm 来控制下摆尺寸，以满足人体步距，使人体无障碍正常行走，但是此时的裙摆造型通常给人视觉感下摆围度较大，不符合造型要求，一般情况下会适当减小下摆围度，可根据裙子需求而定，通常采取下摆围度尺寸为120cm 满足人体最小步距，也可按照款子需求适当加大裙子的裙摆阔度。

4. 斜裙

斜裙的裙身是在半适身裙（A 字裙）的基础上继续增加裙摆量而形成的，裙摆呈小波浪状态，如图 5-24所示。

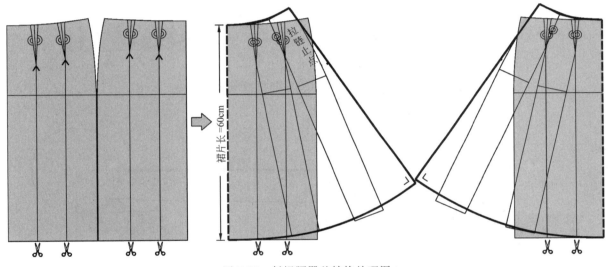

图 5-24　斜裙腰臀差结构处理图

（1）腰口结构设计

斜裙腰口结构设计的处理方法是在原型裙结构基础上将原有的腰臀差量的全部以省道方式按照半适身裙的切展原理合并，对应省道的下摆自然张开，此时腰臀差量的处理已经完全失去了意义。

（2）裙摆阔度结构设计

随着腰省的合并裙下摆张开，裙型变为扇形结构。当人体的腰臀差量较大时，腰口弧线会随着裙下摆放量增大裙摆越大。下摆尺度的加大对应的臀围尺寸略有增大，同时为了使整体造型美观，可适当追加侧缝量，从裙子的侧缝上看，裙摆越大，侧缝线的弧度越小，且趋于直线。由此可以总结出：裙摆受腰省大小的制约，实质上是受腰口线的制约，即腰口线曲度越大，裙摆展开量越大。这种规律同样适用于半圆裙和整圆裙。

5. 半圆裙和全圆裙、多圆裙

半圆裙是指裙摆阔度正好是整圆的一半，整圆裙是指裙摆阔度正好是一个整圆，多圆裙裙摆的阔度可按照裙子造型而定。以半圆裙与整圆裙为例，其结构原理可以分为两种方法阐述：一是半圆裙与整圆裙都是在原型裙的基础上进行均匀分割，分别以 45°和 90°来制约 1/4 裙片的裙摆阔度；二是完全抛开原型的作用，同时也不需要臀围的测定值，在保证腰围长度不变的情况下，直接采用几何方法进行设计（此方法在基础裙型设计实例中讲解），从而达到成品裙型的美观效果，如图 5-25、图 5-26 所示。

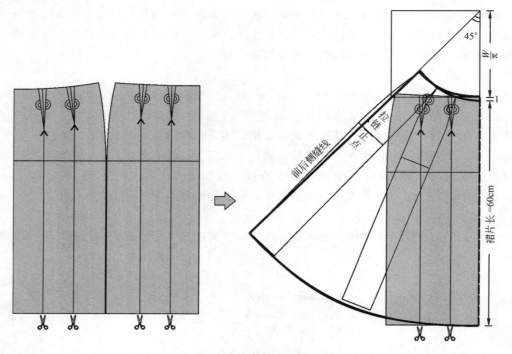

图 5-25 半圆裙腰臀差结构处理图

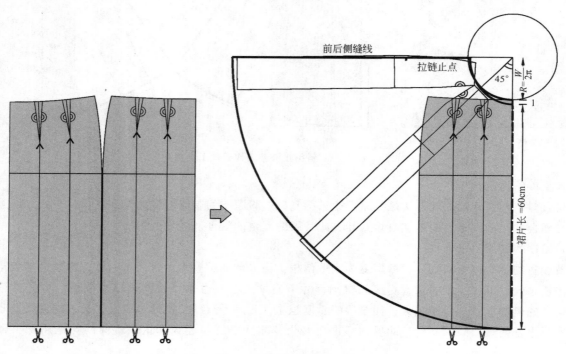

图 5-26 全圆裙腰臀差结构处理图

（1）腰口结构设计

半圆裙和全圆裙、多圆裙的腰口结构设计的处理方法直接采用比例计算方法，无需考虑腰臀差量的需求。

（2）裙摆阔度结构设计

半圆裙和全圆裙、多圆裙的裙摆结构设计最科学的方法是用求圆弧的半径公式，即确定腰围半径求裙腰线的弧长。半圆裙和整圆裙的腰围半径＝周长/π 和周长/2π，如果把周长理解为腰围（W），π 为定量，则半圆裙和全圆裙的腰围半径分别是 R＝W/π 和 R＝W/2π，以此公式所得半径作圆，并交于以圆心作的十字线，该线所分割的 1/4 圆弧就是整圆 1/4 腰线。最后确定裙片长、前后中心线并作裙摆线。从通过几何方法求得的整圆裙和半圆裙的结构来看，最能说明制约裙摆的决定因素在于腰线曲度这一原理。

思考题 ▶▶

1. 裙子的纸样设计中，裙腰都有哪些变化？

2. 裙子的款式变化主要取决于裙子的那几个部分的变化？

3. 裙子的纸样设计中如何增加裙摆的量？为什么不是直接在裙摆处加放量？

4. 裙子纸样设计中，裙子的开衩设计结构设计方法是什么？

第六章

基础裙子设计
实例分析

【学习目标】
1. 掌握紧身裙至全圆裙的结构设计方法。
2. 掌握裙子工业纸样的制作方法。

【能力目标】
1. 能正确绘制基本裙子的结构制图。
2. 能准确绘制不同裙子的工业纸样。

第一节　紧身裙实例分析

一、紧身裙款式说明

紧身裙又称霍布尔裙，即蹒跚走路的样子，这是法国设计师保罗·布瓦列特于 1911 年发表的一款新装。其式样为适体腰身，膝部以下收摆，以致裙摆尺寸无法满足大步走路，穿这种裙子的女士行走时需要步履蹒跚。虽引起争议，但这种优雅的全新样式在第一次世界大战前后成为女性们追求的时尚。为了便于行走方便，设计师在收窄裙摆上做了开衩处理，这是西方服装史上第一次在女裙上做开衩。膝部以下的收紧和开衩，不仅是一种性感的表现，而且还预示了未来女装设计的重点将向腿部转移。

紧身裙是职业女性不可缺少的时尚单品，无论是搭配西装还是衬衫，都能凸显出女性优雅干练的气质。本款紧身裙贴合身线的剪裁，能很好地勾勒出女性曲线效果。裙料要求平挺、富有弹性、悬垂性能好，如毛织物中的派力司、凡立丁；化纤织物中的薄型中长花呢、薄型针织涤纶面料等，同时也要根据身份不同选用各种档次的面料，如图 6-1 所示。

紧身裙在众多的裙装造型中，给人的视觉感是一种曲线状态，它恰到好处地呈现了裙子贴身的极限，从腰部到臀部贴身合体，而从臀部至下摆呈收摆状态。前、后裙身为三片结构，裙前片为整片结构，裙后片的后中心线为段缝。裙前片收四个腹省，裙后片收四个臀省，装腰头。这种裙子可分别用作单件的或用作裙套装的裙子款式。

在紧身裙中有两个重要的功能性设计：一是考虑到裙子的穿脱方便要在后中心处或侧缝处的腰口处安装拉链；二是为了便于行走则要在后中心处或侧缝的下摆处做开衩处理。

1. 裙身构成

紧身裙裙身分为两种功能性结构处理方式。一是裙身前、后片均为整片结构，在裙身侧缝处安装拉链，且在裙身下摆两侧开衩。由于人体下肢体态的缘由使得侧缝处腰臀差存在而造成侧缝是弧线形结构，同时为了方便行走而使两侧裙缝处设置开衩结构，但是这种结构方式在工艺制作中不宜处理，一般不采纳。二是裙身结构为三片结构，裙前片为整片结构，后片后中心线处断缝，后中心线下摆处做开衩处理，由于人体后中心线处趋于直线状态，同时为方便行走由侧缝下摆开衩处理转换到后中心线下摆开衩，这样的结构方式易于工艺制作的处理，因此为多数人所采取的。

2. 裙腰

裙前片收四个腹省，裙后片收四个臀省，装腰头，右搭左，并且在腰头处锁扣眼，装纽扣。

3. 裙后片

裙后片后中心断缝，在后中心线上侧装拉链和下摆处做开衩处理。

4. 裙开衩

后中心下摆开衩。

5. 拉链

后中心线腰口处装普通拉链，拉链长度约 15～18cm，在臀围线向上 3cm 作为拉链止点，拉链颜色应与面料色彩保持一致。

6. 纽扣或裤钩

直径为 1～1.5cm 的纽扣或裤钩 1 个（用于腰口处）。

二、紧身裙面料、里料、辅料的准备

1. 面料

幅宽：112cm、144cm、150cm、165cm。

估算方法为：裙长 + 缝份 5cm（需要对花对格时适量追加）。

2. 里料

幅宽：144cm 或 150cm。

估算方法为：1 个裙长。

3. 辅料

① 厚黏合衬。幅宽为 90cm 或 112cm，用于裙腰里。

② 薄黏合衬。幅宽为 90cm 或 120cm（零部件用），用于裙腰面、开衩处和前、后裙片下摆、底襟部件。

③ 拉链。缝合于后中心的拉链，长度 15～18cm，颜色应与面料色彩保持一致。

④ 纽扣。纽扣直径为 1cm 的 1 个（裙腰里襟），或裤钩一副。

三、紧身裙结构制图

准备好制图工具，包括测量尺寸、画线用的直角尺、曲线尺、方眼定规、量角器、测量曲线长度的卷尺。作图纸的选择是四六开的牛皮纸（1091mm×788mm），易于操作并且大小合适，制图时要选择纸张光滑的一面，便于擦拭，不易起毛破损。制图中的一些必要的符号应该严格按照国际公认的符号标记。

（一）制定紧身裙成衣尺寸

成衣规格是 160/68A，依据是我国使用的女装号型 GB/T 1335.2-2008《服装号型女子》。基准测量部位以及参考尺寸，见表 6-1。

（二）制图步骤

紧身裙结构属于裙型结构中典型的基本纸样，这里将根据图例分步骤进行制图说明。

图 6-1 紧身裙效果图、款式图

表 6-1　紧身裙成衣规格　　　　　　　　　　　　　　　　　　　单位：cm

规格 \ 名称	裙长	腰围	臀围	腰长	下摆大	腰宽
尺寸	53	70	94	18~20	88	3

1. 建立紧身裙框架结构（基础裙原型框架）

① 后腰围辅助线的确定。首先做出一条水平线，该线为腰线设计的依据线，也称之为腰围辅助线，如图 6-2 所示。

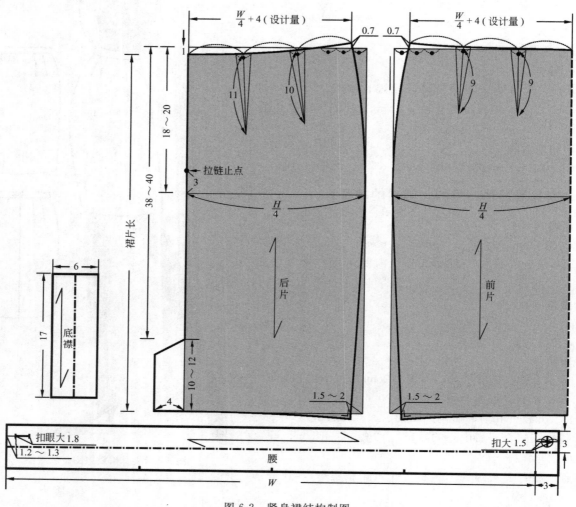

图 6-2　紧身裙结构制图

② 后中心线的确定。做与腰围辅助线相交的垂直线。该线是裙原型的后中心线，同时也是成品裙长设计的依据线。

③ 后臀围辅助线的确定。由腰围辅助线与后中心线的交点在后中心线上量取 18~20cm 的腰长值，且做腰长的水平线，此线为后臀围辅助线。

④ 后片臀围宽的确定。在臀围辅助线上由后中心线与臀围辅助线的交点向后侧缝方向量取后臀围宽 /4 = 94cm /4 = 23.5cm。

⑤ 后侧缝辅助线的确定。由后中心线与臀围辅助线的交点量出后臀围宽后，做平行于后中心线的垂直线即后侧缝辅助线。

⑥ 后下摆线辅助线的确定。由腰围辅助线与后中心线的交点在后中心线上量取裙长－腰宽＝ 53cm － 3 = 50cm 作为下摆线辅助线，且与腰围辅助线保持平行。

⑦ 前腰围辅助线的确定。首先做出一条水平线，该线为腰线设计的依据线，也称之为腰围辅助线，如

图 6-2 所示。

⑧ 前中心线的确定。做与腰围辅助线相交的垂直线。该线是裙原型的前中心线，同时也是成品裙长设计的依据线。

⑨ 前臀围辅助线的确定。由腰围辅助线与后中心线的交点在前中心线上量取 18～20cm 的腰长值，且做腰长的水平线，此线为前臀围辅助线。

⑩ 前片臀围宽的确定。在臀围辅助线上由前中心线与臀围辅助线的交点向前侧缝方向量取前臀围宽/4 = 94cm /4 = 23.5cm。

⑪ 前侧缝辅助线的确定。由前中心线与臀围辅助线的交点量出前臀围宽后，做平行于前中心线的垂直线即前侧缝辅助线。

⑫ 前下摆线辅助线的确定。由腰围辅助线与前中心线的交点在前中心线上量取裙长－腰宽 = 53cm－3 = 50cm 作为下摆线辅助线，且与腰围辅助线保持平行。

2. 建立紧身裙结构制图步骤

① 后腰尺寸的确定。由后中心线与腰围辅助线的交点向后侧缝方向量取后腰尺寸 W/4 + 4cm（设计量）= 70cm /4 + 4cm = 21.5cm，如图 6-2 所示。

② 后腰口起翘值的确定。由后中心线与腰围辅助线的交点向后侧缝方向量取后腰实际尺寸定点后，由此点垂直向上量取起翘量 0.7cm，将 0.7cm 作为点一，如图 6-2 所示。

③ 后侧缝弧线的确定。在后侧缝辅助线上将后臀围宽点与后侧缝辅助线的交点确定为点二，将后腰口起翘量点一与点二连成圆顺的外凸弧线，如图 6-2 所示。需要说明的是：从腰部到臀围的侧缝弧度不能太大，也就是在前后侧缝的腰部劈去的量不能太多，否则侧缝弧线中容易形成鼓包，为工艺制作带来不方便，同时穿着的外观效果不美观。

④ 后腰省位置、后腰省长、后腰省大的确定。后腰省位的确定是将后腰实际尺寸三等分为省位；后腰省长的确定是由后中心线向后侧缝方向省长依次为 11cm、10cm；后腰省大的确定是臀腰围差的 1/3，如图 6-2 所示。

⑤ 后腰口弧线的确定。将后中心线下落 1cm 的点与后腰口起翘点连成圆顺的后腰口弧线，如图 6-2 所示。需要说明的是：后中心腰口比前中心腰口低落 1cm 左右，是由女性的下肢体型所决定的。侧观人体，可见腹部前凸，而臀部略有下垂，致使后腰至臀部之间的斜坡显得平坦，并在上部处略有凹进，腰际至臀底部处呈 S 型。导致腹部的隆起使得前裙腰向斜上方移升，后腰下部的平坦使得后腰下沉，致使整个裙腰处于前高后低的非水平状态。在后中心腰口低落 1cm，就能使裙腰部处于良好状态，至于低落的幅度，一般在 1cm 左右，具体应根据体型及合体程度加以调节。

⑥ 后片底边开衩的确定。在后中心线上由后中心线与后下摆辅助线的交点向腰围辅助线方向量取开衩的宽度 4cm，高度为 10～12cm（设计尺寸值），如图 6-2 所示。

⑦ 后中心拉链止点的确定。由臀围辅助线与后侧缝辅助的交点在后中心线上向腰围辅助线方向量取 3cm，作为拉链止点，3cm 点与后中心线低落 1cm 点的距离为拉链的长度。

⑧ 裙片后中心线的确定。由后中心线低落 1cm 点在后中心线上向下垂直延长到底边开衩高度为止，确定出裙片的后中心线。

⑨ 后裙片下摆线的确定。在后下摆辅助线与后侧缝辅助线的交点向后中心线方向量取 1.5～2cm 作为辅助点三，由开衩宽点 4cm 处通过辅助点三和后侧缝线连圆顺，且后下摆与后侧缝线的交点处要保持 90°，这样才能保证前后裙片的下摆线呈 180°水平线，如图 6-2 所示。

⑩ 前腰口尺寸的确定。由前中心线与腰围辅助线的交点向前侧缝方向量取前腰尺寸 W/4 + 4cm（设计量）= 70cm /4 = 21.5cm，如图 6-2 所示。

⑪ 前腰口起翘值的确定。由前中心线与腰围辅助线的交点向前侧缝方向量取前腰实际尺寸定点后，由此点垂直向上量取 0.7cm，将 0.7cm 作为点四。

⑫ 前侧缝弧线的确定。在前侧缝辅助线上将前臀围宽点与前侧缝辅助线的交点与点四连接成圆顺的外凸弧线。

⑬ 确定前腰省位置、前腰省长、前腰省大的确定。前腰省位的确定是将其前腰实际尺寸三等分为省位；前腰省长的确定由前中心线向侧缝方向省长均为 9cm；前腰省大的确定是臀腰围差的 1/3。

⑭ 前腰口弧线的确定。由前中心线与腰围辅助线的交点与点四连成圆顺的前腰口弧线。

⑮ 裙片前中心线的确定。由前中心线辅助线与腰围辅助线的交点垂直向下延长到下摆辅助线，确定裙片的前中心线。

⑯ 前下摆线的确定。在前下摆辅助线与前侧缝辅助线的交点向前中心线方向量取 1.5～2cm 作为辅助点五，由前中心线与前下摆辅助线的交点处通过辅助点五和前侧缝线连圆顺，且前下摆与前侧缝线的交点处要保持 90°，这样才能保证前后裙片的下摆线呈 180° 水平线，如图 6-2 所示。

⑰ 底襟的长度、宽度的确定。裙子底襟长要覆盖住拉链，对折制作，底襟的长度是 18cm，宽度是 6cm。

⑱ 完成腰头制图，由于腰面和腰里是一体，将其双折制作，腰头宽为 6cm。在腰头处加上底襟宽度 3cm，即确定腰头的长度和宽度，如图 6-2 所示。

四、紧身裙纸样的制作

服装纸样是指服装纸样师跟进设计师设计的款式与尺寸要求，通过专业的计算，将组成服装的裁片绘制在纸上，称作服装纸样。

在做服装裁剪纸样设计时，同时要考虑到后续生产活动问题，因此，绘制完服装纸样必须做成生产性样板。作为单件设计和带有研制性的基本造型纸样更是如此，这是提高设计专业化和产品质量标准化的基本训练。纸样制作是指对某些部位纸样结构进行修正，使之可以达到美化人体、提高品质、减少工时、方便排料、节省用料等目的。

（一）检验纸样

检验纸样是确保服装成品质量的重要手段。

1. 检查缝合线长度

部分缝合线最终都应保持相等关系，如裙片中侧缝线的长度。

2. 对位点的标注

以裙子为例，轮廓线标注有检查臀围点、前后腰口起翘点、拉链止点等。内部结构线标注有检查省道对位点、腰头对位点、口袋对位点，如图 6-3 所示。

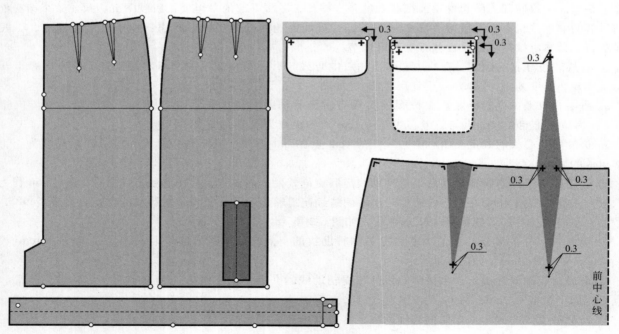

图 6-3　对位点、打孔位置的标注

对位点标注是指为了保证服装裁片在缝合时能够准确匹配而在纸样生产过程中采用打剪口、打孔等方式做出的标记，通常以对称方式存在。一般在服装裁片轮廓线上用垂直线的方式做剪开标记，在需要做对位记号的位置，例如，在明确腰口线和腰头宽匹配时，分别垂直腰口线和腰头宽来绘制对位符号。对于省道、口袋、纽扣位置匹配，一般采用直接在样板上打孔的方法；而在裁片内对位点标注不是打剪口方式而是十字点"**十**"。裁剪时用钻眼机采用多层定位方式，钻眼的位置要离省尖或袋口向内 0.3cm 左右，这样在缉省或上口袋就能将钻眼点覆盖上，需要说明的是粗纺面料或天然纤维面料不易采用此方法，如图 6-3 所示。

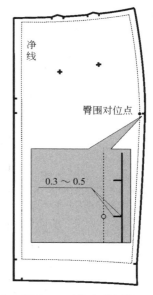

图 6-4 对位点的标注

为了缝合而做的对位记号，要同时标示出各尺寸之间的缝合方式等。对剪口的绘制要求包括：剪口的打法应对应净缝线，直角剪口的剪口深度是 0.3～0.5cm，绝对不能到净线，应注意剪开口角度、长度不能过长。这是由于在工业生产中剪口是用剪刀或推刀剪出的豁口，如图 6-4 所示。

3. 纱向线的标注

纱向线用于描述机织织物上纱线的纹路方向。

经纱向指织物长度方向上的纱线，而纬纱向指织物宽度方向的纱线。

纱向线通常以双箭头"＜———＞"符号表示，有些有倒顺毛或倒顺花的面料采用单箭头"———＞"符号。

纱向线的标注用以说明裁片排板的位置。裁片在排料裁剪时首先要通过纱向线来判断摆放的正确位置，其次要通过箭头符号来确定面料的状态，如图 6-5 所示。

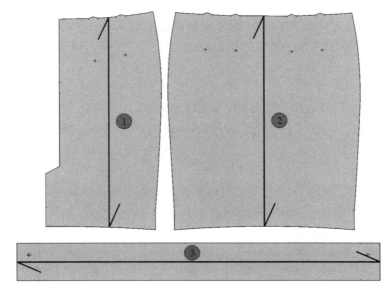

图 6-5 纱向线的标注

需要说明的是任何款式裁片的纱向线在工业板处理之前都要标示出来，以免在后面的程序中出现不必要的麻烦且裁片的纱向标注必须贯穿纸样，不能只起到说明的目的。图 6-5 中所示的裁片 1（后片）由后中心线为经纱可以判断裁片的纱向，裁片 2（前片）中，由前中心线为经纱可以判断裁片的纱向。

纱向线在工业制板中要贯穿纸样的原因如下：在实际裁剪中，较短的纱向线不利于裁片的正确摆放，必须用直角尺或丁字尺来测量裁片纱向与布边的距离，以保证裁片纱向线两端的测量数据相等与矫正裁片的位置，如图 6-6 所示。

4. 工艺符号的标注

所有的定位符号（扣位、开衩位等）、打褶符号、工艺符号等都要明确标注。全部的纸样需画上对位符号和经纱方向线，并写出款式部件名称。另外，上下方向容易混淆的纸样，需画出指向下方的标注线。纱向的上

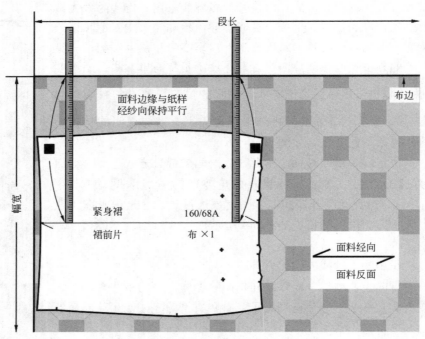

图 6-6　面料边缘与纸样经纱向的关系

下标注一定要清楚准确。通常纸样上有四个标注，即款式名称、尺码号、裁片名称、裁片数，如图 6-7 所示。

（1）款式名称

款式名称根据款式进行命名（如 XX 裙）也可以根据编号形式（如 JSQ）也可以根据季节区分（如春季、冬季）。不管是什么样的款式名称，重要的是在企业里纸样较多时，根据生产需求，标注便于查找；但名称不能重复或过于繁琐。

（2）尺码号

女装尺码：国家对服装尺码是有统一标准的。衣服标签上应按"身高 / 胸围"的方式进行标注，或者采用国际通用标准 XL、L、M、S 等区分大小号，如 S（155 / 80A）、M（160 / 84A）、L（165 / 88A）、XL（170 / 92A）。

（3）裁片名称

根据裁片的位置标注名称。需要注意一些分割较多的款式或不易识别裁片，在标注时要在裁片的边线上写清楚部位名称，以便于生产制作，如图 6-8 所示。

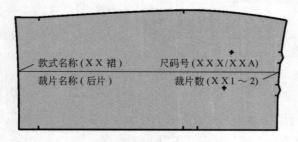

图 6-7　裁片的正确标注方式

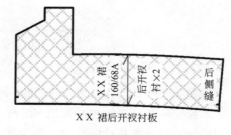

图 6-8　不易识别的裁片标注方式

（4）裁片数

裁片数表明的是纸样的裁剪数量，通常情况裁片数是 1～2 片，"1 片"表示一样的裁片对称后不需要分开裁剪的纸样；"2 片"表示是裁片需要分开裁剪的纸样，需要说明的是，在批量生产的工业纸样中，必须是完整的一片纸样，在单量单裁的纸样中可以采用对折的纸样，如图 6-9 所示。

如图 6-10 所示为分割线较多的裙前片，在制板时除了可以标注清楚裁片准确的位置外，还可以给裁片

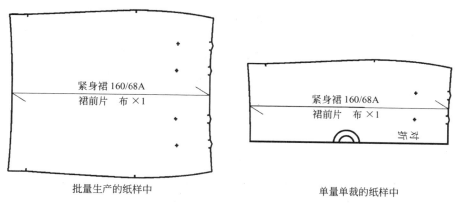

图 6-9　批量生产与单片单裁的不同

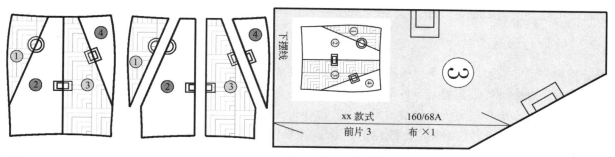

图 6-10　拼接较多裁片的标注方法

按照编号加以说明，但必须是在纸样上贴款式图说明或在裁片缝合线上标注不同的整形符号加以说明。

（二）修正纸样

1. 完成结构处理图

基本造型纸样绘制之后，就要依据生产要求对纸样进行结构处理图的绘制。

2. 裁片的复核修正

对成衣裁片的整合以及对裁片的结构处理要根据款式要求而定，如褶裥的处理、省道的转移等。以图 6-11 为例，讲解裙裁片复核修正，a 裁片中再合并前片两个省量之后对腰口弧线进行修顺，重新绘制轮廓

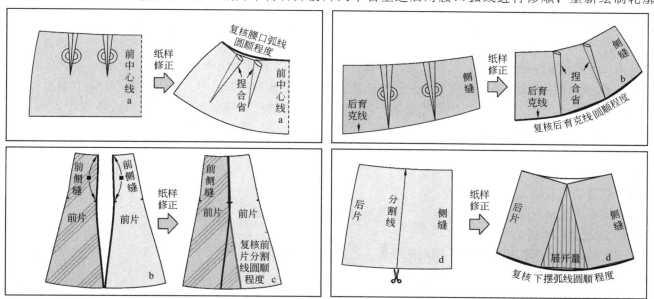

图 6-11　裁片复核

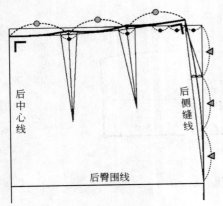

图6-12   省的复核修正

线。b裁片中分割线是重叠画,将裙子裁片按分割方式对应拼接即可。c裁片中前片下摆为多片分割结构,需要合并腰口处分割线,整合下摆弧线即可。d裁片属于育克形式,将后片中省量合并后对育克线进行修顺,重新绘制轮廓线。凡是具有缝合的部位均需复核修正,如腰口弧线、下摆弧线、侧缝线等。

3. 省的复核修正

省复核修正的原则应保证缝制裁片省量后的接缝处应圆顺自然。例如,基本造型的各个省道在最初纸样整合时有明显的缺口,因此在纸样处理时就要将其补充完整,方便生产工艺的制作,这也是把握服装成品质量的重要因素之一。根据这个原则,需要修正的省道主要是腰口弧线上的腰口省。在所有的纸样设计中,凡遇到此类情况都要进行纸样修正,如图6-12所示。

(三)缝份的加放方法

服装结构制图完成后,应在净样板的基础上根据需要加放必要的缝份,并对样板进行复核修正,确定样板准确无误后,进而进行工艺缝制等各项生产活动。有的企业完成的纸样不带有缝份,则称这种样板为净样板,起到对纸样的修正和固定成衣造型,但它决不能作为生产样板,特别是工业化生产。

修改结构制图后,需做出净样板纸样的缝份,并沿纸样缝份的边线将之剪下称之为生产样板(毛板),即带有缝份的纸样。在服装纸样设计过程中,由于服装款式各异,面料组织结构的差异及厚薄不同,服装工艺制作及机器类型的限制,服装的品质及组织结构等方面的不同,都会影响实际生产活动。因此,服装结构纸样的制作也有不同的要求,缝份线与裁剪边缘要平行,以保证缝份的宽度相同,同时在各个重点部位做好标注。

缝份的加放是为了满足服装衣片缝制的基本要求,样板缝份的加放受多种因素影响,例如款式、部位、工艺及使用材料等,在放缝份时要综合考虑。服装样板缝份加放遵循平行加放原则。根据缝份的大小,样板的毛样线与净样线保持平行,但某些特殊部位需要根据轮廓线的不同使其缝份放量不同,但都要遵循平行加放原则。例如,在侧缝线等近似直线的轮廓线缝份加放1~1.2cm。在腰口等曲度较大的轮廓线缝份加放0.8~1cm。折边部位缝份的加放量根据款式不同,数量变化较大,上衣、裙、裤单折边下摆处,一般加放3~4cm。近似扇形的下摆加放缝份分两种情况:弧度较小时,可加放量1~1.5cm,缝合时熨烫将其卷为净边;弧度较大时,可加放量1cm,缝制时需另上贴边。注意各个样板的拼接处应保证缝份宽窄、长短一致,角度吻合。例如,分割型裙片如果完全按照平行加放的原则进行放缝,即在两个裙片拼合的部位会因为端角缝头大小不等而发生错位现象。因此,对于净样板的边角均应采用构制四边形法,即延长需要缝合的净样线,与另一毛样线相交,过交点作缝线延长线的垂直线,按缝头画出四边形。对于质地不同的服装材料,缝份的加放量要进行相应的调整。一般质地疏松、边缘易于脱散的面料缝份较之普通面料应多放0.2cm左右。对于配里子的服装,面布的缝份应遵循以上所述的各原则和方法,里布的缝份方法与面布的缝份方法基本相同,但考虑到人体四肢活动的需要,并且往往里布的强度较棉布要差,所以在围度方向上里布的放缝要大于面布,一般大0.2~0.3cm,长度方向上由于下摆的制作工艺不同,里布的放缝量也有所不同,一般情况下在净样的基础上放缝1cm即可。

为了更清晰地介绍样板缝份的方法,现以紧身裙为例说明服装净样放缝的基本方法。

1. 面板缝份的确定

在服装结构制图过程中,由于采用的服装工艺不同,所放的缝份、折边量也不相同。不同的缝合方式对缝份量也有不同的要求。

(1)不同缝合方式的缝份量

常用的缝合结构方式有分缝、来去缝、内外包缝等。如平缝是一种最常用的、最简便的缝合方式,其合缝的放缝量一般为 0.8～1.2cm，对于一些较易散边、疏松布料在缝制后将缝份重叠在一起锁边 1cm，在缝制后将缝份分缝的常用 1.2cm，来去缝的缝份为 1.4cm，假如包缝宽为 0.6cm，被包缝应放 0.7～0.8cm 缝份，包缝一层应放 1.5cm 缝份。

折边的处理不同也影响服装结构制图，通常折边的处理有门襟止口、里襟止口、衣裙底边、袖口、脚口、无领的领圈、无袖的袖窿等。对于服装的折边（衣裙下摆、裤口等）所采取的缝法，一般有两种情况：一是锁边后折边缝，二是直接折边缝。锁边折边缝的加放缝即为所需折边的宽，如果是平摆的款式，春夏上衣一般为 2～2.5cm，秋冬上衣为 3～4cm，裤子、西装裙一般为 3～4cm，有利于体现裤子及裙子的垂性和稳定性；如果是有弧度形状的下摆和袖口等一般为 0.5～1cm，而直接折边缝一般需要在此基础上加 0.8～1cm 的折进量，对于较大的圆摆衬衫、喇叭裙、圆台裙等边缘，应尽可能将折边做的窄一些，将缝份卷起来作缝即为卷边缝，卷成的宽度为 0.3～0.5cm，故此，边所加的缝份为 0.5～1cm，如果是很薄的而组织结构较结实的面料可考虑直接锁边，也可作为装饰。

对于裙型中有门、里襟止口，一般可以采取加贴边和连贴边两种形式，门、里襟止口为直线时，一般采用连贴边；门、里襟止口不为直线时，如西装一般采取加贴边。下摆折边在贴边宽度的地方一般为 1～1.2cm。

对于需要配制里布的服装，在配制里布样板时要比面布样板稍大，以免里布牵制面料，影响服装的外观造型的美观。当有拐角位置缝份时需适当延长，将缝份做成非常精确的直角。

（2）不同布料厚度的缝份量

做缝份的标准往往是根据所使用布料的薄厚而定，也同时考虑产品档次、缝型、特殊工艺要求、单件缝制习惯等其他因素。按布料种类制定做缝的标准主要用于成衣生产。厚呢子、粗纺呢等厚织物的缝份是 1.3～1.5cm；花呢、薄呢、精纺毛织物、中长织物等中厚织物的缝份为 1cm；棉、麻、丝、薄化纤织物、针织面料等薄织物的缝份是 0.8～1cm。基本造型的布料一般采用厚中较薄或薄中较厚的织物。

（3）不同织物结构的缝份量

依据服装面料组织紧密不同确定不同缝合方式对加缝份的不同要求。按照布料厚薄的区别可划分薄、中、厚三种放缝量，薄型面料的服装纸样放缝量一般为 0.8cm，中型为 1cm，厚型为 1.5cm。

2. 缝份的要求

（1）弧度的要求

缝合弧度较大的位置缝份量要窄，如腰口弧线处考虑到弧度问题，缝份太大会产生起皱褶，然而生产纸样的缝份量设计尽可能整齐划一，这样有利于提高生产效率，同时也有利于提高了产品质量。腰口弧线的放缝量为 0.8～1cm，缝制后统一修剪腰口弧线为 0.5cm，既可以使腰口圆弧部位平服又可以避免因布料脱散而影响缝份不足。

（2）缝合方式的要求

平缝其合缝的放缝量一般为 0.8～1.2cm；对于一些较易散边、疏松布料在缝制后将缝份叠在一起锁边的常用 1cm；在缝制后将缝份劈缝的常用 1.2cm。

缝份的要求主要考虑以下因素。

① 考虑所使用材料的厚度、延长、脱线、抽缩等因素。

② 按照有无明线和轮廓线等设计来设定缝份的宽度。

③ 根据双罗纹织物、卷包缝、边缉缝等改变缝份的处理方法。

④ 考虑制品穿着年限。年限长时，长和宽要留出能够更改的余量，缝份宽度要加宽。

⑤ 根据有衬里、无衬里等决定制作方式，确定缝份宽度。

3. 里板缝份的确定

裁剪前要用熨斗熨烫（不用蒸汽）以整理里料的布纹，然后将里料对折，核对布纹纱向的排列纸样，因里料的上下层极易错位，在裁剪时应加以注意。裁剪前衣身里料应使用去掉了贴边的纸样。用竹刀或划粉或滚轮按净板位置做出记号。

为了适应面料的伸展和活动，里料应留出松量，其松量的给法是在裁剪时里料比面料的缝份多出 0.3～0.5cm，后中缝的备放量加大，通常采用 2～3cm。缝合里料时比净板位置的记号少缝 0.5cm，其少缝的量作为褶（俗称"眼皮"）储备起来。

下摆为适应面料的伸展而留出 1.5～2cm 缝份，在暗缲缝时留出"眼皮"量，里料在和下摆拼合时要比衣片下摆缝头多 0.5～1cm，这样可避免与衣身下摆扦合的时候不会太厚。高级成衣的袖窿下面的缝份处于直立状态，缝份要用袖里包住，所以袖里的缝份是袖面缝份的 3 倍（约 3.5cm）。

4. 衬板缝份的确定

在补正之后裁剪的下摆、开衩等处粘贴黏合衬，做上标记。衬的缝份为防止黏合衬渗漏，需比缝份小 0.2～0.3cm；为使裙腰看起来更挺实，在裙腰面料上使用加强衬，加强衬也可不留缝份。

5. 缝份角处理

缝份加放时要注意缝合后缝份的倒向，在侧缝分割处注意延伸画法及打角，如图 6-13 所示。对缝制缝份的尖角进行直角处理，为了在缝制时使两片对合容易，一般情况下都进行直角处理。

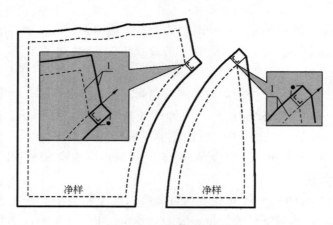

图 6-13 缝份角的处理

6. 下摆反切角的处理

下摆缝份放量一般加放 3～4cm，为保证下摆的圆顺，下摆要随着侧缝进行起翘，其弧度构成近似扇形的下摆；在缝制时要向裙片进行扣折，因此，应使缝份的加放满足缝制的需要，即以下摆折边线为中心线，根据对称原理做出放缝线，在下摆折边处要注意反切角的处理，如图 6-14 所示。

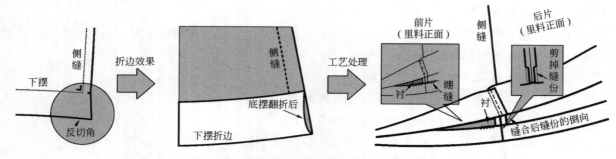

图 6-14 反切角的结构设计及工艺处理示意图

（四）复核全部纸样

复核后的纸样通过裁剪制成成衣，用来检验纸样是否达到了设计意图，这种纸样称为"头板"。虽然结构设计是在充分尊重原始设计资料的基础上完成的，但经过复杂的绘制过程，净样板与目标会存在一定的误差，因此，应在净样板完成后对样板规格进行复核修正。此外，服装是由多个衣片组合而成，衣片的取料、衣片间的匹配等因素直接影响服装成品的质量，为了便于各衣片在缝制过程中准确、快捷地缝合各衣片，样板在完成轮廓线的同时还应标注必要的符号，以指导裁剪缝制等各工序活动顺利完成。样板的复核通常包括以下内容。

1. 对规格尺寸的复核

依照已给定的尺寸对纸样的各部位进行核实，围度值及长度值均需仔细核对。实际完成的纸样尺寸必须与原始设计资料给定的规格尺寸吻合。在通常情况下，原始设计资料都会给予关键部位的规格尺寸、允许的误差范围及正确的测量方法。这些关键部位因为服装款式的不同而有所不同，例如胸围、腰围、衣长等。净样板完成后，必须根据原始设计资料所要求的测量方法对各关键部位进行逐一复核，保证样板尺寸满足于原始设计资料。

2. 对各缝合线的复核

服装各部件的相互衔接关系，需要在纸样制作好后，检查腰口弧线及下摆弧线是否圆顺；检查裙片侧缝长度、多片分割线长度是否相等。不同裙片缝合时根据款式的造型要求，会做等长或不等长处理。对于要求缝合线等长的情况，净样板完成后，必须对缝合线进行复核，保证需要缝合的两条缝合线完全相等。对于不等长的情况，必须保证两条缝合线的长度差与结构设计时所要求的吃势量、省量、褶量或其他造型方式的需求量吻合，以达到所要求的造型效果。

3. 对位标注的复核

制板完成后为了指导后续工作必须在样板上进行必要的标注，这些标注包括对位记号、丝缕方向、面料毛向、样板名称及数量等。

① 后裙片对位点（后中心点、省道对位点、臀围对位点、腰口点、下摆点、开衩止点）。

② 前裙片对位点（前中心点、省道对位点、臀围对位点、腰口点、下摆点）。

③ 裙腰对位点（纽扣位置、扣眼位置）。

4. 样板数量的确定

服装款式多种多样，但无论繁简，服装往往都由多个衣片组成。因此在样板完成后，需核对服装各裁片的样板是否完整，并对其进行统一的编号，不能有遗漏，以保证成衣的正常生产。

对非确认的纸样进行修改，调整甚至重新设计，再经过复核成为"复板"制成成衣，最后确认为服装生产纸样。除复核面布纸样外，还有里料纸样、衬料纸样、净板纸板等。

五、紧身裙工业样板

在绘制服装结构制图时并不是单纯地绘制服装结构图，而是把服装款式、服装材料、服装工艺三者进行融会贯通，只有这样才能使最后的成品服装既符合设计者的意图，又能保证服装制作的可行性。基础纸样是以设计效果图为基础制作的纸样，通过平面作图法和立体裁剪法，或者平面作图与立体裁剪结合的方法而制成。用该纸样裁剪和缝合后，再去重新确认设计效果。

（一）工业用纸样的条件

① 能够适应不同体型的消费者穿着尺寸。

② 能够使纸样的结构适应材料本身的特性。

③ 能够生产过程中不能产生错误的缝制。

④ 能够提高各个生产工序的效率。

⑤ 能够使必要的纸样一应俱全。

⑥ 能够适应市场用料量的价格，制作低成本的款式。

⑦ 能够适应设计、材料、缝制方式的缝份宽度以及对位记号等。

（二）影响服装结构制图的因素

服装是由不同的材料经过一定的工艺手段组合而成的，不同的服装面料由于采用的原料、纱线、织物组织、加工手段等不同而具有不同的性能，从而影响服装结构制图，主要表现在材料质地、缩率、经纬丝缕三个方面。

① 不同的材料质地所具有的性能不同。如丝绸织物比较轻薄柔软，毛织物厚重挺括，所以在裁制丝绸织物时，斜丝缕处应适当进行减短和放宽，以适应斜丝缕的自然伸长和横缩，对于质地比较稀疏的面料，要加宽缝份量，以防止脱纱需要，对于有倒顺毛、倒顺花的面料，在服装结构制图时要在样板上注明，以免出现差错。

② 材料的缩率也影响服装结构制图，材料的缩率包括水洗缩率、熨烫缩率、热烫缩率，在服装结构制图时要进行相应的处理。对于裤装只要在样板上加上水洗缩率、熨烫缩率即可。

③ 材料的经纬丝缕伸缩弹性大，富有弹性，易弯曲延伸。一般裤长、裤腰取经向，滚条、喇叭裙等一般取斜向。

（三）本款紧身裙工业样板的制作

本款紧身裙工业板的制作，如图6-15～图6-22所示。

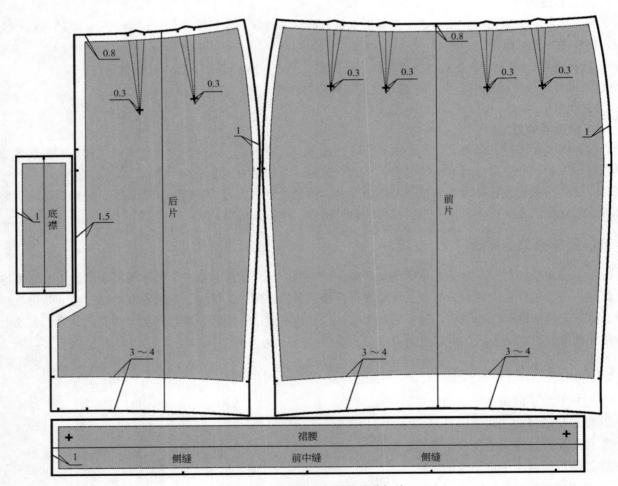

图 6-15　紧身裙面料板的缝份加放

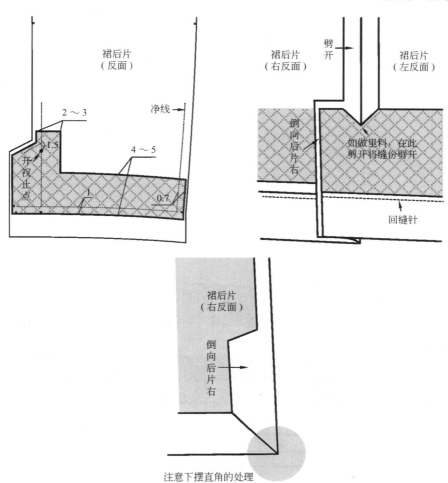

图 6-16 紧身裙后开衩示意图

图注：开衩止点以上的缝份劈开，开衩部分向后片右侧烫倒。裙左后片向上折，
用回针缝固定。开衩部分的缝份沿着裙右后片的折边缲缝。

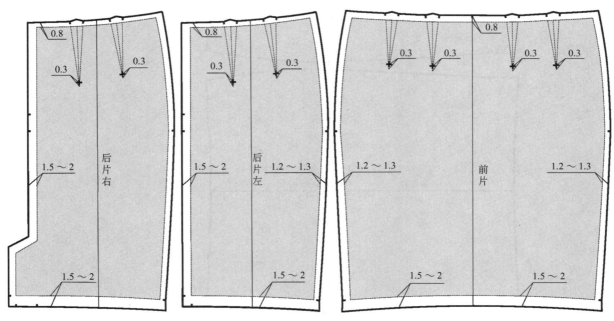

图 6-17 紧身裙里料板的缝份加放

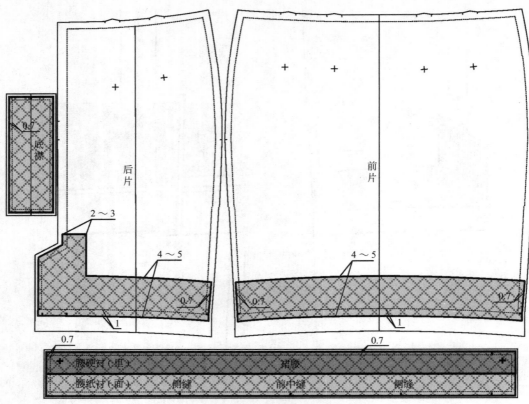

图 6-18 紧身裙衬料板缝份的加放

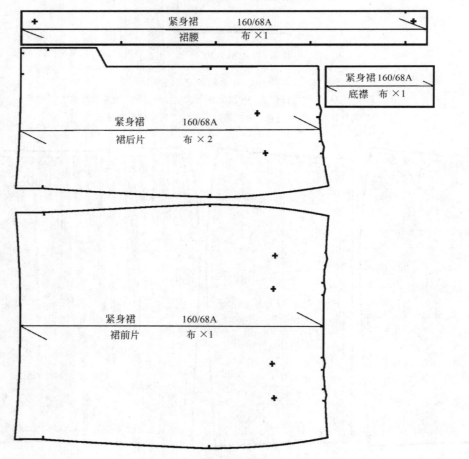

图 6-19 紧身裙工业板——面板

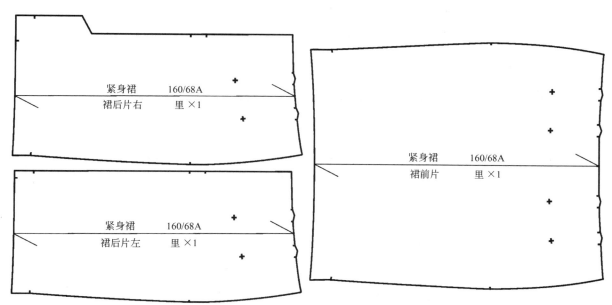

图 6-20 紧身裙工业板——里板

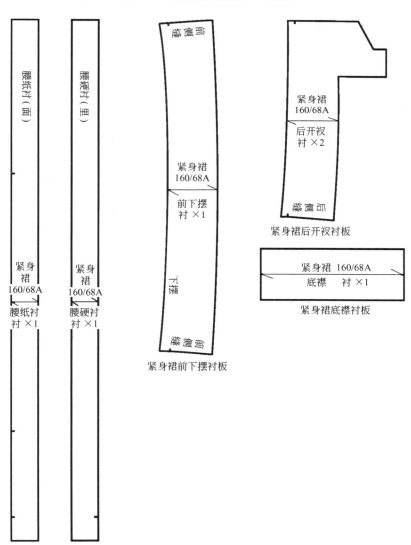

图 6-21 紧身裙工业板——衬板

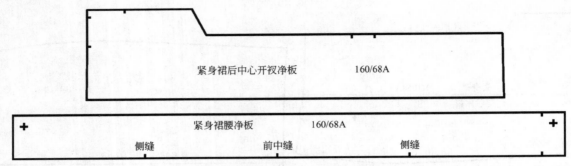

图 6-22　紧身裙工业板——净板

第二节　适身裙（直筒裙）实例分析

一、适身裙款式说明

适身裙剪裁窄身垂直，长及膝，以其贴身修长，直线形的特点见称。适身裙不仅能满足职场女性的知性优雅装扮，还将女性的曲线感与柔美特质表现出来。裙身为三片结构，后中心线断缝，裙前片收四个腹省，裙后片收四个臀省，装腰头，为了满足穿脱方便的机能性要求，分别在后中心上侧装拉链下摆处设置开衩。这种款式的裙子可分别用作单件或作套装的裙子出现，如图 6-23 所示。

1. 裙身构成

适身裙裙身分为两种功能性结构处理方式：一是裙身前、后片均为整片结构，在裙身侧缝处安装拉链，且在裙身下摆两侧开衩，但是由于人体下肢体态的缘由使得侧缝处腰臀差存在而造成侧缝是弧线形结构，同时为了方便行走而使两侧裙缝处设置开衩结构。但这种结构方式在工艺制作中不宜处理，一般不采纳。二是裙身结构为三片结构，裙前片为整片结构，后片后中心断缝，后中心下摆处做开衩处理，由于人体后中心线处趋于直线状态，同时为方便行走由侧缝下摆开衩处理转换到后中心线下摆开衩，这样的结构方式易于工艺制作的处理，因此为多数人所采取。

2. 腰

前腰收四个腹省，后腰收四个臀省，装腰头。

3. 后中心

裙后片后中心断缝，在后中心上侧装拉链和底部开衩。

图 6-23　适身裙效果图、款式图

4. 开衩

后中心下摆处开衩或侧缝处开衩。

5. 拉链

拉链装于后中心上端，普通拉链，拉链止点在臀围线向上 3cm，长 15～18cm，颜色应与面料色彩相一致。

6. 纽扣

直径为 1cm 的纽扣 1 个（用于腰口处）。

二、适身裙面料、里料、辅料的准备

1. 面料

幅宽：112cm、144cm、150cm、165cm。

估算方法为：裙长＋缝份 5～10cm（需要对花对格时适量追加）。

2. 里料

幅宽：140cm 或 150cm。

估算方法为：50cm 左右。

3. 辅料

① 厚黏合衬。幅宽为 90cm 或 112cm，用于裙腰里。

② 薄黏合衬。幅宽为 90cm 或 120cm（零部件用），用于裙腰面，前、后裙片底摆，底襟部件。

③ 拉链。装于后片上端拉链，长 15～18cm，颜色应与面料色彩相一致。

④ 扣子。直径为 1cm 的 1 个（裙腰里襟）。

三、适身裙结构制图

1. 制订适身裙成衣尺寸

成衣规格是 160 /68A，依据是我国使用的女装号型 GB /T 1335. 2-2008《服装号型女子》。基准测量部位以及参考尺寸，见表 6-2。

表 6-2　适身裙成衣规格　　　　　　　　　　　　　　　　　单位：cm

规格 ＼ 名称	裙长	腰围	臀围	腰长	下摆大	腰头宽
尺寸	30～90	70	94	18～20	94	3

2. 制图步骤

适身裙（直筒裙）结构制图是在裙原型的基础上来完成的纸样，制图要点和制图步骤参照紧身裙的结构制图，这里不再进行讲解，如图 6-24 所示。

在适身裙中有两点需要说明：一是需要注意裙子后中心下摆开衩的高低与紧身裙不同；二是腰部腹省与臀省的形式画法，从侧面观察女性人体的体型特征，发现腹部由于腹肌的外突，应采用凸形省，才能符合人体纵向曲面变化的特点要求，而长度的设定一般不超过腹围线。在臀部，由于近腰围处凹进，而近臀围处开始凸出，故应采用凹形省，以适应浑圆形的凹凸部位，长度稍过中臀围线，如图 6-25 所示。

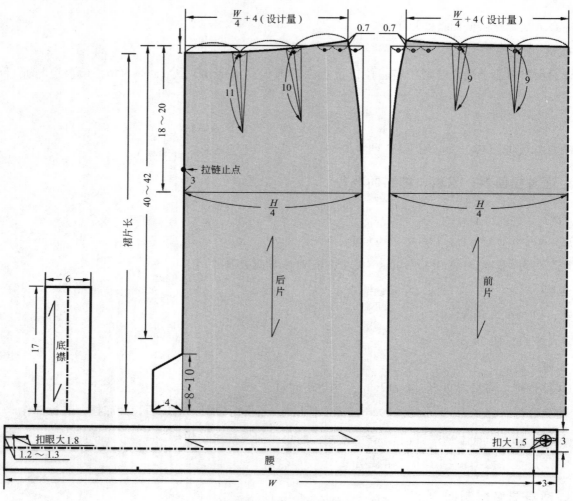

图 6-24 适身裙结构制图

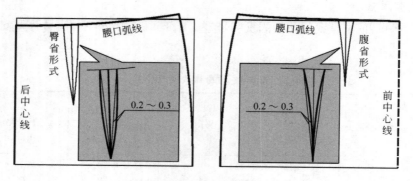

图 6-25 · 腰部腹省与臀省的形式

第三节 半适身裙（A字裙）实例分析

一、半适身裙款式说明

半适身裙（A字裙）的轮廓像字母"A"的短裙，从窄腰开始到下摆自然散开的裙型；上窄下宽的形状不仅可以衬托腰身，同时可以修饰腿形；此裙型搭配款式范围较广，不同风格的造型都会令人耳目一新，如图 6-26 所示。

面料适宜的范围也相对较广，在图案上有蕾丝花纹、抽象印花的点缀，增添浓郁的女人味；在手感上有棉布、亚麻的使用，增加了纯朴之感，毛呢料的添加给人以端庄、温暖亲切之感。从季节上分：春夏可使用毛涤、毛花呢、雪纺、真丝等，秋冬则可使用针织、羊毛呢、皮革、羽绒棉等。

1. 裙身构成

A字裙的裙身结构是在适身裙的基础上将前后裙侧省合并，裙摆自然张开而形成的裙型结构。

2. 裙里

根据款式的需求、裙面的厚薄以及透明度，对裙里的要求也不同，一般裙里的长度长至膝盖，并且具有一定的弹性，围度方向要满足人体的步距。

3. 腰

绱腰头，前后腰部各收1个省，右搭左，并且在腰头处锁扣眼，装纽扣。

4. 拉链

装于裙子右侧缝的普通拉链，拉链止点在臀围线向上3cm，长15～18cm，颜色应与面料色彩相一致。

5. 纽扣

直径为1cm的纽扣1个（用于腰口处）。

二、半适身面料、里料、辅料的准备

1. 面料

幅宽：112cm、150cm、165cm。

估算方法为：裙长＋缝份5cm。

2. 里料

幅宽：140cm或150cm。

估算方法为：50cm左右。

3. 辅料

① 厚黏合衬。幅宽为90cm或112cm，用于裙腰里。

② 薄黏合衬。幅宽为90cm或120cm（零部件用），用于裙腰面、裙片底摆、底襟部件。

③ 拉链。缝合于右侧缝的拉链，长15～18cm，颜色应与面料色彩相一致。

④ 纽扣。直径为1cm的1个（裙腰里襟）。

图6-26　半适身裙效果图、款式图

表6-3　成衣规格　　　　　　　　　　　　　　　单位：cm

名称 规格	裙长	（腰围）	（臀围）	下摆大	腰长	腰头宽
尺寸	30～90	70	94	120	18～20	3

三、半适身裙结构制图

1. 制定半适身裙成衣尺寸

成衣规格是160/68A，依据是我国使用的女装号型GB/T 1335.2-2008《服装号型女子》。基准测量部位以及参考尺寸，见表6-3。

2. 制图要点

① 人体下肢形态的构成是由两个圆台型构成，以臀围为界限，臀围上半部分是合体圆台型，臀围下半部分标准圆台型。

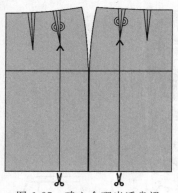

图 6-27 建立合理半适身裙
的结构框架

② 半适身裙的款式造型呈 A 字型状态，裙摆大于适身裙，结构设计的方法是在原型裙结构基础上将腰臀差量以省的形式均匀分布在腰口线上，使得部分省道合并，则对应省道的下摆自然张开，臀围略有增大。这时的腰口弧线会随着裙下摆放量的增大，弧度也随之增大、内凹，腰口曲线弧度符合腰腹的人体形态。

③ 在裙子造型中，半适身裙下摆阔度的存在通常以两种状态为依据，一是在正常步距下，两膝围度所控制的下摆尺寸设计，如及膝裙；二是在无开衩下满足人体基本运动的步距极限状态，踝骨围度所控制的下摆尺寸设计，如长裙。在这里需说明的是：踝骨围度下所控制的围度尺寸在 130cm 以上满足人体步距能够无障碍正常行走，但是这样的裙造型给人的视觉美感不好看，一般不采取或根据裙子造型需求而定。通常采用下摆围度尺寸在 120cm 的这个数据，满足基本人体小步距的正常行走，这样的裙子成品外观和造型是令人赏心悦目的，且这样的裙型结构设计采纳较多。

3. 制图步骤

半适身裙（A 字裙）结构是在适身裙的基础上，转移部分腰臀差量来增加裙下摆阔度而完成的纸样，这里将根据图例进行制图说明。

① 放置适身原型。将适身裙前、后结构原型按照腰围辅助线、臀围辅助线、下摆辅助线放置摆好，如图 6-27、图 6-28 所示。

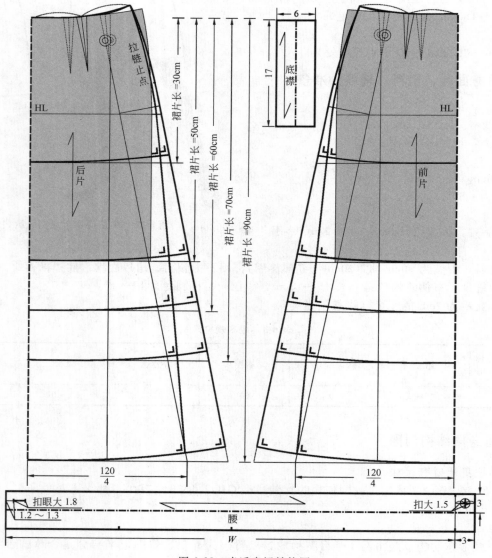

图 6-28 半适身裙结构图

② 后裙片长的确定。由后中心线下低落 1cm 处依次量取裙片长 30cm、50cm、60cm、70cm、90cm，来作为参照依据，如图 6-28 所示。

③ 后片放量剪开线、下摆切展量的确定。将靠近裙后片侧缝的省尖引出一条垂直线与下摆辅助线交于一点，此交点为点一，而此线作为切展线。将点一沿垂直线剪开至省尖，将靠近侧缝的省道全部合并，则切展线向侧缝方向偏移，下摆放量展开。

④ 后片省道位置的确定。将剩余的省量移至合并省道后腰线的 1/2 位置，腰省要与腰线保持垂直，如图 6-28 所示。

⑤ 下摆阔度尺寸的确定。在裙后片下摆辅助线上由后中心线与后下摆辅助线的交点向后侧缝辅助线方向量出 120cm /4 = 30cm，此点作为点二，将切展线向后中心线方向偏移且与点二重合，此阔度尺寸 120cm 作为无开衩下满足人体基本运动的步距极限状态的下摆围度。

⑥ 修正后腰口弧线的确定。将省道转移后的新腰口弧线修成圆顺的曲线弧度。

⑦ 修正后侧缝弧线的确定。将省道转移后的新后侧缝线修成圆顺的微凸曲线弧度。

⑧ 前裙片的画法与后裙片相同，如图 6-28 所示。

⑨ 底襟的长度、宽度的确定。底襟的长度是 18cm，宽度是 6cm。

⑩ 完成腰头制图，如图 6-28 所示。

第四节　斜裙实例分析

一、斜裙款式说明

斜裙是以与丝绺径向呈 90°绘图，整体造型呈腰口小，下摆大的喇叭造型；斜裙结构较为简单，而款式动感较强，如图 6-29 所示。

斜裙在材质选择上范围较广，疏松柔软，厚薄面料均可。如秋冬季使用含羊毛成分并带有肌理质感的呢料，能为裙子带来复古的味道和艺术气息；具有回弹力强的斜纹肌理面料，分量感十足，穿着无负担，舒适百搭；春夏季选用手感柔和、垂坠感好的涤纶、雪纺面料，以表现斜裙廓型的飘逸和灵动，为我们带来了摩登感；花织蕾丝面料运用独特设计形式。

1. 裙身构成

斜裙裙身构成是在适身裙的基础上将腰臀差量合并增加下摆阔度而形成的。此时腰臀差量的处理已经完全失去了意义，裙身前、后片均为整体地两片裙身结构，腰部以下呈现出自然的波浪褶。

2. 裙里

根据款式的需求、裙面的厚薄以及透明度，对裙里的要求也不同，一般裙里的长度长至膝盖，围度方向要满足人体的步距或加开衩，也可以采用弹性面料。

3. 腰

装腰头，左搭右，并且在腰头处锁扣眼，装纽扣。

4. 拉链

缝合于裙子右侧缝，装普通拉链，拉链止点在

图 6-29　斜裙效果图、款式图

臀围线向上 3cm，长 15～18cm，颜色应与面料色彩相一致。

5. 纽扣

直径为 1cm 的纽扣 1 个（用于腰口处）。

二、斜裙面料、里料、辅料的准备

1. 面料

幅宽：144cm、150cm、165cm。

估算方法为：1.5 裙长 + 缝份 5cm（需要对花对格时适量追加）。

2. 里料

幅宽：140cm 或 150cm。

估算方法为：50cm 左右。

3. 辅料

① 厚黏合衬。幅宽为 90cm 或 112cm，用于裙腰里。

② 薄黏合衬。幅宽为 90cm 或 120cm（零部件用），用于裙腰面、裙片底摆、底襟部件。

③ 拉链。缝合于右侧缝的拉链，长度在 15～18cm，颜色应与面料色彩相一致。

④ 纽扣。直径为 1cm 的纽扣 1 个（裙腰里襟）。

三、斜裙结构制图

1. 制订斜裙成衣尺寸

成衣规格是 160 /68A，依据是我国使用的女装号型 GB /T 1335. 2-2008《服装号型女子》。基准测量部位以及参考尺寸，见表 6-4。

表 6-4　斜裙成衣规格　　　　　　　　　　　　　单位：cm

名称 规格	裙长	（腰围）	（臀围）	腰长	下摆大	腰头宽
尺寸	30～90	70	94	18～20	224	3

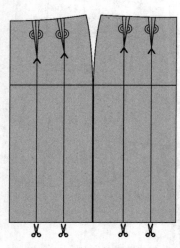

图 6-30　建立合理的斜裙
结构框架图

2. 制图步骤

斜裙结构是在适身裙的基础上转移臀腰差量增加裙下摆的宽度来完成的纸样，这里将根据图例进行制图说明，如图 6-30、图 6-31 所示。

3. 制图要点

斜裙裙摆大于半适身裙，裙摆呈小波浪状态，结构设计的方法是在原型裙结构基础上把臀腰差量以省的形式均匀分布在腰口线上。将前后腰口全部省道按照半适身裙的切展原理合并，对应省道的下摆自然张开，臀围略有增大，同时，为了使整体造型美观，可适当增加侧缝量，这时的腰口弧线会随着裙下摆放量的增大，裙摆越大，扇形的变化越大，腰省自然消失。从裙子的侧缝线上看，裙摆越大，侧缝线的弧度越小，且趋于直线。从中可以总结出：裙摆是受腰省的制约，实质上是受腰口线的制约，即腰口线曲度越大，裙摆的量越大。这种规律同样适用于半圆裙和整圆裙。

制图步骤参照半适身裙的制图步骤。

4. 裙里制图要点

斜裙裙里在结构设计考虑到用料的要求，里子的设计通常不与面的结构一致，长度可以比面短 5cm 左右，也可以采用长至膝围左右的设计方法，围度方向要满足人体的膝围尺度，或加开衩，也可以采用弹性面料。

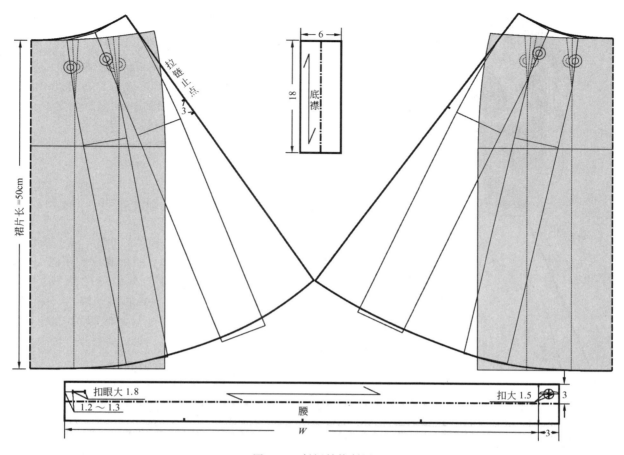

图 6-31　斜裙结构制图

第五节　半圆裙实例分析

一、半圆裙款式说明

半圆裙款式的腰部既不收省也不打褶裥，利用斜丝缕裁制而成的喇叭裙，形成精致独特的款式特点，穿着舒适，能充分展示身材的优点，适合每个季节穿用，搭配不同款式的上装，来展现女性的不同风格美。

在面料的选择上范围较广，如柔软型面料一般较为轻薄、悬垂感好，造型线条光滑，服装轮廓自然舒展，主要包括织物结构疏散的针织面料和丝绸面料以及软薄的麻纱面料等；丝绸、麻纱等面料则多见松散型和有褶裥效果的造型，能表现面料线条的流动感；还有雪纺、乔其纱、涤棉等，根据身份不同可选用各种档次的面料，如图 6-32 所示。

1. 裙身构成

裙身前、后片均为整体地两片裙身结构，腰部以下呈现出自然的波浪褶。

2. 裙里

根据款式的需求、裙面的厚薄以及透明度，对裙里的要求也不同，一般裙里的长度长至膝盖，并且具有一定的弹性，围度方向要满足人体的步距。

3. 腰

装腰头，左搭右，并且在腰头处锁扣眼，装纽扣。

4. 拉链

缝合于裙子右侧缝，装拉链，拉链止点在臀围线向上 3cm，长 15～18cm，颜色应与面料色彩相一致。

5. 纽扣

直径为 1cm 的纽扣 1 个（用于腰口处）。

图 6-32　半圆裙效果图、款式图

二、半圆裙面料、里料、辅料的准备

1. 面料

幅宽：144cm、150cm、165cm。

估算方法为：1.5 倍裙长 + 缝份 10cm。超过幅宽的范围要根据面料的幅宽确定。

2. 里料

幅宽：140cm 或 150cm。

估算方法为：50cm 左右。

3. 辅料

① 厚黏合衬。幅宽为 90cm 或 112cm，用于裙腰里。

② 薄黏合衬。幅宽为 90cm 或 120cm（零部件用），用于裙腰面、裙片底摆、底襟部件。

③ 拉链。缝合于右侧缝的拉链，长 15～18cm，颜色应与面料色彩相一致。

④ 纽扣。直径为 1cm 的纽扣 1 个（裙腰里襟）。

三、半圆裙结构制图

（一）制订半圆裙成衣尺寸

成衣规格是 160/68A，依据我国使用的女装号型是 GB/T 1335.2-2008《服装号型女子》。基准测量部位以及参考尺寸，见表 6-5。

（二）制图步骤

半圆裙结构裙子属于两片宽松型结构中典型的基本纸样之一，这里将根据图例分步骤进行制图说明。

1. 建立半圆裙的框架结构

结构制图的第一步十分重要，由于半圆裙为 180°，先计算出圆弧的半径，如图 6-33 所示。

表 6-5　半圆裙成衣规格　　　　　　　　　　　　　　单位：cm

规格＼名称	裙长	腰围	下摆大	腰长	下摆大	腰头宽
尺寸	63	70	258	18～20	261	3

① 确定圆弧的半径且作圆。半圆裙半径 $R = W/\pi = W/3.14 \approx 22.3cm$，半圆裙则取 1/8 圆弧作为腰线。

② 裙片长的确定。从圆心量取半径，再顺延取裙片长 60cm，作为前后中心线。

③ 下摆辅助线的确定。由前后中心线上的半径向下量取裙片长后作垂线，作为半圆裙的下摆辅助线，如图 6-33 所示。

④ 定角平分线的确定。以半径为一侧边作一个正方形，以圆心为始点，做出角平分线，并延长。

⑤ 前后侧缝线的确定。在角平分线的延长上取与前后中心线相等的长度作为前后侧缝线。

⑥ 裙下摆线的确定。根据设计要求，修正裙摆线。

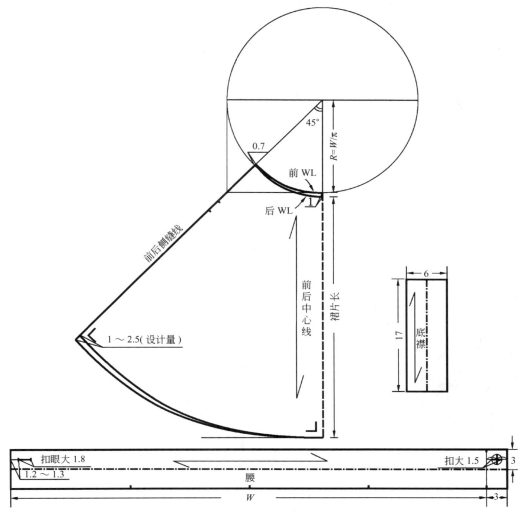

图 6-33　半圆裙结构制图

2. 建立的半圆裙结构制图步骤

① 确定 7 圆弧半径且作圆。半圆裙半径要根据圆弧的公式算出：周长 ＝ 2πR /2 ＝ πR，而半圆裙半径 R ＝ W /π ＝ W /3.14≈22.3cm。半圆裙则取 1 /8 圆弧作为腰线。注意腰线后中心处应下降 1～1.5cm，以保证裙摆的水平状态。

② 确定半径做正方形。先做出圆的横向中线，以圆点为始点，半径为边，做出正方形，如图 6-33 所示。

③ 裙片长的确定。从圆心向下量取半径（22.3cm）后，再向下量取裙片长 60cm，作为前后中心线，用虚线表示，如图 6-33 所示。

④ 下摆辅助线的确定。由前后中心线上的半径向下量取裙片长 60cm 的端点作垂线，作为半圆裙的下摆辅助线。

⑤ 角平分线的确定。在正方形的基础上，以圆心为始点，做出角平分线，并延长。

⑥ 前后侧缝线的确定。在角平分线与圆的交点处量取与前后中心线相等的长度 60cm，作为前后侧缝线，如图 6-33 所示。

⑦ 下摆线的确定。连接两个裙长的端点（前后中心线的端点和前后侧缝的端点），用弧线画顺；由于成品裙摆侧缝处为斜纱穿着后容易拉长，在制图时，将其消减一定的量。因原料的质地性能不同，下垂即伸长的长度也不一样，因此，要酌情消减，一般需在侧缝处消减 1～2.5cm，消减后与前后中心线的端点处重新画顺，即确定下摆弧线。

⑧ 腰线的确定。在前后中心线上，后腰口比前腰口要低落 1cm 左右，将其画圆顺。

⑨ 画出腰头的确定。由于腰面和腰里都是一体，将其双折，腰头宽为 6cm。在腰头处加上底襟宽度

3cm，即确定腰头的长度和宽度，如图 6-33 所示。

⑩ 完成裙身、底襟制图。

第六节 全圆裙实例分析

一、全圆裙款式说明

本款女裙流畅的裁剪以及一泻而下形似芭蕾舞蓬蓬裙的下摆会让小腿显得纤细，与收腰的上身形成呼应，让整体比例趋于完美。

面料选择范围较广，疏松柔软的，较厚、较薄的原料均可。比如柔软型面料一般较为轻薄、悬垂感好，造型线条光滑，服装轮廓自然舒展。柔软型面料主要包括织物结构疏散的针织面料和丝绸面料以及软薄的麻纱面料等。除柔软裙料之外还有身骨挺括，富有弹性的面料，如各色薄型毛料、涤毛混纺料、中长花呢、纯涤纶花呢、针织涤纶面料、罗缎等，根据身份不同可选用各种档次的面料。

全圆裙形成的自然波浪焕发蓬勃的生命力，它既能充分展示面料的特性，又有美化与装饰人体的双重功能而长久不衰，如图 6-34 所示。

1. 裙身构成

前后片均为整体地两片裙身结构，腰部以下呈现出自然的波浪褶。

2. 裙里

根据款式的需求、裙面的厚薄以及透明度，对裙里的要求也不同，一般裙里的长度长至膝盖，并且具有一定的弹性，围度方向要满足人体的步距。

3. 腰

绱腰头，右搭左，并且在腰头处锁扣眼，装纽扣。

4. 拉链

缝合于裙子右侧缝，装普通拉链，拉链止点在臀围线向上 3cm，长 15～18cm，颜色应与面料色彩相一致。

5. 纽扣

直径为 1cm 的纽扣 1 个（用于腰口处）。

二、全圆裙面料、里料、辅料的准备

1. 面料

幅宽：144cm、150cm、165cm。

估算方法为：裙长在 60～70cm，可采用 2 倍裙长 + 缝份 10cm。超过幅宽的范围要根据面料的幅宽确定。

2. 里料

幅宽：144cm 或 150cm。

估算方法为：50cm 左右。

3. 辅料

① 厚黏合衬。幅宽为 90cm 或 112cm，用于裙腰里。

② 薄黏合衬。幅宽为 90cm 或 120cm（零部件用），用于裙腰面、裙片底摆、底襟部件。

③ 拉链。缝合于右侧缝的拉链，长 15～

图 6-34 全圆裙效果图、款式图

18cm，颜色应与面料色彩相一致。

④ 纽扣。直径为 1cm 的纽扣 1 个（裙腰里襟）。

三、全圆裙结构制图

（一）制订全圆裙成衣尺寸

成衣规格是 160/68A，依据我国使用的女装号型是 GB/T 1335.2-2008《服装号型女子》。基准测量部位以及参考尺寸，见表 6-6。

表 6-6　全圆裙成衣规格
单位：cm

规格＼名称	裙长	腰围	腰长	下摆大	腰头宽
尺寸	63	70	18~20	456	3

（二）制图步骤

全圆裙结构裙子属于两片宽松型结构中典型的基本纸样之一，这里将根据图例分步骤进行制图说明。

1. 建立全圆裙的框架结构

结构制图的第一步十分重要，要根据款式分析结构需求，由于全圆裙为 360°，先计算圆弧的半径。

① 确定计算圆弧的半径且做圆。全圆裙半径 $R = W/2\pi = W/2 \times 3.14 \approx 11.3\text{cm}$，全圆裙则取 1/4 圆弧作为腰线，如图 6-35 所示。

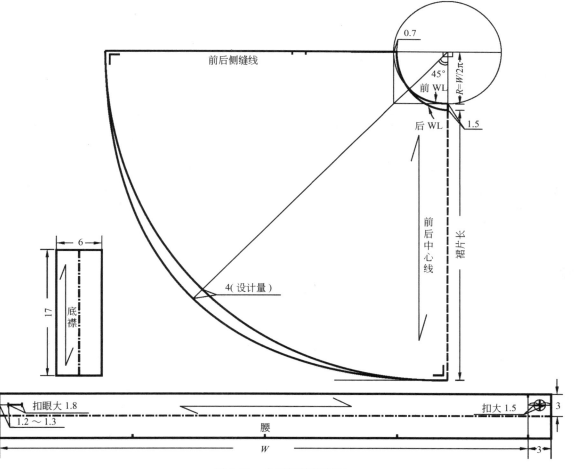

图 6-35　全圆裙结构制图

② 裙片长的确定。从圆心量取半径，再顺延取裙片长 60cm，作为前后中心线。

③ 下摆辅助线的确定。由前后中心线上的半径向下量取裙片长后做垂线，作为半圆裙的下摆辅助线，如图 6-35 所示。

④ 角平分线的确定。以半径为一侧边作一个正方形，以圆心为始点，做出角平分线，并延长。

⑤ 前后侧缝线的确定。在角平分线的延长上取与前后中心线相等的长度作为前后侧缝线，如图 6-35 所示。

⑥ 确定裙下摆线的确定。根据设计要求，修正裙摆线。

2. 建立的全圆裙结构制图步骤

① 确定圆弧半径且作圆。全圆裙半径要根据圆弧的公式算出：周长 $= 2\pi R$，而全圆裙半径 $R = W/2\pi = W/2 \times 3.14 \approx 11.3\text{cm}$，半圆裙则取 1/4 圆弧作为腰线。注意腰线后中心处应下降 1～1.5cm，以保证裙摆的水平状态，如 6-35 所示。

② 确定半径做正方形。先作出圆的横向中线，以圆点为始点，半径为边，做出正方形，如图 6-35 所示。

③ 裙片长的确定。从圆心向下量取半径（11.3cm）后，再向下量取裙片长 60cm，作为前后中心线，用虚线表示。

④ 下摆辅助线的确定。由前后中心线上的半径向下量取裙片长 60cm 的端点做垂线，作为半圆裙的下摆辅助线，如图 6-35 所示。

⑤ 角平分线的确定。在正方形的基础上，以圆心为始点，做出角平分线，并延长。

⑥ 前后侧缝线的确定。在角平分线与圆的交点处量取与前后中心线相等的长度 60cm，作为前后侧缝线，如图 6-35 所示。

⑦ 下摆线的确定。连接两个裙长的端点（前后中心线的端点和前后侧缝的端点），用弧线画顺。由于裙摆在达到 45°角度时纱向为斜纱，在成衣穿着后容易拉长，因此在必要时（皮革等无悬垂性的面料无需考虑）将其扣除一定的量，因原料的质地性能不同，下垂即伸长的长度也不一样，因此要酌情消减。一般需在 45°角度处消减 3～5cm，消减后与前后中心线的端点以及前后侧缝线的端点相连，重新画圆顺，即确定下摆弧线，如图 6-35 所示。

⑧ 腰线的确定。在前后中心线上，后腰口比前腰口要低落 1.5cm 左右，是由于女性体型决定的。侧观人体，可见腹部前凸，而臀部略有下垂，致使后腰至臀部之间的斜坡显得平坦，并在上部处略有凹进，腰际至臀底部处呈 S 形。这样腹部的隆起使得前裙腰向斜上方移升，后腰下部的平坦使得后腰下沉，致使整个腰处于前高后低的非水平状态。在后中腰口低落 1.5cm 左右，就能使裙腰部处于良好状态，至于低落的幅度，一般在 1.5cm 左右，具体应根据体型及合体程度加以调节，将其画圆顺，如图 6-35 所示。

⑨ 腰头的确定。由于腰面和腰里都是一体，将其双折，腰头宽为 6cm。在腰头处加上底襟宽度 3cm，即确定腰头的长度和宽度。

⑩ 完成裙身、底襟制图，如图 6-35 所示。

思考题 ▶▶

1. 在全圆裙的纸样设计中，不同面料的裙子底摆边需要怎样的处理？为什么？

2. 在服装制板中，缝份的宽度根据位置的不同有哪些变化？

第七章
成品裙子的结构设计及工业样板处理

【学习目标】

1. 掌握省道裙型结构的设计方法。

2. 掌握分割线裙型结构的设计方法。

3. 掌握组合线裙型结构的设计方法。

【能力目标】

1. 能正确运用裙型中的分割线和褶裥等设计元素。

2. 能根据人体体型特点进行裙型的结构制图。

第一节　省道裙子设计实例分析及工业样板处理

一、横向省道裙

（一）横向省道裙款式说明

本款裙型为省道裙变化裙型，款式较为合体、美观而又舒适大方，在裙子前、后片左右侧缝处设一个横向功能性装饰线，前中心线处设一个横向功能性装饰线。从外观造型上来看，呈现 A 型，下摆略有外放。这种裙子可以作为单件或者是套装裙子的基本款式，如图 7-1 所示。

1. 裙身构成

本款裙型为两片式裙身基本结构，前、后各一片。

2. 裙里

根据款式的需求、面料的薄厚及透明度、色彩的艳丽度等，都对里子有着不一样的要求，并且应当具备一定得弹性，围度方面应当满足人体的基本步距。

3. 腰

绱腰头，左搭右，在腰头处锁扣眼，装纽扣。

4. 拉链

在裙片右侧缝臀围线以上 3cm 处，安装拉链，其标准长度为 15～18cm ，拉链的颜色应当与面料的颜色一致。

5. 纽扣

直径为 1cm 的纽扣 1 个（缝制于腰口处）。

图7-1 横向省道裙效果图、款式图

（二）横向省道裙面料、里料、辅料的准备

1. 面料

幅宽：144cm、150cm 或 165cm。

基本的估算方法为：裙长＋缝份5cm，根据面料的幅宽，如果需要对花对格子时应当追加适当的量即可。

2. 里料

幅宽：144cm 或 150cm。

估算方法为1个裙长。

3. 辅料

① 厚黏合衬。幅宽为90cm 或 112cm，用于裙腰里。

② 薄黏合衬。幅宽为90cm 或 120cm（零部件用），用于腰面、下摆。

③ 拉链。缝合裙子右侧侧缝相应位置，标准长度为15～18cm，颜色与面料颜色相一致。

④ 纽扣。直径为1cm 的纽扣1个，缝制于裙腰底襟。

（三）横向省道裙的结构制图

1. 制订横向省道裙成衣规格尺寸

成衣规格是160/68A，依据我国使用的女装号型标准是GB/T 1335.2-2008《服装号型女子》。基本测量部位以及参考尺寸，见表7-1。

2. 制图要点

本款裙子为横向省道裙，采用原型法对此款裙型进行结构制图，本款裙子结构设计的重点是横向省道结构设计，裙子的横向功能性装饰线位置的确定应根据人体的体态需求，设定在臀凸和腹凸相应部位，方法是将原型中竖向解决臀腰差的省量移至侧缝和前中心线，形成横向省道造型，这些省即起到了装饰性作用，又起到了功能性作用，最终完成款式图设计所需达到的效果。

3. 制图步骤

运用原型制图，本款基本裙型为A型裙，裙片左右对称，其内在结构样式为基本两片式，前后侧缝下摆处略有放大。

表7-1 横向省道裙系列成衣规格表 单位：cm

名称 规格	裙长	腰围	臀围	腰长	下摆大	腰宽
155/66A（S）	58	68	92	18.5	109	3
160/68A（M）	60	70	94	19	102	3
165/70A（L）	62	72	96	19.5	105	3
170/72A（XL）	64	74	98	20	108	3

裙子结构设计的重点横向省道结构的设计，在后裙片将原型中的两个省重新进行分配，将一个半省转移给通向侧缝线的横向省道线，剩余的半个省量由侧缝消减，由于一个省的省量过于集中，省值过大因而省长需适度加长，取省长为13cm（设计量）。在前裙片将原型中一个省转移给通向侧缝线的横向省道线，另一个省的一半从转移给通向前中心线的横向省道线，剩余的半个省量由侧缝消减。本款裙型结构较为简单，故具体操作步骤予以省略，如图7-2所示。

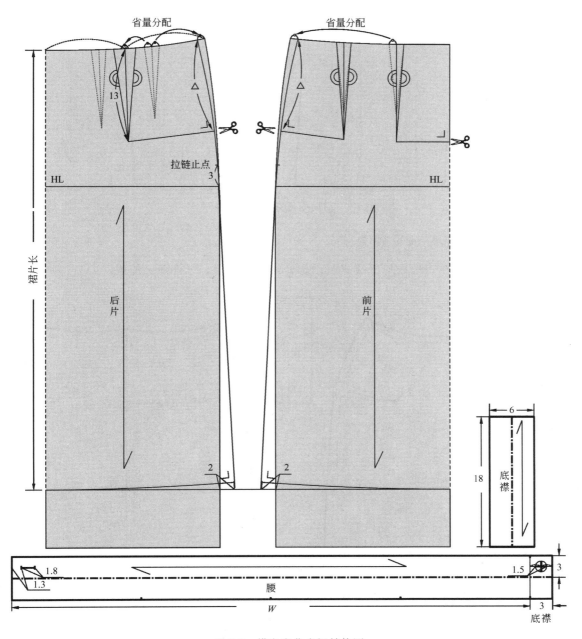

图 7-2　横向变化省裙结构图

（四）横向省道裙纸样的制作

基本造型纸样绘制之后，就要依据生产要求对纸样进行结构处理图的绘制，修正纸样，将后裙片的一个省道合并转移至侧缝线；前裙片两个省道分别合并转移至侧缝线和前中心线，修顺腰线完成结构处理图，其基本省道的操作方法可参照结构处理图，如图7-3所示。

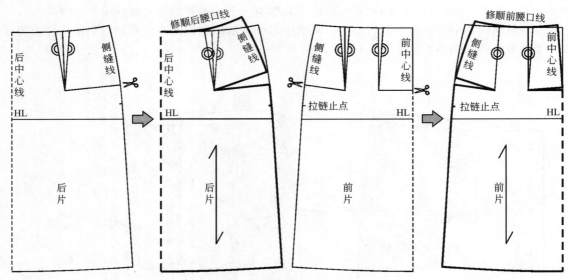

图 7-3   横向变化省裙结构处理图

（五）横向省道裙工业样板的制作

修正纸样后，就要依据生产要求对纸样进行结构处理图的绘制，进行缝份加放，如图 7-4～图 7-6 所示。

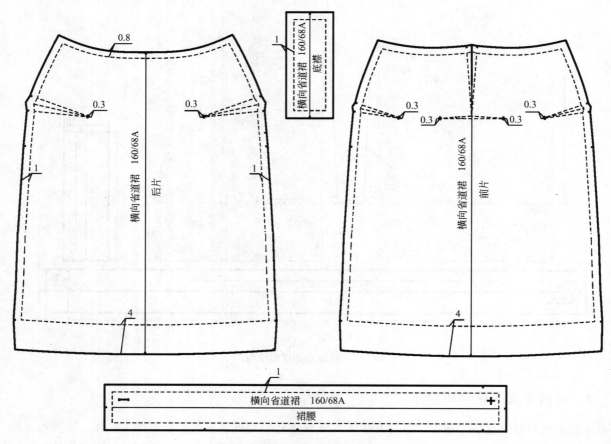

图 7-4   横向省道裙面板的缝份加放

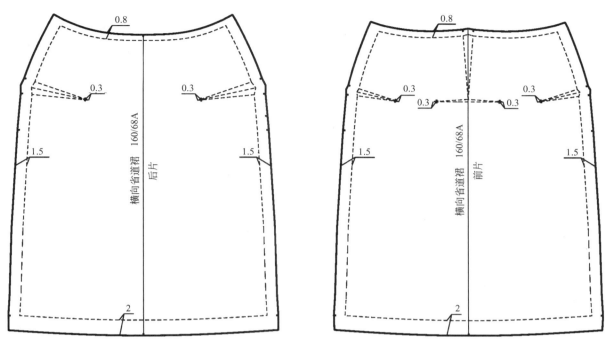

图 7-5　横向省道裙里板的缝份加放

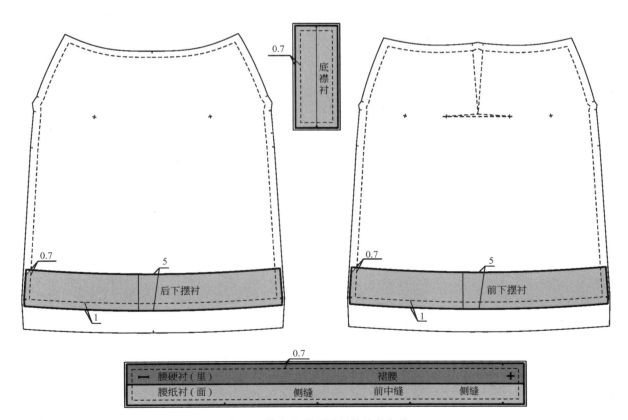

图 7-6　横向省道裙衬板的缝份加放

完成横向省道裙全套工业样板的制作，如图 7-7～图 7-9 所示。

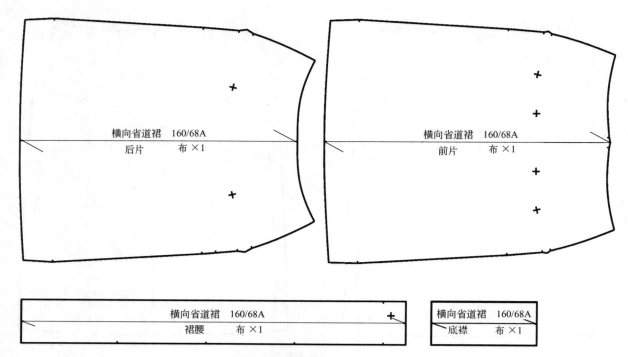

图 7-7 横向省道裙工业板——面板

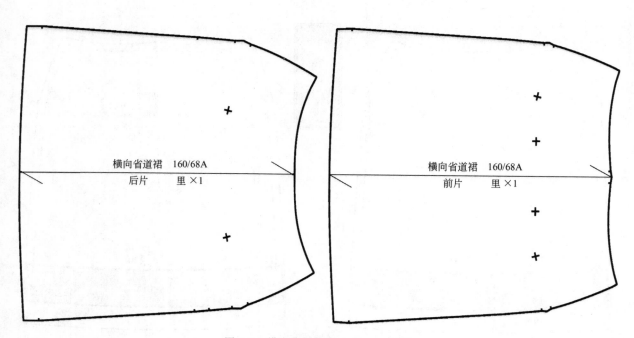

图 7-8 横向省道裙工业板——里板

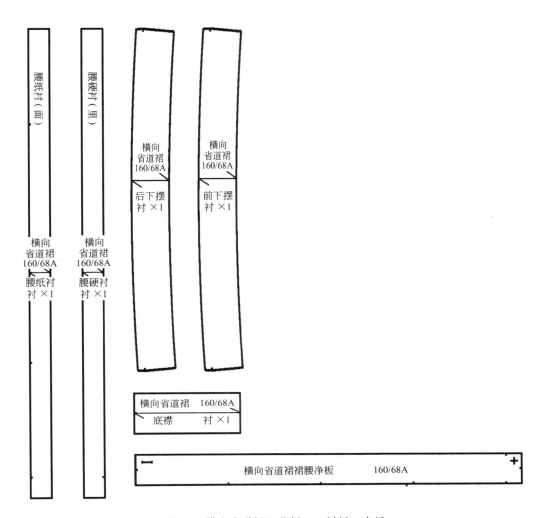

图 7-9　横向省道裙工业板——衬板、净板

（六）横向省道裙排料图

服装纸样排料应保证服装款式造型要求，排料方案设计应节约用料，因为同一套样板由于排放方式不同，材料利用率各异，服装排料在满足有关要求情况下，应力争降低材料损耗，通过排料等有关工作是主要手段，排料利用率的提高以及排料方式是技术性很强的工作，只有通过长期实践总结经验。据生产经验，排料前，应认清材料正反面，布面色泽，花型及图案，是否有顺毛绒，逆光色之区别，以免成衣后花色不对或错位。提高排料利用率可从以下几方面着手：先大后小、紧密套排、大小搭配、缺口合并。

排料形式一般可分为单独排料，即以一套或一件服装的样板进行排料，对称服装用对折材料时，还可用半套板进行排料。但该方法材料浪费较多，效率不高，只适应于单裁定做服装或配片用；另外是复合排料法，即将不同规格，甚至是不同款式，但用的是同一种面料的服装复合排料，这种排料适用于小批量化生产，效率较高，易于节约用料。本例说明的是对折式的单独排料，因此标注中有的裁片是单独一片的裁剪的时候要注意，如裙腰、门襟、底襟均是一片，腰和底襟的排列可按照平方的设计计算。

排料图总宽度应比下布边进 1cm，比上布边进 1.5～2cm 为宜，以防止排出的排料图比面料宽，同时还可避免由于布边太厚而造成裁出的衣片不准确；排料开始和结尾，各纸样排划要平齐，排料图两头要划上与布边垂直的布头线和结尾线，以确保排料图方正；排料后应复查排料图是否按样板要求划准配齐，每片衣片是否都注明规格、经纱纱向、剪口及钉眼等工艺标记，如图 7-10 所示。

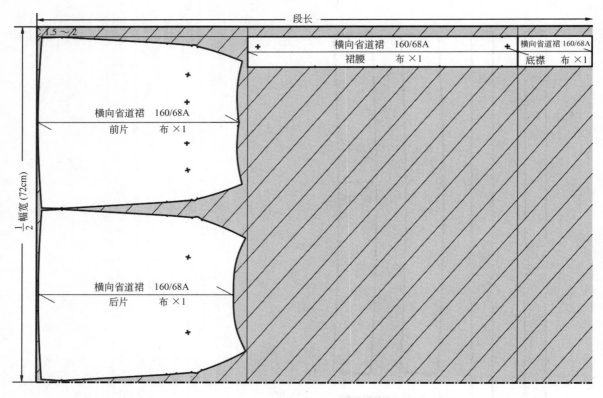

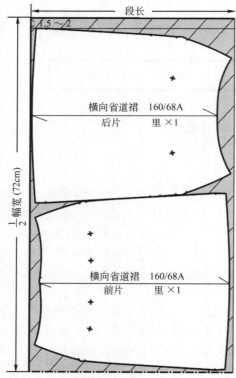

图 7-10　横向省道裙排料图

二、曲线省道裙

（一）曲线省道裙款式说明

本款裙型是在省道的基础上，进行裙型变化的紧身款式。从外观造型上来看，其是在筒型裙的基础上进行变化的，基本的处理方式是将下摆略内收，前后中无破缝，两侧侧缝处设计出功能性开衩，如图 7-11 所示。

面料的选择上无特殊要求，范围较广，根据季节的不同和自己喜好的不同进行来确定。

1. 裙身构成

本款裙型为两片式裙身基本结构，前后各一片。

2. 裙里

根据款式的需求、面料的薄厚以及透明度、色彩的艳丽度等，都对里子有着特殊的要求，一般情况下，并且应当具备一定弹性，围度方面应当满足人体的基本步距。

3. 腰

绱腰头，左搭右，在腰头处锁扣眼，装纽扣。

4. 拉链

在臀围线以上 3cm 处，安装拉链，其标准长度为 15～18cm，拉链的颜色应当与面料的颜色一致。

5. 纽扣

直径为 1cm 的纽扣 1 个（缝制于腰口处）。

（二）曲线省道裙面料、里料、辅料的准备

1. 面料

幅宽：144cm 、150cm 或 165cm。

基本的估算方法为：裙长＋缝份 5cm，根据面料的幅宽，如果需要对花对格子时应当追加适当的量即可。

2. 里料

幅宽：144cm 或 150cm。

估算方法为 1 个裙长。

3. 辅料

① 厚黏合衬。幅宽为 90cm 或 112cm，用于裙腰里。

② 薄黏合衬。幅宽为 90cm 或 120cm（零部件用），用于腰面、下摆、底襟。

③ 拉链。缝合裙子右侧侧缝相应位置，标准长度为 15～18cm，颜色与面料颜色相一致。

④ 纽扣。直径为 1cm 的纽扣 1 个，缝制于裙腰里襟。

（三）曲线省道裙的结构制图

准备好制图所需要的工具纸和笔，制图中的一些必要的符号应该严格按照国际公认的符号来标记。

1. 制订曲线省道裙成衣规格尺寸

成衣规格是 160 /68A，依据是我国使用的女装号型标准 GB /T 1335. 2-2008《服装号型女子》。基本测量部位以及参考尺寸，见表 7-2。

2. 制图要点

本款裙子为曲线省道裙，采用原型法对此款裙型进行结构制图。裙子结构设计的重点是曲线省道结构设

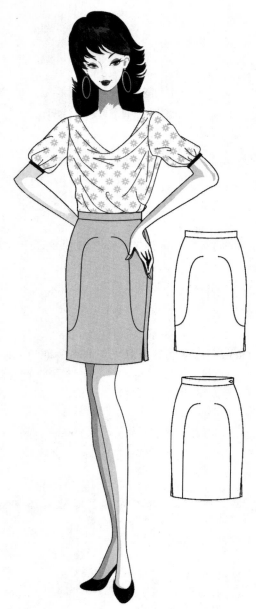

图 7-11　曲线省道裙效果图、款式图

计，裙子的曲线功能性装饰线位置的确定应根据人体的体态需求，设定在臀凸和腹凸相应部位，方法是将原型中竖向解决臀腰差的省量用曲线造型移至前侧缝线和后下摆线，形成曲线省道造型，这些省即起到了装饰性作用，又起到了功能性作用，最终完成款式图设计所需达到的效果。

3. 制图步骤

本款为两片式紧身裙，运用原型制图，在下摆线上由侧缝内收 1cm，形成紧身下摆造型，如图 7-12 所示。

该款式的结构重点为曲线省道，设计方法是在原型的基础上进行省量结构转换变化。

在后裙片按照款式图设计确定出后片省线的位置。在后腰线上由后腰节点向侧缝方向取 6cm，作垂线至臀围线，在该线上由臀围线向腰线方向确定出 8cm 点，为省尖点。将后片下摆线平分为 4 等份，由省尖点与下摆线靠近侧缝的 1/4 点连出后片省线，将原型中的两个省重新进行省量分配，其中一个省的一半省量给侧缝消减掉，剩余的一个半省转变为一个省，转移至通向下摆线的曲线省道线。

在前裙片按照款式图设计确定出前片省线的位置。在前腰线上由前腰节点向侧缝方向取 6cm，作垂线至臀围线，在该线上由臀围线向腰线方向确定出 10cm 点，为省尖点，将前片前中心线平分为四等分，靠近下摆线的 1/4 点作水平线交与侧缝线，由省尖点与侧缝交点连线绘制出前片省线，将原型中的两个省重新进行省量分配，其中一个省的一半省量给侧缝消减掉，剩余的一个半省转变为一个省，转移至通向侧缝线的

曲线省道线，如图 7-12 所示。

表 7-2　曲线省道裙系列成衣规格表　　　　　单位：cm

规格 \ 名称	裙长	腰围	臀围	腰长	下摆大	腰宽
155/66A（S）	53	68	92.2	18.5	88	3
160/68A（M）	55	70	94	19	90	3
165/70A（L）	57	72	95.8	19.5	92	3
170/72A（XL）	59	74	97.6	20	94	3

下摆侧缝处设有功能性开衩，开衩大高度以不影响人体的正常步距为基准，在前、后侧缝线由下摆线向腰线方向取开衩长 12cm（设计量），开衩宽度 2.5cm，最后绘制出底襟和裙腰，本款裙型结构较为简单，故

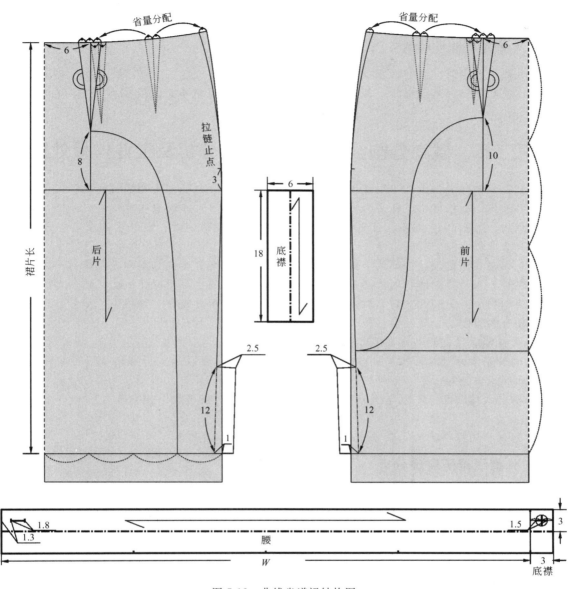

图 7-12　曲线省道裙结构图

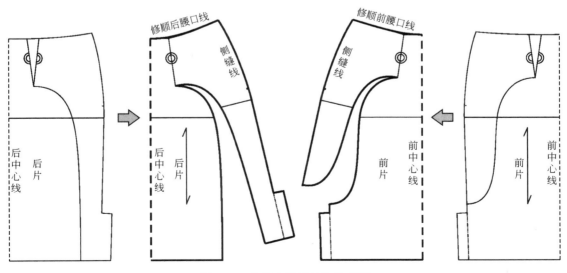

图 7-13　曲线省道裙结构处理图

具体操作步骤予以省略，如图 7-12 所示。

（四）曲线省道裙纸样的制作

基本造型纸样绘制之后，就要依据生产要求对纸样进行结构处理图的绘制，将后裙片省道合并转移至下摆线，前裙片省道合并转移至侧缝线，最后修正纸样完成制图，其基本省道的操作方法可参照结构处理图，如图 7-13 所示。

第二节　横向分割线裙子设计实例分析及工业样板处理

分割裙是带有分割线的基本裙子形式，在服装结构设计中，分割线是常用的方式和手段，并对服装造型及合体起着主导作用。概括地讲，裙子分割线的形式主要分为两种：一种是功能性的分割线，另一种则是带有装饰性的分割线，如图 7-14 所示。分割线在裙装中既能适应人体表面，还能塑造出新的形态，使服装穿着舒适、方便，造型美观。

功能性分割线裙装结构设计在形式上可分为横向分割裙、竖向分割裙和斜向分割裙。

设计分割线时，为使分割线与人体凹点不产生明显偏差的基础上尽量保持平衡，致使余缺处理和造型在分割线中达到板型的统一。因此，在腰臀差的处理上根据款式需求分配在分割线中，裙装在设计分割线造型时应符合以下几方面原则。

① 分割线设计要以结构的基本功能即穿着舒适、方便，造型美观为前提。

② 使用横向分割线设计时，特别是在臀部、腹部的分割线，要以凸点为确定位置。在其他部位可以依据合体、运动和形式美的综合造型原则去设计。

③ 纵向分割与人体凹凸点不发生明显偏差的基础上，尽量保持平衡，使余缺处理和造型在分割中达到结构的统一。

④ 曲向分割可利用面料的纱向变化解决臀腰差。

一、横向分割线裙子原理分析

裙装中的横向分割线包括各种育克、底摆线、腰节分割线、横向的褶皱、横向的袋口线等。横向分割线能引起人视线左右横向移动，具有强调宽度的作用，在服装上表现的是一种舒展平和、安静沉稳和庄重的静态美。横向分割线之间相互配合，会形成富有律动感的变化，所以服装中常使用横向分割线作为装饰线，并以镶边、嵌条、缀花边、加荷叶边、压明线等方法强调。

最具特点的是具有功能性的腰部育克分割线，如图 7-15 所示。

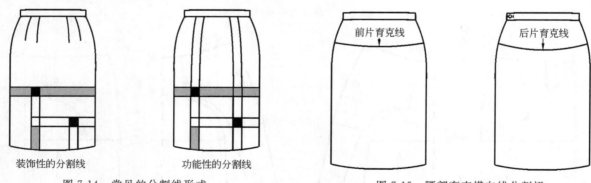

装饰性的分割线　　　　功能性的分割线

图 7-14　常见的分割线形式

图 7-15　腰部育克横向线分割裙

在横向分割线原理分析中，以育克线为例，讲述如何将裙前片中的腹凸省与裙后片中的臀凸省转移至育克分割线中。育克分割线是指在腰臀部作断缝结构所形成的中介部分。育克分割线的设计以保持造型与人体的吻合为目的，表现出特有的风格，如图 7-16 所示。

（一）裙前片腹凸省结构设计

在裙原型纸样中显示裙前片有两个腹省，省尖指向腹围线附近，因此，省尖位可以沿腹围线排列。换言

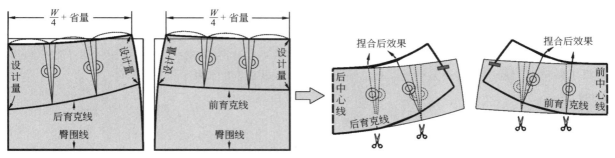

图 7-16　横向线分割裙结构处理图

之，作为腹凸的省或结构线，均可沿腹围线选择，并且选择的每一个省又可以作省转移，可见腹凸省设计范围极为广泛。最为常见的是把省转化成横向断缝结构设计形式，也称之为腰腹横向分割线设计。横向分割线设在腹围线以下 1cm 处为最佳，腹凸省转化到横向分割线中的具体操作步骤如下。

① 确定裙前片腹凸省的位置。

② 利用剪切折叠法将腹省沿省边点至省尖点（省尖稍连）剪开且将省合并。

③ 重新修正前腰口线、侧缝线、横向分割线，如图 7-16所示。

（二）裙后片臀凸省结构设计

臀凸省转移的应用范围和腹省相似，因为它们的结构基本相似，都是两个省，省量相同，凸点分布相似，所不同的是臀部的凸点要比腹部的凸点略低，因为导致臀省略长于腹省，如图 7-16 所示。

因此，在同时设计前后分割线时，腹部分割线比臀部分割线略高，若前后分割线对接时，应呈前高后低的斜线分割结构。此设计的内在功能使腰腹、腰臀之差的两个省通过转移并作用横向分割线中。形式上看似是装饰线，实际起到合体的作用。另外，在进行分割线设计时要遵循合体、实用功能和形式美的综合造型原则，还要注意采用较为挺括的素色面料，避免柔软飘逸的花色面料破坏拼接后的线条效果。

二、横向分割裙型实例

（一）横向分割裙的款式说明

本款裙型较为合体，且较为时尚，同样也是比较有设计感的一款横向分割裙型，没有什么明确的年龄限制，面向的人群范围比较广，很大众化。从本款裙型的外观上分析，呈 A 形，更能够充分体现出人体的曲线美，从裙子的内在细节分析，其在臀围处有一条很明显的曲线横向分割贯穿整个裙子的前后片，将臀腰差所产生出来的省量全都用分割线解决，拉链安装于侧缝，整个裙子前后各一片，这种裙子可以作单件，也可以作为套装的裙子款式穿，如图 7-17 所示。

在面料的选择上，选用的范围较为广泛，与斜裙相类似。

1. 裙身构成

由前后各一片组成，外观上呈 A 形。

图 7-17　横向分割裙效果图、款式图

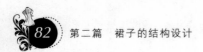

2. 裙里

根据款式的需求、面料的薄厚，颜色的鲜艳度及透明度等都对裙子产生较为重要的影响。裙子里料的长度一般是比裙子面的长度短，由于人体动态因素，所以里料得有一定的弹性，在裙摆较大裙子的里料下摆的围度可以不按照裙面的下摆大小来确定，但必须要满足人体最基本的步距。

3. 腰

绱腰头，并在腰头处锁扣眼，安装纽扣。

4. 纽扣

直径为 1cm 的纽扣 1 个（用于腰口）。

（二）横向分割裙子的面料、里料、辅料的准备

1. 面料

幅宽：144cm、150cm 或 165cm。

基本的估算方法为：裙长 + 缝份 5cm，如果需要对花对格子时应当追加适当的量。

2. 里料

幅宽：144cm 或 150cm。

估算方法为 1 个裙长。

3. 辅料

① 厚黏合衬。幅宽为 90cm 或 112cm，用于裙腰里。

② 薄黏合衬。幅宽为 90cm 或 120cm（零部件），用于腰面、下摆、底襟。

③ 拉链。缝合裙子右侧侧缝相应位置，标准长度为 15～18cm，颜色与面料颜色相一致。

④ 纽扣。直径为 1cm 的纽扣 1 个，缝制于裙腰里襟。

（三）横向分割裙的结构制图

准备好制图所需要的工具纸和笔，制图中的一些必要的符号应该严格按照国际公认的符号来标记。

1. 制订横向分割裙成衣规格尺寸

成衣规格是 160/68A，依据是我国使用的女装号型标准 GB/T 1335.2-2008《服装号型女子》。基本测量部位以及参考尺寸见表 7-3。

表 7-3　横向分割裙系列成衣规格表

单位：cm

规格 ＼ 名称	裙长	腰围	臀围	腰长	下摆大	腰宽
155/66A(S)	58	68	95	18.5	111	3
160/68A(M)	60	70	98	19	114	3
165/70A(L)	62	72	101	19.5	117	3
170/72A(XL)	64	74	104	20	120	3

2. 制图要点

本款为两片式前后各一片的 A 字型裙型基本结构，分割线由腰线经过腹部和臀部而产生的育克结构裙型。此分割形式为典型的功能性分割，含有装饰性的设计，其分割的线条采用了曲线的形式。在进行分割线的设计时应当要遵循功能性与装饰性的综合造型原则，既可以满足功能上的需要又含有装饰性视觉元素。另外要考虑的是该款式要采用挺括的素色面料，尽量避免柔软飘逸的画色面料破坏其拼接后的线条效果。其裙子结构的设计方法为将腰部解决臀腰差所产生的省量，以横向曲线分割线的形式解决到侧缝线上。处理办法是从侧缝沿着分割线的方向将其剪开至省尖位置，然后将省闭合将其省量转移至分割线相应位置形成育克的分割形式，最后将线条修顺，腰口的曲线弧度应当要符合人体的腰腹基本形态。

3. 建立横向分割裙的基本制图步骤

① 裙片长。由上平线与后中心线的交点向下量取 58cm－1cm（后中下落量）＝57cm（不含腰头），如图 7-18 所示。

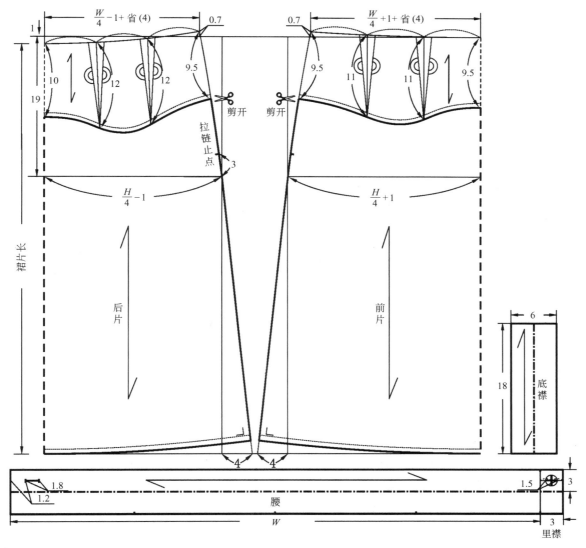

图 7-18　横向分割裙结构图

② 腰长。由上平线与后中心线的交点向下量取 19cm 作为腰长，确定出臀围辅助线。

③ 后臀围宽。由后中心线与臀围辅助线的交点向侧缝方向量取 $H/4-1$cm。考虑到人穿上裙子之后使视觉上保持平衡，通常情况下借给前片臀围 1cm。

④ 前臀围宽。由前臀围辅助线与后中心线的交点向侧缝方向量取 $H/4+1$cm 作为前臀围宽。

⑤ 前、后侧缝辅助线。量取前臀围大并由此点做并垂直于下摆辅助线的辅助线，作为前侧缝辅助线，后侧缝辅助线同理即可。

⑥ 作前、后片的分割线。前、后片的分割线位置的确定是本款结构设计的重点，分割线位置的确定要考虑人体腹凸、臀凸的影响，分割线需要过腹凸、臀凸位置，由于腹凸、臀凸无特定的位置，腹凸量比臀凸量短，因此，前省长应该比后省长略短些，具体结构分析可参照前面的人体结构分析。本款前裙片分割线的确定是由前腰口与前中心线的交点，向臀围线方向垂直量取 9.5cm（设计量），由前腰口线与前侧缝线的交点在侧缝线上量取 9.5（设计量），按照款式图的分割线设计，绘制出前片的分割曲线，后片同理，如图 7-18所示。

⑦ 后腰宽。按 $W/4-1$cm（前后互借量）＋4cm（省量），由上平线与后中心线的交点下落 1cm（体型差

异）左右，通过此点向腰口辅助线量取后腰宽。

⑧ 后侧缝起翘。通过后腰宽点向上量取 0.7cm（体型的影响），作为后侧缝起翘点。

⑨ 后腰省大、省长。后腰省采用两个，设计省量为 $2×2cm = 4cm$，省长 12cm，以腰线三等分来确定省道位置。

⑩ 后片下摆大。（下摆大 $/4 - 1cm$）×2（左右两片）= 55cm（在侧缝辅助线的基础上将下摆侧缝由内向外偏移 4cm）。

⑪ 后片侧缝。由后侧缝起翘点沿着后侧缝辅助线经后臀围大至后下摆大的连线为后片侧缝线。

⑫ 后腰口线。由上平线与后中心线的连线下降 1cm 的点至后侧缝线起翘的点弧线连线，并应垂直于后中心线和侧缝线。

⑬ 前腰宽。按 $W/4 + 1cm$（前后互借）+ 4cm（省量）。

⑭ 前侧缝起翘。通过前腰宽点向上垂直量取 0.7cm，作为前起翘点。

⑮ 前腰省长、省大。前腰省采用两个，设计省量为 $2×2cm = 4cm$，省长 11cm，以腰线三等分来确定省道位置。

⑯ 前腰口线。上平线与前中心线的交点至前侧缝线的起翘点弧线连线，并且应垂直于前中心线和侧缝线。

⑰ 前下摆大。（下摆大 $/4 + 1cm$）×2（左右两片）= 59cm。

⑱ 前片侧缝。同后片一样，由前侧缝起翘点沿着前侧缝辅助线经前臀围大至前下摆大的连线为前片侧缝线（侧缝线与下摆线垂直）。

⑲ 绘制底襟。裙子底襟长要覆盖住拉链，本款的底襟长 18cm，宽 6cm。

⑳ 绘制裙腰。由于腰面和腰里都是一体，将其双折，腰头宽为 6cm。在腰头处加上底襟宽度 3cm，即确定腰头的长度和宽度。

（四）横向分割裙纸样的制作

基本造型纸样绘制之后，就要依据生产要求对纸样进行结构处理图的绘制，复核前、后育克，完成结构处理图，如图 7-19、图 7-20 所示。最后修正纸样，修顺前后下摆线、腰口线等，完成制图。

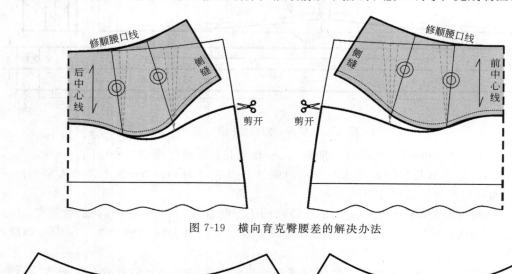

图 7-19　横向育克臀腰差的解决办法

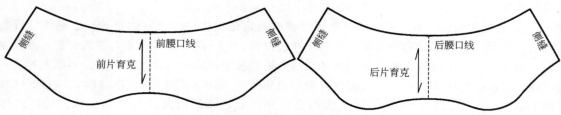

图 7-20　前、后育克裁片分割的复合

第三节　竖向分割线裙子设计实例分析及工业样板处理

一、竖向分割线裙子原理分析

竖向分割是裙子分割线设计的主要形式之一，而通常所说的多片裙就是竖向分割裙，如四片裙、六片裙、八片裙、十片裙等，也可以是三片裙、五片裙、七片裙等。既要满足功能性设计，又要达到审美要求。但是竖向分割线的设计并不是随意的，在进行竖向分割裙设计时，应把腰臀差尽量处理在分割线中。另外，分割线的位置应尽量通过人体最丰满的位置，尤其是腹部、臀部的分割线，应最大限度地保持造型的平衡。

以六片裙为例，阐述腰臀差量合理分配的解决方法，操作步骤如下。

① 确定分割线的位置。将前后臀围线分成均匀的三等分（也可根据款式需求而定分割线的位置）来确定分割线的位置。

② 确定消化的省量大小。将靠近侧缝处的省量大均分成二等分，其中 1/2 省量大在侧缝处消化掉。另外 1/2 省量大在分割线中处理。

③ 确定分割线的重合位置。六片裙在作分割线时，两条分割线会交于一点，此点距臀围线（依据线）向上 3cm（设计量），如图 7-21 所示。

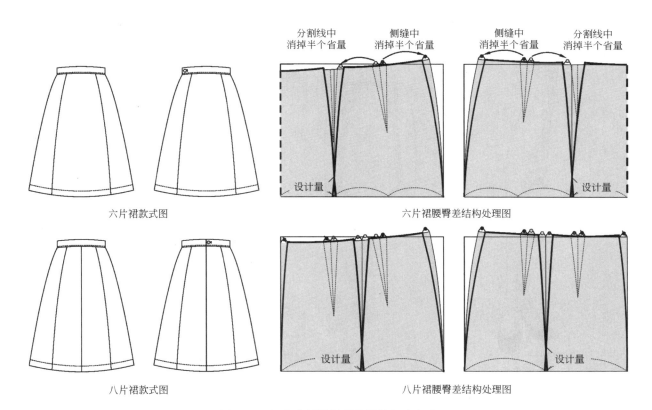

六片裙款式图　　六片裙腰臀差结构处理图

八片裙款式图　　八片裙腰臀差结构处理图

图 7-21　竖向分割线腰臀差量的解决方法

二、竖向分割裙实例

（一）无腰头竖向分割裙款式说明

本款式为无腰头对称式分割结构，整体造型呈现筒型且下摆略有内收。下摆造型呈现漂亮的花瓣造型，

图 7-22 无腰头竖向分割裙效果图、款式图

拉链安装于侧缝，臀围线以上部分有小形的三角形裁片，既起到了装饰性作用也起到了解决臀腰差的功能性作用，裙子的长度以及款式可根据流行趋势进行相应地更改，如图 7-22 所示。

1. 裙身构成

在基本筒型裙的结构基础上，通过省道进行相应的裁片分割，所产生的分割线裙身结构，整个裙子的亮点在于省与分割线之间微妙的转换与款式设计巧妙地结合。

2. 裙里

款式的要求、面料的薄厚以及颜色的透明度、鲜艳度等因素直接影响着裙子里料选择，所以需要合理的搭配里料与面料。里料和面料的色调应和谐统一，色调不要深于面料，质地要求柔软、光滑，穿脱方便。

3. 拉链

根据款式图所示，其设计为隐形拉链，在右侧缝与臀围线的交点向上 3cm。拉链一般长度为15～18cm，颜色应当与面料保持一致或者是相配比较美观。

（二）无腰头竖向育克分割裙型面料、里料、辅料的准备

1. 面料

幅宽：144cm、150cm、165cm。

估算方法为：裙长＋缝份5cm（根据面料的幅宽，若需要对格子时应当适度追加些量）。

2. 里料

幅宽：140cm 或 150cm。

估算方法为：一个裙长。

3. 辅料

① 薄黏合衬。幅宽为 90cm 或者 120cm（零部件用），用于腰里贴边、裙片下摆贴边、底襟。

② 拉链。安装于右侧缝，长度通常为 15 ～ 18cm，颜色与面料颜色一致。

（三）无腰头竖向分割裙结构制图

准备好制图时所需要的纸、笔工具，制图时所必备的一些符号应当按要求正确的予以绘制。

1. 制定无腰头竖向分割裙成衣规格尺寸

成衣规格是 160 /68A，依据是我国使用的女装号型标准 GB /T 1335. 2-2008《服装号型女子》。基准测量部位以及参考尺寸，见表 7-4。

表 7-4　无腰头竖向分割裙系列成衣规格表　　　　　　　　　　　单位：cm

规格＼名称	裙长	腰围	臀围	腰长	下摆大
155/66A（S）	43	68	92	18.5	100
160/68A（M）	45	70	94	19	102
165/70A（L）	47	72	96	19.5	104
170/72A（XL）	49	74	98	20	106

2. 制图要点

在原型的基础上对无腰头竖线分割裙型进行结构制图，设计的重点要按照款式需求考虑分割线的位置。重点一是通过前身竖向分割在前腰部的三角形分割裁片将前片腰省处理掉，解决了臀腰差。重点二是裙型的下摆为花瓣造型，不仅解决下摆尺度的不足，又有设计感，美观大方。下面按照制图步骤逐一进行说明，如图 7-23 所示。

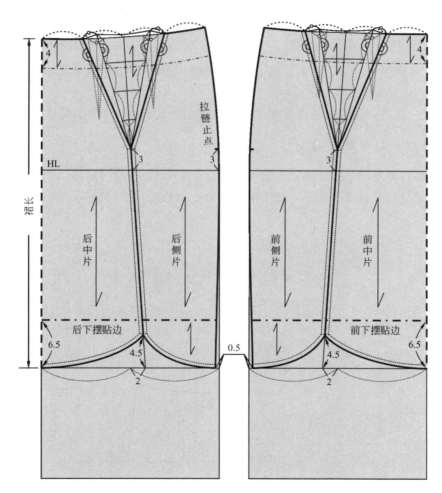

图 7-23　无腰头竖向分割裙结构图

3. 制图步骤

① 裙长。在原型的基础上由后中心线与腰口线的交点向下量取 45cm，水平绘制下摆辅助线，如图 7-23 所示。

② 腰长。腰长 19cm。

③ 前、后臀围宽。成品臀宽与原型裙的臀宽一致，即可保持不变 H/4，绘制侧缝辅助线垂直于下摆辅助线，如图 7-23 所示。

④ 前、后腰口线。与原型裙的腰口线一致。

⑤ 绘制前、后片分割线。分割线设计是本款的设计重点，本款为竖向分割线，将前、后腰线平分为四等分，取中点；将前、后下摆线平分为二等分，取中点向侧缝方向取 2cm 点，两点连线，确定出竖向分割线辅助线，由该辅助线和臀围线的交点向腰线方向取 3cm 点，分别与前、后腰线靠近中线和侧缝的四等分连线，形成"Y"字型的竖向分割线，分别绘制出前、后片分割线，如图 7-23 所示。

⑥ 绘制前、后腰省。本款的省巧妙地隐藏在"Y"字型的竖向分割线里，由竖向分割在前、后腰口线的两个交点将原型中两个省量分别移至靠近中线和侧缝分割线中，并与竖向分割线辅助线与臀围线的交点向腰线方向取 3cm 点连线，绘制出省尖，形成前、后片腰部插片，如图 7-23 所示。

⑦ 绘制前、后侧缝线。在下摆辅助线上由侧缝线辅助线的交点内收 0.5cm，绘制出前、后侧缝线，如图 7-23 所示。

⑧ 绘制前、后下摆线。在竖向分割线辅助线上由下摆线向腰线方向取 4.5cm 为点，分别与前、后中心线和前、后侧缝线与下摆辅助线的交点连圆顺弧线，形成花瓣型曲线下摆线，如图 7-23 所示。

⑨ 绘制前、后腰口贴边。在前后裙片上分别做前、后腰口线的 4cm 平行线，为前、后腰口贴边，如图 7-23 所示。

⑩ 绘制前、后下摆贴边。在前、后中心线上由下摆辅助线的交点向腰线方向取 6.5cm 点做水平线交与侧缝线，绘制出前、后下摆贴边，如图 7-23 所示。

⑪ 绘制拉链位置。在后侧缝线上，由臀围交点向腰线方向取 3cm，作为绱拉链止点。

（四）无腰头竖向分割裙纸样的制作

修正纸样，完成结构处理图。

基本造型纸样绘制之后，就要依据生产要求对纸样进行结构处理图的绘制，修正前后腰口贴边、前后腰部插片，如图 7-24 所示。

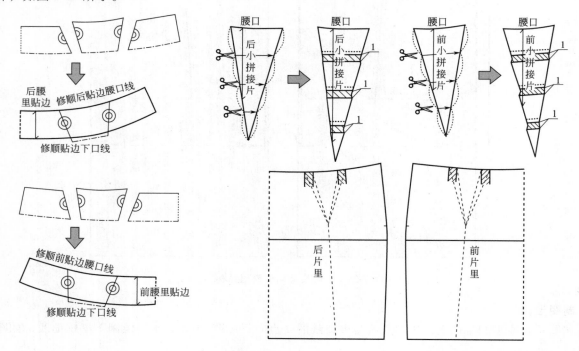

图 7-24　无腰头竖向分割裙腰里、贴边、前后拼接片、里子结构处理图

（五）无腰头竖向分割裙工业样板的制作

修正纸样后，就要依据生产要求对纸样进行结构处理图的绘制，进行缝份加放，如图 7-25～图 7-27 所示。

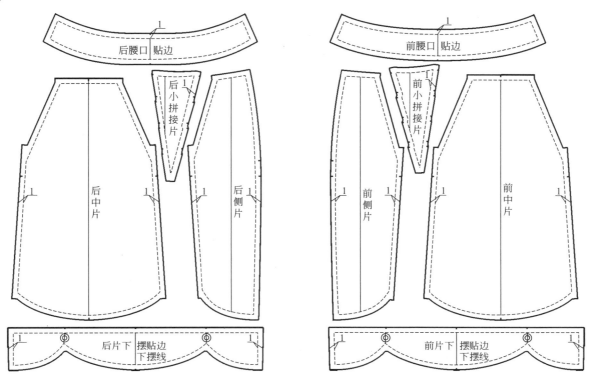

图 7-25　无腰头竖向分割裙面板缝份加放

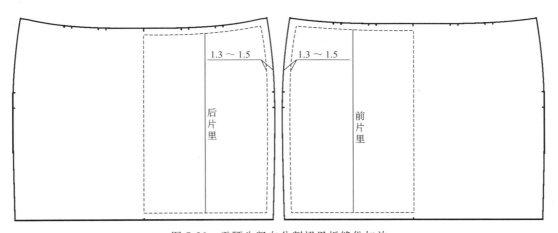

图 7-26　无腰头竖向分割裙里板缝份加放

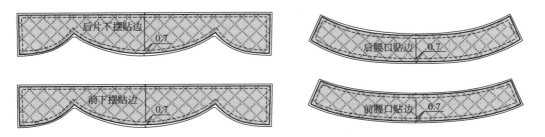

图 7-27　无腰头竖向分割裙衬板缝份加放

完成无腰头竖向分割裙工业板的制作，如图 7-28～图 7-31 所示。

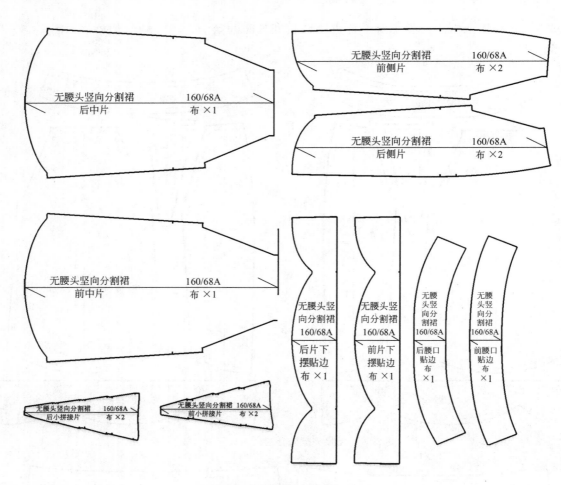

图 7-28 无腰头竖向分割裙工业板——面板

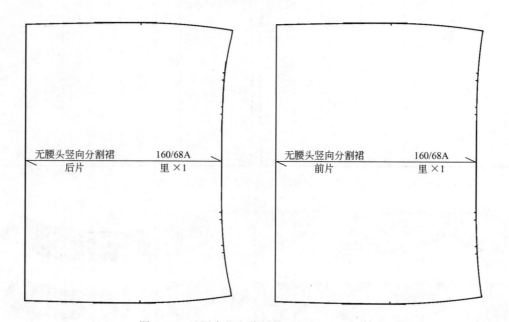

图 7-29 无腰头竖向分割裙工业板——里板

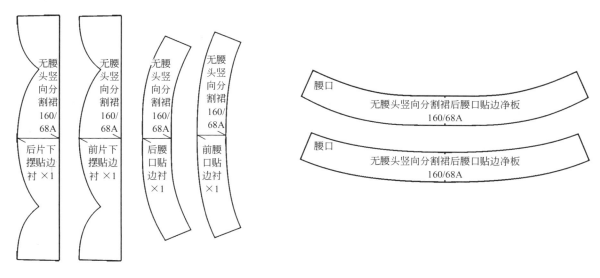

图 7-30　无腰头竖向分割裙工业板——衬板、净板

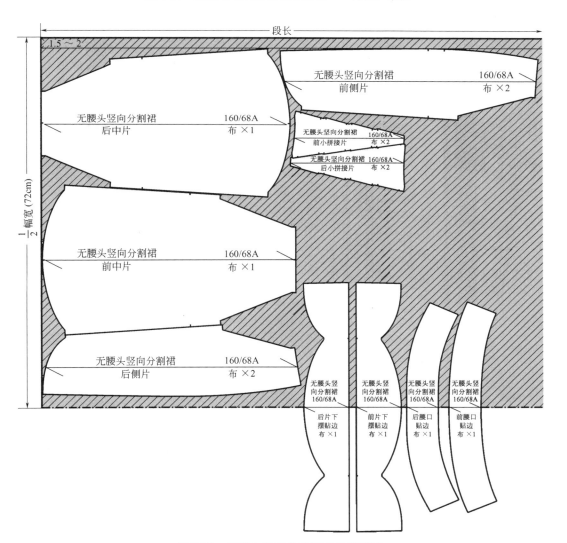

图 7-31　无腰头竖向分割裙面板排列图

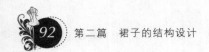

第四节 曲线分割线裙子设计实例分析及工业样板处理

一、曲线分割线裙子原理分析

在裙装结构设计中，曲线分割线裙子是裙子分割线设计的主要形式之一，从形式看，曲线分割的设计更能体现审美要求，但是有结构功能的曲线分割线的设计并不是随意的，同样要满足裙子的功能性设计。在进行曲线分割裙设计时，可以通过曲线分割把腰臀差或开衩尽量处理在分割线中。

二、曲线分割裙实例

（一）无腰头曲线分割裙款式说明

无腰头曲线分割裙是无绱腰的裙子款式，后腰部含有育克结构。从外观上分析其外轮廓呈筒形状，裙子的腰部、臀部比较合体，其后臀围线以上部分经过育克的处理将臀腰差转移至分割线中。前片是将臀腰差量融入到侧缝曲线分割线中。下摆经过前后互借将后片相应的部分借到了前片，如图 7-32 所示。

1. 裙身构成

在基本三片裙身结构的基础上通过臀部进行横向分割（育克）所产生的五片裙身结构，其外观呈直筒状。

2. 裙里

里料的选用要根据款式的要求、面料的薄厚以及颜色的透明度、鲜艳度等。裙下摆围度方面应当要满足人体的基本步距，里料和面料的色调应和谐统一，色调不要深于面料，质地要求柔软、光滑，穿脱方便。

3. 拉链

根据款式图所示，其设计为隐形拉链，在后中心线与臀围线的交点向上 3cm。拉链一般长度为 15～18cm，颜色应当与面料保持一致。

（二）无腰头曲线分割裙型面料、里料、辅料的准备

1. 面料

幅宽：144cm、150cm、165cm。

估算方法为：裙长＋缝份 5cm（根据面料的幅宽，若需要对格子时应当适度追加些量）。

2. 里料

幅宽：140cm 或 150cm。

估算方法为：一个裙长。

3. 辅料

① 薄黏合衬。幅宽为 90cm 或者 120cm（零部件用），

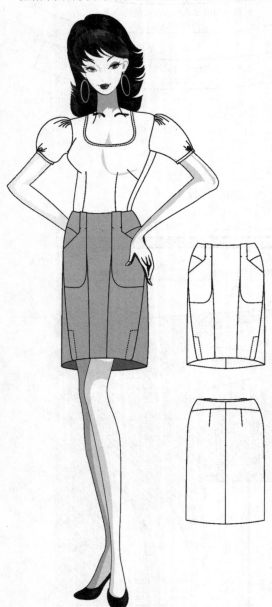

图 7-32 无腰头曲线分割裙效果图、款式图

用于裙腰里、裙片下摆、裙袋口贴边等部件。

② 拉链。安装于后中心线，长度通常为 15～18cm，颜色与面料颜色一致。

（三）曲线分割裙结构制图

准备好制图时所需要的纸、笔工具，制图时所必备的一些符号应当按要求正确画出来。

1. 制订曲线分割裙成衣规格尺寸

成衣规格是 160/68A，依据是我国使用的女装号型标准 GB/T 1335.2-2008《服装号型女子》。基准测量

部位以及参考尺寸，见表 7-5。

表 7-5 无腰头曲线分割裙系列成衣规格表 单位：cm

规格 \ 名称	裙长	腰围	臀围	腰长	下摆大
155/66A（S）	51	68	92	18.5	92
160/68A（M）	53	70	94	19	94
165/70A（L）	55	72	96	19.5	96
170/72A（XL）	57	74	98	20	98

2. 制图要点

在原型的基础上对无腰头曲线分割裙进行结构制图，设计的重点要按照款式需求考虑分割线的位置。重点一为本款无完整的侧缝线，通过前身靠侧缝的曲线分割，将前侧片部分与后片形成互借关系，前片部分补给后片，形成侧缝线向前偏移的设计。重点二为后片部分采用腰育克分割设计与前裙片构成贯穿前后片的曲线分割造型。下面按照制图步骤逐一进行说明，如图 7-33 所示。

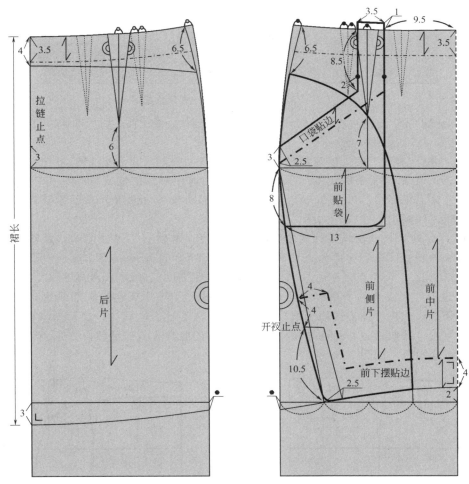

图 7-33 无腰头曲线分割裙结构图

3. 制图步骤

① 裙长。在原型的基础上由后中心线与腰口线的交点向下量取 53cm。

② 腰长。腰长 19cm。

③ 前、后臀围宽。成品臀宽与原型裙的臀宽一致，即可保持不变 H/4（在半紧身或者不紧身的裙型中可不需要前后互借）。

④ 前、后腰口线。与原型裙的腰口线一致。

⑤ 前、后腰省大、省长。按照原型中的省来处理。取前、后片臀围平均分为二等分取其中点作垂直于臀围线的辅助线并延长至腰口，此辅助线与原型中腰口线的点相交，并将此点作为省道的中线，然后将原型中两个省量其中的一个半省移至该省道中，省道中线与腰口线的交点为中心将省量左右平均分配，将另外半个省移至侧缝，在原型的基础上，在前、后腰线与侧缝的交点将另外半个省去掉，确定出新的前、后侧缝起翘点。在后片省道中线上距臀围线 6cm 点确定后省尖，在前片省道中线上距臀围线 7cm 点确定前省尖，分别绘制出前、后省，如图 7-34 所示。

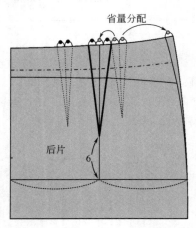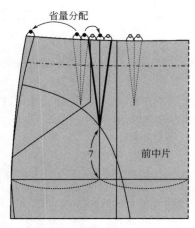

图 7-34　无腰头曲线分割裙的省量分配图

⑥ 前、后片侧缝辅助线。由新的前、后侧缝起翘点与臀围连线，绘出前、后片侧缝辅助线，如图 7-33 所示。

⑦ 前、后片下摆大。与原型一致。

⑧ 前、后片下摆线。本款下摆为前短后长的弧度下摆线，将前后片侧缝复核对位，在后中心线上由裙长点向腰线方向取 3cm 绘制出下摆辅助线，在下摆辅助线与前中心线的交点向腰线方向取 2cm 点，将前片下摆辅助线平分四等分。将后中心线上 3cm 点与前片下摆辅助线平分四等分靠近侧缝的 1/4 点和前中心线 2cm 点连成圆顺弧线，绘制出下摆线，如图 7-35 所示。

⑨ 绘制前、后片分割线。分割线设计是本款的设计重点，本款有三条分割线，绘制如下。一条分割线为连接前后片的曲线分割线，在后中心线上由后腰节点向下摆方向取 4cm 点，在前、后侧缝辅助线分别由侧缝起翘点向下摆方向取 6.5cm 点，在前片下摆线上取其靠近前中心线的 1/4 等分点，将 4cm 点与前、后侧缝的 6.5cm 点，过前片省尖点与下摆线上的靠前中心线的 1/4 等分点连圆顺的曲线。一条分割线为后片借前片的侧缝曲线分割线，在前片下摆线上取靠近侧缝的 1/4 等分借给后片，由该点与臀围线连辅助线，过前、后臀围点分别与前、后侧缝起翘点画顺绘制出前、后片的曲线分割侧缝线。一条分割线为解决穿脱安装拉链的竖向后中心线分割线，如图 7-36 所示。

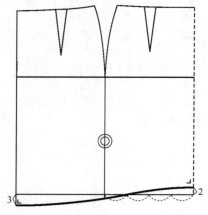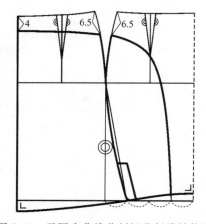

图 7-35　无腰头曲线分割裙下摆线结构图　　　　图 7-36　无腰头曲线分割裙分割线结构图

⑩ 绘制前侧开衩。在前侧分割线与下摆线交点向上在前侧分割线上取开衩长 10.5cm，向前中方向在下摆线上取开衩宽 2.5cm，绘出前侧开衩，如图 7-37 所示。

⑪ 绘制前贴口袋。在前腰口线上由前中心线向侧缝方向取 9.5cm 确定口袋位，再取 3.5cm 确定贴袋连裁腰襻宽，并将连裁腰襻宽向上抬高 1cm，预留出腰带厚度量，由连裁腰襻宽 3.5cm 点自腰口线向下取 8.5cm 确定贴袋口位置，并与臀围与侧缝的交点在侧缝线上向腰线方向取 3cm 点连线，确定出贴袋口大；袋大由 9.5cm 口袋位点作垂线，并与臀围与侧缝的交点在侧缝线上向下摆线方向取 8cm 点作水平线相交，确定出贴袋口大，交角处做圆角处理，完成前贴口袋绘制，并绘制出口袋贴边和连裁腰襻宽固定位置，如图 7-38 所示。

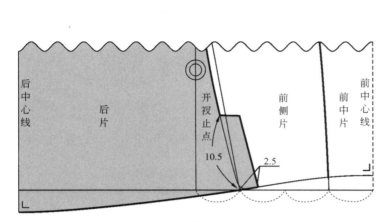

图 7-37 无腰头曲线分割裙前侧开衩结构图

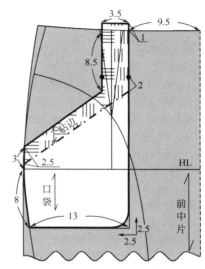

图 7-38 无腰头曲线分割裙口袋结构图

⑫ 绘制前、后腰口贴边。在前后裙片上分别作前、后腰口线的 3.5cm 平行线，为前、后腰口贴边，如图 7-33 所示。

⑬ 绘制前开衩贴边。由前侧开衩止点在前侧缝上向腰线方向取 4cm 点作垂线取前开衩贴边宽 4cm，作侧缝平行线并与由前中心线上与下摆线交点向腰线方向取 4cm 点作下摆平行线相交，绘制出前开衩贴边，如图 7-33 所示。

⑭ 绘制拉链位置。在后中心线上，由臀围交点向腰线方向取 3cm，作为绱拉链止点。

（四）纸样的制作

修正纸样，完成结构处理图。

基本造型纸样绘制之后，就要依据生产要求对纸样进行结构处理图的绘制，修正前片、后腰育克、前后腰口贴边、后裙片，如图 7-39 所示。

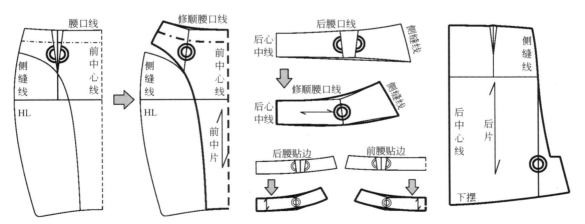

图 7-39 无腰头曲线分割裙前片结构、后腰育克、前后腰口贴边、后裙片结构处理图

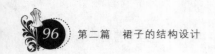

第五节　褶裥裙设计实例分析及工业样板处理

通过将布按折痕折起，起重叠部位的部分可称为褶裥。根据面料和褶裥的不同折法以及褶裥的大小、裙子长度的不同，既可以作为运动休闲装穿着，也可以作为正装穿着。

一、褶裥裙原理分析

在裙装结构设计中，设省和分割线都具有两种特性：一是合身性；二是造型性。从结构形式看，作褶裥设计也同样具有这样的性质。换句话说，省和分割可以用作褶裥的形式取而代之，它们的作用相同，但呈现出来的风格却大不一样。褶裥最大优势是突破尺寸限制，为身体营造立体感，因此，诸多服装设计师都会巧妙地把褶裥的运用融入设计中使服装塑造出美好的人体廓形。

褶裥大体上可分为两种，第一种为无规律褶（自然褶裥），第二种为规律褶裥，自然褶裥比较随意、多变、活泼与华丽等；而规律褶的整体形态显得较为庄重且富有节奏感和韵律美。褶裥是由面料经过折叠而形成，所以较为适合轻薄型面料。由于理想的褶裥不宜形成，故宜选用定型性能较好的涤纶混纺面料。

以褶裥形成的线形式走向大致可分为直线褶、曲线褶与斜线褶。

① 直线褶。褶两端折叠量相同，形成重复而规律的平行直线视效。

② 曲线褶。同一折褶所不同区域折叠的量不断变化，在外观上形成一条条起伏顺畅的弧线，这种褶合体性较高，能够满足人体腰臀曲线需求，但缝制工艺也较为复杂。

③ 斜线褶。指褶裥两端折叠量不一样，但其变化较为均匀，外观能形成一条条互不平行的直线，且有一定规律的设计。

按褶裥折叠量的不同朝向和形态进行分类，主要可分为顺褶、箱型褶、阴褶和风琴褶等。

① 顺褶。指褶裥折叠后朝向同一方向，形成一致性和规律感，不论左折或右折。

② 箱形褶。含褶量暴露在外，是由中间向两侧折叠的褶裥。

③ 阴褶。跟箱形褶相反，是由两侧向中间折叠的折褶。

④ 风琴褶。面料之间没有折叠，却又看似顺褶的效果，但其始端只是通过熨烫定型，下摆出现类似手风琴的褶裥视效，如图7-40所示。

规律褶裙　　无规律褶裙　　直线褶　　曲线褶　　斜线褶

顺褶　　阴褶　　箱型褶　　风琴褶

图 7-40　不同种类褶裥的形式

二、西服裙实例

（一）西服裙款式说明

本款西服裙裙身呈小"A"型，裙身上部符合人体腰臀的曲线状态，在前片中处设有暗褶裥，这种褶裥设计多用于传统套装裙中。从外形看，腰部贴身适体，外形线条优美流畅。这种裙子无论是作为学生套装，还是职业套装都是非常经典的款式，如图7-41所示。

西服裙面料选择范围较广，疏松柔软的、较厚的、较薄的原料均可。宜选用较有质感、挺实的中、薄型毛料和易于烫褶的化纤及毛涤混纺的面料等。且根据身份的不同可选用各种档次的面料。

1. 裙身构成

在两片裙身结构基础上，前中片处设有按褶裥，后片设有后腰省的裙身结构。

2. 裙里

根据款式的需求、裙面的厚薄以及透明度，对裙里的要求也不同，一般裙里的长度长至膝盖，并且具有一定的弹性，围度方向要满足人体的步距。

3. 腰

绱腰头，左搭右，并且在腰头处锁扣眼，装纽扣。

4. 拉链

缝合于裙子右侧缝，装隐形拉链，长度在臀围线向上 3cm，长 15～18cm，颜色应与面料色彩相一致。

5. 纽扣

直径为 1cm 的纽扣 1 个（用于腰口处）。

（二）面料、里料、辅料的准备

1. 面料

幅宽：144cm、150cm、165cm。

估算方法为：裙长＋缝份 5cm（需要对花对格时适量追加）。

2. 里料

幅宽：144cm 或 150cm。

估算方法为：1 个裙长。

3. 辅料

① 厚黏合衬。幅宽为 90cm 或 112cm，用于裙腰里。

② 薄黏合衬。幅宽为 90cm 或 120cm（零部件用），用于裙腰面、裙片底摆、底襟部件。

③ 拉链。缝合于右侧缝的拉链，长 15～18cm，颜色应与面料色彩相一致。

④ 纽扣。直径为 1cm 的纽扣 1 个（裙腰里襟）。

（三）西服裙结构制图

1. 制订西服裙成衣尺寸

成衣规格是 160/68A，依据是我国使用的女装号型 GB/T 1335.2-2008《服装号型女子》。基准测量部位以及参考尺寸，见表 7-6。

图 7-41　西服裙效果图、款式图

表 7-6　西服裙系列成衣规格表　　　　　　　　　　单位：cm

规格＼名称	裙长	腰围	（臀围）	腰长	下摆大	腰宽
155/66A（S）	61	68	92	18.5	100	3
160/68A（M）	63	70	94	19	102	3
165/70A（L）	65	72	96	19.5	104	3
170/72A（XL）	67	74	98	20	106	3

2. 制图要点

西服裙前片中心处设有对褶裥，其结构原理和 A 字裙一样，是为了增加裙摆的尺度，满足人体步距最基本的阔度。西服裙前片对褶裥在纸样处理中，借助基本纸样进行设计。在臀围线与前中心线的交点向前中心方向延长 10cm 下摆辅助线向前中心方向延长 10cm（此量均是设计量，可根据款式需求和设计要求来确定）。再按照纸样生产符号中暗褶的设计方式将其补充完整。

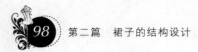

3. 制图步骤

西服裙结构裙子是在适身裙的基础上增加暗褶裥的宽度来完成的纸样，这里将根据图例进行说明，如图 7-42 所示。

① 确定腰围辅助线。首先做出一条水平线，该线为腰线设计的依据线，也称为腰围辅助线，如图 7-42 所示。

② 确定后中心线。做与腰围辅助线相交的垂直线。该线是裙原型的后中心线，同时也是成品裙长设计的依据线。

③ 确定后臀围辅助线。由腰围辅助线与后中心线的交点在后中心线上量取 18～20cm 的腰长值，且做 18～20cm 点的水平线，此线为后臀围辅助线。

④ 确定后臀围宽。在臀围线上由后中心线与臀围线的交点向侧缝方向量取后臀围宽 H/4 - 0.75 = 94/4 - 0.75 = 22.75cm，如图 7-42 所示。

⑤ 确定后侧缝辅助线。由后中心线与臀围线的交点量取后臀围宽点之后，做垂直于后中心线，此线为后侧缝辅助线。

⑥ 确定前中心线。前中心线是与上平线垂直相交作出的基础垂线。

⑦ 确定前臀围辅助线。由腰围辅助线与前中心线的交点在前中心线上量取 18～20cm 的腰长值，且做 18～20cm 点的水平线，此线为前臀围辅助线。

⑧ 确定前臀围宽。在臀围线上由前中心线与臀围线的交点向侧缝方向量取 H/4 + 0.75 = 94/4 - 0.75 = 24.25cm。

⑨ 确定前侧缝辅助线。由前中心线与后中心线的交点在后中心线量取前臀围宽点后，做垂直于前中心线的垂线即前侧缝辅助线。

⑩ 确定前、后下摆辅助线。由腰围辅助线与后中心线的交点在后中心线上量取 60cm 作为下摆线辅助线，且与腰围辅助线保持平行；由腰围辅助线与前中心线的交点在前中心线上量取 60cm 作为下摆线辅助线，且与腰围辅助线保持平行，如图 7-42 所示。

⑪ 确定后腰尺寸。从后中心线与腰围辅助线的交点向后侧缝方向量取后腰尺寸，按 W/4 - 1cm（前后腰差）+ 4cm（设计量）= 70/4 - 1 + 4 = 20.5cm。

⑫ 确定后腰口劈势。从后中心线与腰围辅助线的交点向后侧缝方向量取后腰实际尺寸定点后，由此点垂直向上量取 0.7cm 点作为点一，即后腰口起翘点，如图 7-42 所示。

⑬ 确定后侧缝弧线。将后侧缝辅助线与后臀围线的交点垂直向上 3cm 定为点二。将点一与点二连接成圆顺的外凸弧线。

⑭ 确定后腰省位置、后腰省长、后腰省大。将后臀围宽尺寸分为三等分，将靠近后中心线 1/3 臀围宽点作垂直于腰围辅助线的垂直线，即第一个后腰省位，在后腰省位上取省长 12.5cm，省量大为 2.5cm（平分省量大）；在靠近后侧缝 1/3 臀围宽点作垂直于腰围辅助线的垂直线，即第二个后腰省位，在第二个后腰省位上取后腰省长为 11cm，省量大为 1.5cm，如图 7-42 所示。

⑮ 确定后腰口弧线。由后中心线下落 1cm 点（新的后中心点）与点一连成圆顺的后腰口弧线。

⑯ 确定裙片长的后中心线。在后中心线上由 1cm 点作垂线，垂直延长到下摆辅助线。

⑰ 确定前腰尺寸。从前中心线与腰围辅助线的交点向后中心方向量取前腰尺寸，按 W/4 + 1cm（前后腰差）+ 3cm（设计量）= 70/4 + 1 + 3 = 21.5cm。

⑱ 确定前腰口起翘。从前中心线上与腰围辅助线的交点向前侧缝方向量取实际尺寸定点后，由此点垂直向上量出 0.7cm 点作为点三，即前腰口起翘点。

⑲ 确定前侧缝弧线。将前侧缝辅助线与前臀围线的交点与点三连接成圆顺的外凸弧线。

⑳ 确定前腰省位置、前腰省长、前腰省大。将前臀围宽尺寸分为二等分，由前臀围宽点作垂直于上平线的垂线确定前腰第一个省位，第一个省长为 10cm，省大为 2cm；第二个前腰省位由前中心点向侧缝方向偏进 1cm 与前片褶裥连顺而成，如图 7-42 所示。

㉑ 确定前腰口弧线。由前中心线与腰围辅助线的交点与点三连成圆顺的前腰口弧线。

㉒ 确定前裙片的褶裥。在前臀围线与前中心线的交点向前中心方向顺延 10cm，在前臀围线与前中心线的交点向下量取 10cm 作为缝合褶裥的止点，在下摆辅助线上向前中心方向顺延 10cm（此量可根据款式需求和设计要求来确定）。再按照纸样生产符号中暗褶裥的设计方式将其补充完整。在工艺处理上，暗褶裥有两种缝合形式，一种是不通腰暗褶裥，另一种是通腰暗褶裥，这两种暗褶裥的结构制图方法见图 7-42。

㉓ 确定前、后下摆线。在下摆辅助线由后中心线向后侧缝连接后下摆线。在下摆辅助线由前中心线向前侧缝连接前下摆线。

㉔ 绘制底襟。裙子底襟长要覆盖住拉链，本款的底襟长为 18cm，宽为 6cm。

㉕ 绘制裙腰。由于腰面和腰里都是一体，将其双折，腰头宽为 6cm。在腰头处加上底襟宽度 3cm，即确定腰头的长度和宽度。

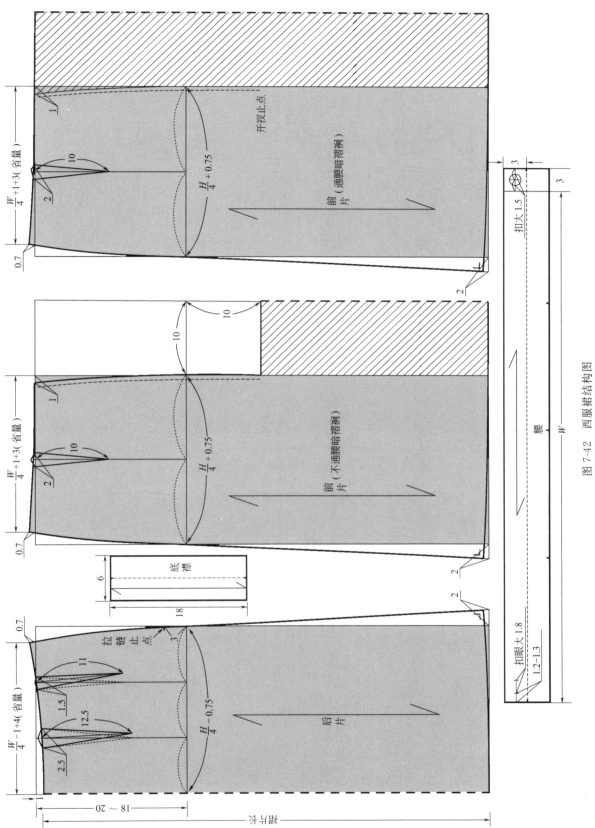

图 7-42　西服裙结构图

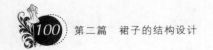

（四）西服裙纸样的制作

基本造型纸样绘制之后，就要依据生产要求对纸样进行结构处理图的绘制，修正纸样，完成结构处理图。

（五）西服裙工业样板的制作

修正纸样后，就要依据生产要求对纸样进行结构处理图的绘制，进行缝份加放，如图 7-43～图 7-47 所示。

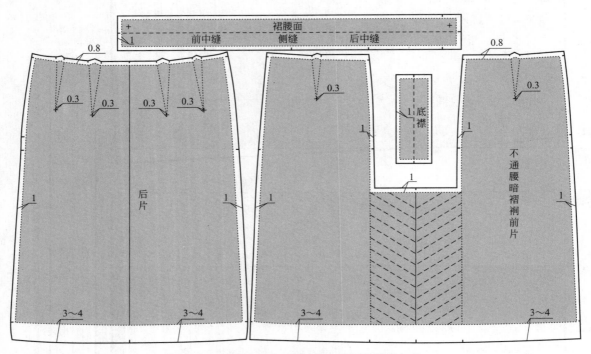

图 7-43　西服裙（不通腰暗褶）面板的缝份加放

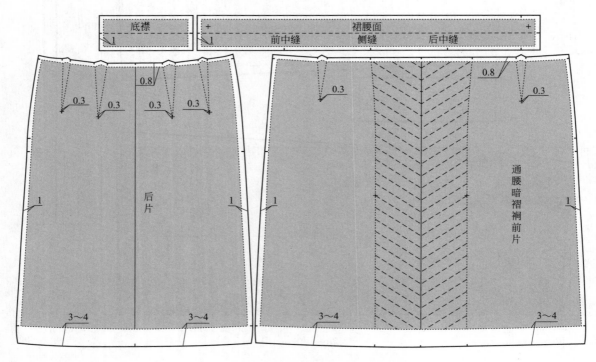

图 7-44　西服裙（通腰暗褶）面板的缝份加放

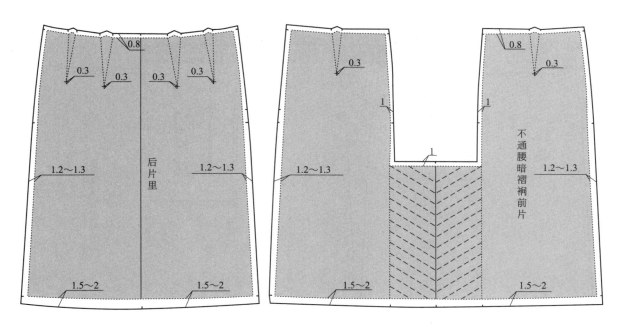

图 7-45 西服裙（不通腰暗褶）里板的缝份加放

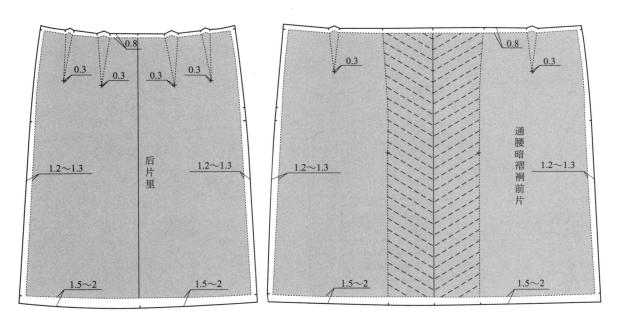

图 7-46 西服裙（通腰暗褶）里板的缝份加放

完成西服裙工业样板的制作，如图 7-48～图 7-52 所示。

三、低腰顺褶紧身裙实例

（一）低腰顺褶紧身裙款式说明

本款式属于规律褶裥裙。裙身紧身，裙子上半部符合人体臀腰的曲线形状，裙子前片下半部设有顺褶褶裥，这种裙型可与很多种款式的套装搭配。本款裙子从外形来看，裙子腰线设计的较一般裙型底一些，裙子

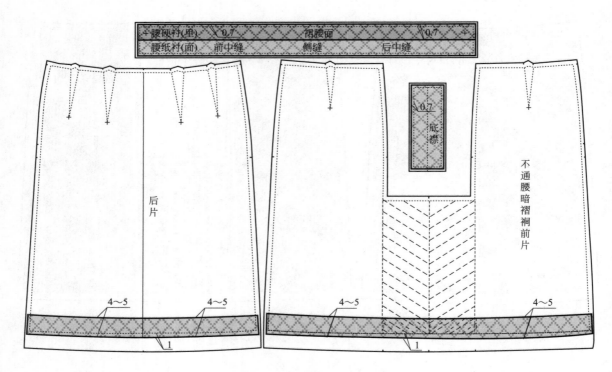

图 7-47 西服裙衬料板的缝份加放

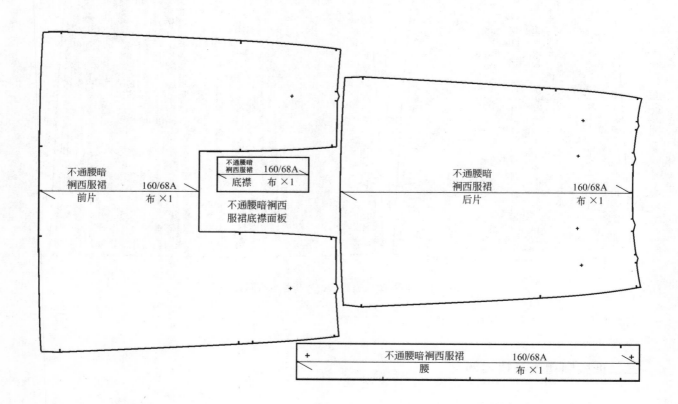

图 7-48 西服裙（不通腰暗褶）工业板——面板

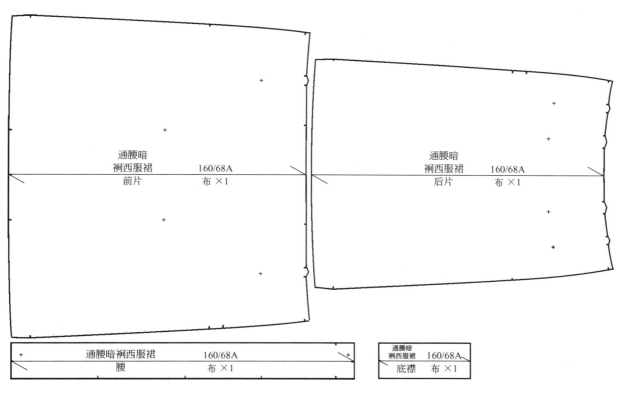

图 7-49　西服裙（通腰暗褶）工业板——面板

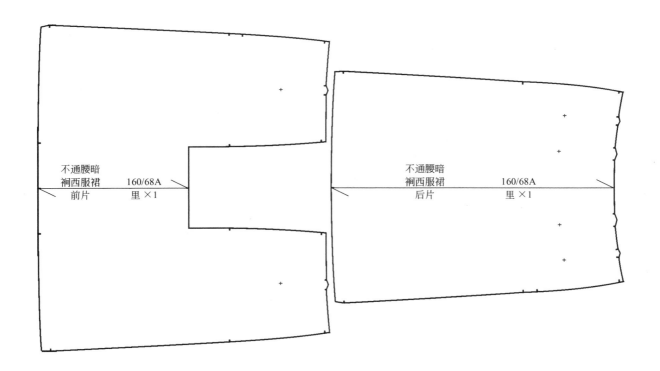

图 7-50　西服裙（不通腰暗褶）工业板——里板

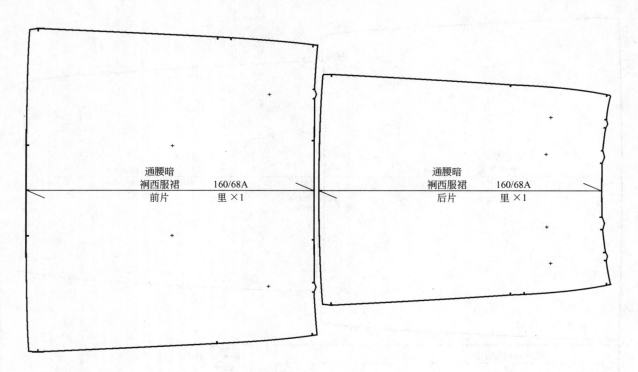

图 7-51　西服裙（通腰暗褶）工业板——里板

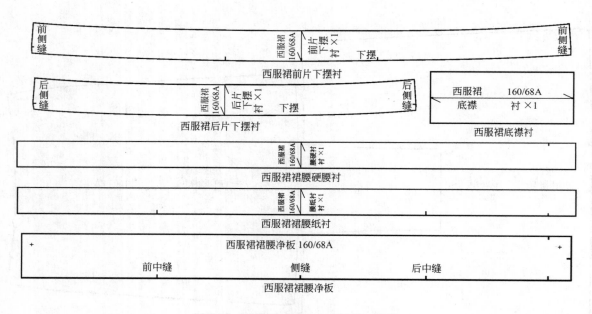

图 7-52　西服裙工业板——衬板、净板

外形线条优美流畅，设计感十足，如图 7-53 所示。

　　面料选择范围较广，疏松柔软的、较厚的、较薄的均可使用，无特殊限制。宜选用较有质感、比较挺实的中、薄型毛料和易熨烫的化纤面料等。根据自己所需要面料的不同可选用不同档次的面料。

1. 裙身构成

　　在三片式裙身的结构基础上，前片裙身 1/3 的部分设有暗褶，后面由后中心线破开，分左右两裁片各设计一个腰省。

2. 裙里

里料的选用要根据款式的要求、面料的薄厚以及颜色的透明度、鲜艳度等。裙下摆围度方面应当要满足人体的基本步距，里料和面料的色调应和谐统一，色调不要深于面料，质地要求柔软、光滑，穿脱方便。

3. 腰

绱腰头，后中心线处绱隐形拉链。

4. 拉链

在臀围线向上 3cm 处的后中心线上装拉链，含腰宽，长 15～18cm，拉链的颜色应当选用与面料色彩一致。

（二）低腰顺褶紧身裙面料、里料、辅料的准备

1. 面料

幅宽：144cm、150cm、165cm。

估算方法为：裙长 + 缝份 5cm（根据面料的幅宽，若需要对格子时应当适度追加些量）。

2. 里料

幅宽：140cm 或 150cm。

估算方法为：一个裙长。

3. 辅料

① 厚黏合衬。幅宽为 90cm 或者 112cm，用于裙子腰里。

② 薄黏合衬。幅宽为 90cm 或者 120cm（零部件用），用于腰面、裙片下摆、底襟部件。

③ 拉链。安装于右侧缝，长 15～18cm，颜色与面料颜色一致。

④ 纽扣。直接为 1cm 的纽扣 1 个（用于裙子腰部里襟）。

（三）低腰顺褶紧身裙结构制图

准备好制图所需要的工具纸和笔，制图中的一些必要的符号应该严格按照国际公认的符号来标记。

1. 制订低腰顺褶紧身裙成衣规格尺寸

成衣规格是 160/68A，依据是我国使用的女装号型标准 GB/T 1335.2-2008《服装号型女子》。基准测量部位以及参考尺寸，见表 7-7。

图 7-53　低腰顺褶紧身裙效果图、款式图

表 7-7　低腰顺褶紧身裙系列成衣规格　　　　　　单位：cm

规格＼名称	裙长	腰围	臀围	腰长	下摆大	腰宽
155/66A（S）	49	77	92.2	18.5	120	3
160/68A（M）	51	79	94	19	122	3
165/70A（L）	53	81	95.8	19.5	124	3
165/72A（XL）	55	82	97.6	20	126	3

2. 制图要点

在原型的基础上对低腰顺褶紧身裙进行结构制图，设计的重点是低腰位设计和褶裥设计，要按照款式需求考虑褶裥的位置。重点一为低腰位设计，由于本款后片只设有一个腰省，为消减臀腰差，将原型中的一个

半省量分配到这个省，另外半个省量给侧缝，前片同样是将半个省给侧缝，这样可防止侧缝省量过大，可通过降低腰线来解决臀腰差过大造成侧缝不平服的问题。重点二为前片暗褶裥设计，本款式为紧身裙，下摆采用收摆设计，为满足步距需求，在设计褶裥量时要满足步距的基本要求要能正常行走，下摆不能出现挡腿的问题，故其下摆不需要设计功能性开衩设计。

3. 制图步骤

采用原型制图，在后裙片将原型中后腰口线平均分为二等分，其等分点作为后省大的中点，将原型中的两个省重新进行分配，将原型中的一个半的省量分配至此等分点，其省长去 13cm（设计量），另半个省分配至侧缝，将后腰线平行降低 4cm，形成新的后腰线。在前裙片在原型中把前臀围线平均分为四等分，取其等分点作 3 条平行于前中心线的褶裥辅助线，并将原型中一个半的省量平均分配至褶裥辅助线中，其省长均取 9cm（设计量），修顺褶裥辅助线，另半个省量分配到侧缝。将前腰线平行降低 4cm，形成新的前腰线，如图 7-54 所示。

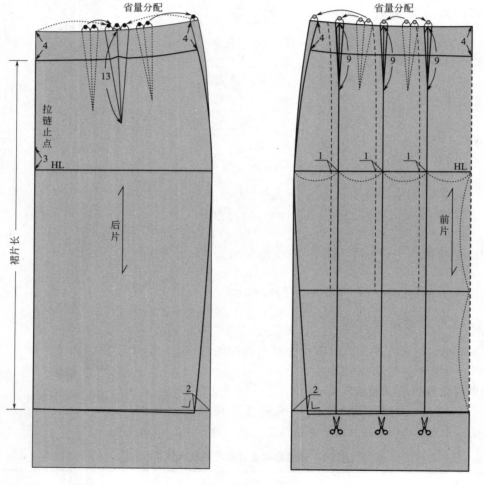

图 7-54 低腰顺褶紧身裙结构图

在前裙片设计固定褶裥的装饰线，其距褶裥辅助线 1cm（设计量），从新的前腰口线顺着褶裥辅助线至臀围线与下摆线的中点作为装饰线长度。顺褶的长度为从下摆线至臀围线的中点这一点距离为顺褶裥的长度，其顺褶褶裥量均取 6cm（设计量），将褶裥量 6cm 平均分为二等份，其等分点至交新的前腰口线且与前中心线平行，该线为裙片的内部翻折线，如图 7-54 所示。本款裙型结构较为简单，故具体操作步骤予以省略。

（四）低腰顺褶紧身裙纸样的制作

修正纸样，完成结构处理图。

基本造型纸样绘制之后，就要依据生产要求对纸样进行结构处理图的绘制，修正前裙片，将前裙片沿 3 条褶裥辅助线平行切展放量，褶量 6cm，褶向前中心线方向扣倒，修顺前腰线和下摆线，完成前裙片结构制图，如图 7-55 所示。

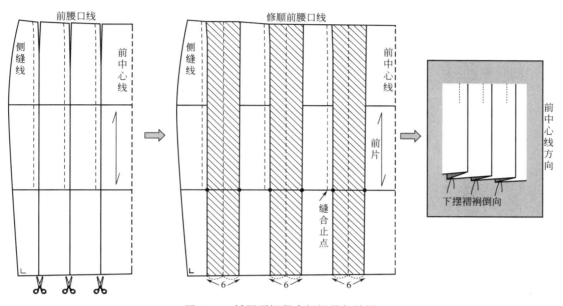

图 7-55　低腰顺褶紧身裙褶量加放图

四、曲线分割缩褶裙实例

（一）曲线分割缩褶裙的款式说明

此款裙型为紧身裙，其基本的样式为合体的腰身，下摆部位收窄，由于裙子下摆尺寸的狭小，以至于无法满足人们的基本步行需求，需在裙身上设计功能性的开衩以满足人们的正常基本步距。由于其款式符合人体体态，成为女性时尚的一款裙型。紧身裙在众多的裙型中可以说是比较有特点的结构设计，是最合体裙子的代表，从腰部至臀部贴体合身，而从臀部至下摆则呈现的是内收状态，更能够体现出女性的臀部曲线美，如图 7-56 所示。

紧身裙的结构设计有两个内在的功能设计，第一是应该考虑到裙子的穿脱方便性需设置拉链等开合设计。第二是应该考虑到人们的正常行走步距，需要根据裙子的长短和面料的弹性来设计其下摆的大小以及开衩的高低情况。

本款女装裙型时尚潮流，其功能性与装饰性完美统一，款式富有现代设计美感。在面料的选择上，其所选择的方面及范围较为的广泛，如各种薄型毛料、涤毛混纺料、中长花呢、纯涤纶花呢罗段等，根据自身的需求选择相应档次的面料。

1. 裙身的构成

根据款式图所示，此款式为左边侧缝缩有少量碎褶，前片中部裁片也相应地设计了些碎褶，拉链开于后中心线上。

2. 裙里

根据款式图的需要，裙子里料的厚薄、颜色的鲜艳度以及裙子里料的透明度都将直接对裙子的面料有影响。里料可具有一定的弹性。在围度方面则要满足人体的基本步距，里料和面料的色调应和谐统一，色调不要深于面料，质地要求柔软、光滑，穿脱方便。

图 7-56 曲线分割缩褶裙效果图、款式图

3. 腰

腰头缝制于后中，并且在后中锁扣眼装纽扣。

4. 拉链

根据本款式的需要，其拉链缝制于后中，标准长度为 15～18cm，由后中心线与臀围辅助线的交点向上量取 3cm，此处为拉链的一端，并将此点沿着后中心线向腰头处量取装拉链所需要的量即可，其颜色应与拉链的颜色一致或者是相类似。在缝制底襟时，拉链应该放置在底襟上面且不应长于底襟。

5. 纽扣

缝制于后中腰头处，直径约为 1cm，数量为 1 个。

（二）曲线分割缩褶裙面料、辅料、里料的准备

1. 面料

幅宽：144cm、150cm 或者 165cm。

估算方法：裙长 + 缝份 5cm。如果需要对格子或者是需要复合相关的花纹时，应该适当的对其追加些量。

2. 里料

幅宽：144cm 或 150cm。

估算方法为：1 个裙长。

3. 辅料

① 厚黏合衬。幅宽为 90cm 或 112cm，适用于裙腰里。

② 薄黏合衬。幅宽为 90cm 或 120cm（零部件用），例如裙腰面、裙片下摆、底襟部件。

③ 拉链。缝合于裙片的后中心线，其长度为 15～18cm，其颜色应该与面料颜色一致。

④ 扣子。直径为 1cm 的纽扣 1 个（用于腰的里襟）。

（三）曲线分割缩褶裙结构制图

准备好制图时所需要的纸、笔工具，制图时所必备的一些符号应当按要求正确画出来。

1. 制订成衣规格尺寸

成衣规格是 160／68A，依据是我国现使用的女装号型标准 GB／T 1335.2-2008《服装号型女子》。基本测量部位及参考尺寸，见表 7-8。

表 7-8　无腰头曲线分割缩褶裙系列成衣规格表　　　　　　　　　　　　　单位：cm

规格　　　　　名称	裙长	腰围	臀围	腰长	下摆大	腰宽
155/66A(S)	58	68	94	18.5	86	3
160/68A(M)	60	70	96	19	88	3
165/70A(L)	62	72	98	19.5	90	3
170/72A(XL)	64	74	100	20	92	3

2. 制图要点

采用直接打板法对曲线分割缩褶裙进行结构制图。本款裙子的结构设计的重点前身的曲线分割线的设计，通过前裙片的两条曲线分割不仅解决了臀腰差量又通过缩褶的造型与款式设计巧妙地结合，使整体裙子

设计在功能性的基础上与设计更好的结合，下面按照制图步骤逐一进行说明，如图 7-57 所示。

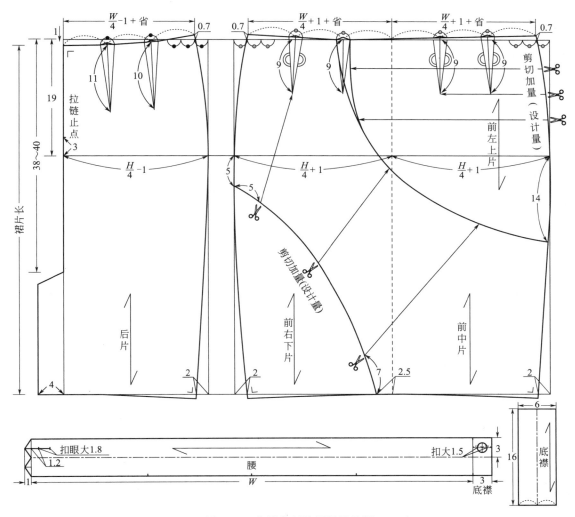

图 7-57　曲线分割缩褶裙结构图

3. 制图步骤

① 裙片长。绘制相交线，上平线为腰围辅助线，垂直线为后中心线辅助线，由上平线与后中心线的交点向下量取：58cm － 1cm（后中下落量）＝ 57cm（不含腰头），绘制出裙长和后中心线，并向侧缝方延长且垂直于侧缝，确定下摆辅助线，如图 7-57 所示。

② 腰长。由上平线与后中心线的交点向下量取 19cm 作为腰长，并向侧缝方延长且垂直于侧缝，确定出前、后臀围辅助线和前中心线，如图 7-57 所示。

③ 前中心线。前中心线与向上与上平线垂直相交，向下与下摆辅助线垂直相交。

④ 后臀围宽。由后中心线向侧缝方向量取 $H/4 - 1$cm（前后互借），确定出后臀围宽，如图 7-57 所示。

⑤ 前臀围宽。由前中心线向侧缝方向量取 $H/4 + 1$cm（前后互借），确定出前臀围宽。

⑥ 前后侧缝辅助线。由前、后臀围宽点，做垂直于臀围线的辅助线，即此线为前后侧缝辅助线。

⑦ 后腰宽。按 $W/4 - 1$cm（前后互借）＋ 4cm（省），在前后中心线上，后腰口应该在前腰口的基础上下落 1cm 左右，通过下落此点向腰口辅助线测出后腰宽，如图 7-57 所示。

⑧ 后侧缝起翘。通过后腰宽点在腰口辅助线上向上垂直量取 0.7cm 左右的点，作为后侧缝起翘端点。

⑨ 后腰省长、省大。根据臀腰差计算出其多余的省量，将其平均分配，将后腰围三等分，平均分配两个省。省长：靠近后中的省应该略微长一些，通常情况下取 11cm，靠近侧缝处省长则取 10cm。省量若大于或者是等于 4cm 时，由于受到省长的限制，应该考虑分配两个省或改为褶裥。这样做的目的是为了防止因省量过大而省长过短所带来的一些弊病，例如省尖起包等，从而影想其造型的美观性，如图 7-57 所示。

⑩ 后片下摆大。在下摆辅助线上由后侧缝辅助线与下摆辅助线交点向后中心线方向偏移 2cm，下摆大应该满足基本步距长度，将成品下摆大的所需剩余量放置于后开衩。

⑪ 后侧缝线。由后侧缝起翘点经后臀围宽点连接到后片下摆大，画出圆顺的侧缝弧线。

⑫ 绘制开衩。在绘制裙子开衩的长度时，需要考虑标准人体在正常行走时，下摆所需要的基本松量即下摆不挡腿的基本宽松度，然后再通过计算得出开衩的基本长度（人体能够正常行走的最小值），开衩的最大值是以不过分暴露为基准（设计量）。在后中心线上由上平线向下取 38～40cm，确定为开衩止点，开衩宽度为 3～4cm，如图 7-57 所示。

⑬ 前腰宽。按 $W/4 + 1cm$(前后互借) $+ 4cm$（省）。

⑭ 前腰省长、省大。和后片的处理方法一样，惟一不同的是，由于考虑到人体的腹凸更靠近腰线，其省的长度比臀省略短些，通常两省长均取 9cm。

⑮ 前片的下摆大。同后片下摆大绘制方法。

⑯ 前侧缝线。同后片侧缝线绘制方法，如图 7-57 所示。

⑰ 绘制前片分割线。前片分割线的结构设计是本款式的重点，本款的分割线有两条，第一条为前片左侧分割线，按照款式设计由前片右侧靠近前中心线的一个省位与左侧缝线臀围线至下摆线方向的 14cm 点连线，连成圆顺的曲线分割线，该分割线要在腰线部位处理掉一个解决臀腰差的省量，如图 7-57 所示。第二条为前片右侧分割线，按照款式设计由右侧缝线臀围线至下摆线方向的 5cm 点与下摆线距右前中线 2.5cm 点连线，连成圆顺的曲线分割线，如图 7-57 所示。

⑱ 绘制底襟。裙子底襟长要覆盖住拉链，本款的底襟长为 16cm，宽为 6cm，如图 7-57 所示。

⑲ 绘制裙腰。由于腰面和腰里都是一体，将其双折，腰头宽为 6cm。在腰头处加上底襟宽度 3cm，即确定腰头的长度和宽度，如图 7-57 所示。

（四）曲线分割缩褶裙纸样的制作

基本造型纸样绘制之后，就要依据生产要求对纸样进行结构处理图的绘制，修正纸样，完成结构处理图。

① 前片褶的设计。本款的结构处理的重点是缩褶的设计，第一部分为前片左侧片的结构处理，方式是将前片左侧腰部的省量全都转移至左边侧缝相应位置，若其左边侧缝所需的褶量比较大，则该转移的省量无法满足，在这种情况下可根据设计需求，将在侧缝线相应位置均匀的打上剪口，加大褶量的放量，如图7-58

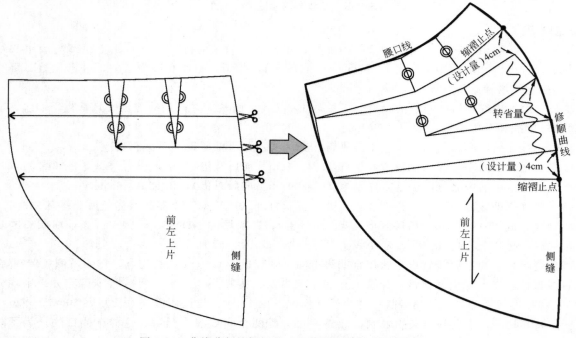

图 7-58　曲线分割缩褶裙前片左侧片褶量加放结构处理图

所示。第二部分为前片右侧片的结构处理，方式是将前片右侧腰部的省量全都转移至前片右侧分割线上，其右边分割线缝所需的褶量比较大，该转移的省量无法满足，在这种情况下可根据设计需求，相应位置也在其相应位置打上几个剪口，然后根据款式图所设计的褶量进行剪切加放，如图 7-58 所示。抽褶位置制图要点：以平滑圆顺的曲线将所加放量的裁片，分别沿着其外轮廓描画出来，加放量处线条一定要饱满圆顺从而达到所需的褶皱美观效果。

② 修正裙子的下摆线，在侧缝处前后片略有向下些起翘并且前后侧缝线应该相等，并且始前后下摆线与侧缝垂直，前后片在拼合时下摆线应该的饱满圆顺不起凸点。

③ 仔细核对各个部位数据确保无误后用平滑的曲线修顺裙摆线，最后画顺各个部位的轮廓线，最终完成裙身结构图的绘制。

④ 标记好各个部位的对位点，在加放量完成后需要修正其轮廓线条的圆顺饱满度，最后检查一遍，仔细核对各个部位信息，在确认无误的情况下完成结构图的绘制（图 7-59）。

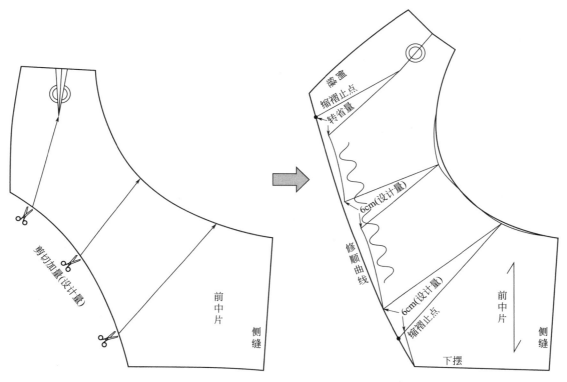

图 7-59　曲线分割缩褶裙前片右侧片片褶量加放结构处理图

第六节　组合裙子设计实例分析及工业样板处理

一、分割线和自然褶组合裙实例

（一）分割线和自然褶组合裙款式说明

本款裙子属于半适身裙，底摆处呈自然褶皱的状态。腰部为无腰式，在裙子的前后片中均有竖向分割线，且在接近裙长大概 1/2 的位置设有侧插片，在下摆处呈现自然散开的效果。拉链装在后中心的位置且为明拉链，不仅具有实用功能，还具有一定的装饰性，如图 7-60 所示。

在面料选择上，可选择鹿皮绒、绵羊皮、太空棉、潜水服面料、牛仔布、棉质提花面料等，不同的面料可呈现出不同的风格特征。

1. 裙身构成

在裙原型的结构基础上，前后裙片在两侧均有竖向分割线，裙侧位置设有侧插片，侧插片在下摆处形成

图 7-60 分割线和自然褶组合裙
效果图、款式图

自然褶皱的方摆状态。

2. 裙里

腰部为无腰式，里料要与裙里相接，根据款式的需求、裙面的厚薄及透明度，对裙里的要求也不相同，一般裙里的长度比裙面短，颜色最好与裙面相同或相近，并且要有一定的弹性，围度方向要满足人体基本的步距。

3. 拉链

在臀围线向上 3cm 处的裙子后中心的位置装明拉链，长度为 16~17cm，颜色应与面料的色彩一致。

4. 贴边

贴边宽度为 3.5~5cm，与腰口弧线的形状相同。

（二）分割线与自然褶组合裙面料、里料、辅料的准备

1. 面料

幅宽：144cm、150cm、165cm。

估算方法为：裙长 + 缝份 5cm。

2. 里料

幅宽：144cm 或 150cm。

估算方法为：1 个裙长。

3. 辅料

① 厚黏合衬。幅宽为 90cm 或 112cm，用于裙腰里。

② 薄黏合衬。幅宽为 90cm 或 120cm（零部件用），用于裙腰面、裙片底摆、底襟部件。

③ 明拉链。缝合于裙片的后中心处，长度为 16~17cm，颜色应与面料的色彩一致。

（三）分割线和自然褶组合裙的结构制图

准备好制图时所需要的纸、笔工具，制图时所必备的一些符号应当按要求正确画出来。

1. 制订分割线和自然褶组合裙成衣规格尺寸

成衣规格是 160/68A，依据是我国使用的女装号型标准GB/T 1335.2-2008《服装号型女子》。基准测量部位以及参考尺寸，见表 7-9。

表 7-9 分割线和自然褶组合裙系列成衣规格表 单位：cm

规格＼名称	裙长	腰围	臀围	腰长	下摆大
155/66A（S）	35	68	91	18.5	155
160/68A（M）	37	70	94	19	157
165/70A（L）	39	72	97	19.5	159
170/72A（XL）	41	74	100	20	161

2. 制图要点

采用精确原型法对分割线和自然褶组合的半适身裙进行结构制图。本款裙子的结构设计的重点裙摆的自然褶设计，该款裙子是在原型裙的结构基础上将臀腰差量以省的形式均匀分布在腰口线上，然后将前后腰口中的一部分省量按照切展的原理合并，对应省道的下摆自然张开且臀围略有增大。前后腰口剩余的省量则分配到分割线中，最终将裙子的臀腰差量全部消化掉，下面按照制图步骤逐一进行说明，如图 7-61 所示。

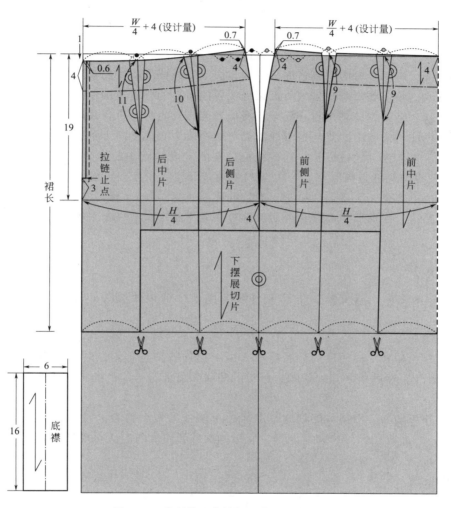

图 7-61　分割线和自然褶组合裙的结构图

3. 制图步骤

① 放置裙原型。将裙前、后片的结构原型按照腰围辅助线、臀围辅助线、下摆辅助线摆好。

② 裙长。从上平线和后中心线的交点处向下垂直量取后裙长 38cm。

③ 新后片下摆辅助线。经过由后裙长在后中心线上确定的点作垂直于后中心线的水平线来确定新的后片下摆辅助线。

④ 确定后片切展片基准线。首先将新的后片下摆辅助线进行三等分，然后连接靠近后中心位置的省的省尖和对应下摆的 1/3 点，以此作为后片的切展基准线。

⑤ 确定后片横向分割线。在侧缝线上由臀围处向下量取 4cm 确定点一，并经过此点作臀围线的平行线，与后片的切展基准线相交于点二，连接两点的线段作为后片横向分割线。

⑥ 确定后片纵向分割线。将靠近后片侧缝位置的省的省尖与对应的下摆 1/3 点连接，与横向分割线交于点三，省尖与点三之间的线段作为后片竖向分割线。

⑦ 前裙长。从上平线和前中心线的交点处在前中心线上向下垂直量取 38cm 作为前裙长。

⑧ 新前片下摆辅助线。经过由前裙长在前中心线上确定的点作前中心线的水平线来确定新的前片下摆辅助线。

⑨ 确定前片切展基准线。首先将新的前片下摆辅助线进行三等分，然后连接靠近前中心位置的省的省尖和对应的下摆1/3点，以此作为前片的切展基准线。

⑩ 确定前片横向分割线。经过侧缝线上由臀围处向下量取4cm的点一，做臀围线的平行线，与前片的切展基准线相交于点四，连接这两点的线段作为前片横向分割线。

⑪ 确定前片纵向分割线。将靠近前片侧缝位置的省的省尖与对应的下摆1/3点连接，与横向分割线交于点五，连接省尖与点五的线段作为后片竖向分割线。

⑫ 后中片分割线。将后腰口中剩余省的一省边（靠近侧缝位置的省）画顺并略显外凸。

⑬ 后侧片分割线。将后腰口中剩余省的另一个省边（靠近侧缝位置的省）同样画顺并略显外凸。

⑭ 前中片分割线。将前腰口剩余省（靠近侧缝位置的省）的一省边画顺并略显外凸。

⑮ 前侧片分割线。将前腰口剩余省（靠近侧缝位置的省）的另一个省边同样画顺并略显外凸。

⑯ 拉链位置的标注。由后中心线与臀围线的交点处在后中心线上向上量取3cm以确定拉链止点。

⑰ 确定明拉链。本款为明拉链设计，需要根据拉链的宽度预留出拉链的宽度位置，通常拉链设计宽度为1.2cm，由后腰节点向侧缝方向取0.6cm拉链的宽度设计量，长度至拉链位置3cm点。

⑱ 绘制底襟。裙子底襟长要覆盖住拉链，本款的底襟长为16cm，宽为6cm。

⑲ 绘制裙腰里贴边。在前后中心线和前后侧缝分别向下摆方向作4cm平行线，平行于前后腰线，确定出裙腰里贴边。

（四）纸样的制作

基本造型纸样绘制之后，就要依据生产要求对纸样进行结构处理图的绘制，修正纸样，完成结构处理图。

1. 裙衣身的处理

① 后片省的合并与切展。沿后片的切展基准线由下摆处剪切至省尖，以省尖为定点，合并后腰口中的一个省同时基准线展开，然后将腰口处修顺，腰口的曲线弧度要符合人体的腰腹状态。最后再将下摆处画圆顺。如图7-62所示。

② 前片省的合并与切展。沿前片的切展基准线由下摆处剪切至省尖，以省尖为定点，合并其中的一个省同时基准线展开，然后将腰口处修顺。同样，腰口的曲线弧度要符合人体的腰腹状态。最后将下摆处画圆顺，如图7-62所示。

2. 裙摆插片的处理

① 下摆的合并与切展。首先将前后插片由侧缝合并形成一个整体的裙片。切展的步骤：第一步是沿合并的侧缝由下摆处向上剪切，以上端点为定点将对下摆进行切展，在侧缝处展开设计量8cm下摆展放量。第二步是分别沿前、后片的分割线由下摆处向上剪切，以上端点为定点将对下摆进行切展，在分割线处展开设计量8cm下摆展放量。

② 这里展开量的大小并不是固定形式，可以根据款式造型的需要进行自由设计。

③ 最后画顺各部位轮廓线，完成裙身制图。

3. 裙腰里贴边

将前后腰口贴边进行省的合并，最后画顺轮廓线，完成裙腰里贴边制图，如图7-63所示。

二、立体弧形省与下摆弧线分割线紧身组合裙实例

（一）立体弧形省与下摆弧线分割线紧身组合裙的款式说明

该款裙子为紧身裙，能够很好地体现出人体轮廓的曲线美。腰部装有腰头，在前后片上各有两个明弧形省，前片省的形状是向外扩张，后片是向内回收，可以起到修饰人体体型的作用。由于受流行趋势的影响，

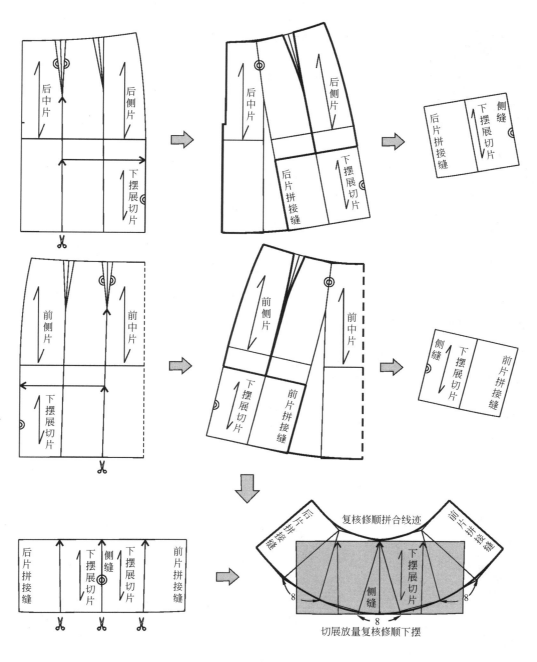

图 7-62　分割线和自然褶组合裙衣身结构处理图

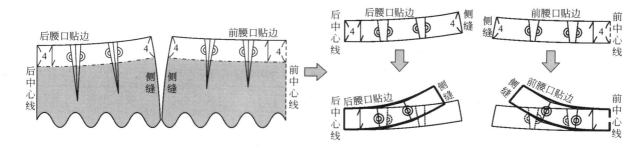

图 7-63　分割线和自然褶组合裙腰里结构处理图

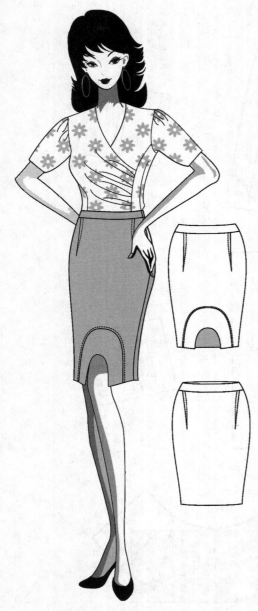

图 7-64 立体弧形省与下摆弧线分割线
紧身组合裙效果图、款式图

本款裙子将省道缝合后直接呈现在外面，起到一定的装饰作用，在裙子的右侧装有隐形拉链。本款裙子的另一个设计点是在前片的下摆处有曲线分割，并且在下摆形成一个弧形的开口，以便满足人体正常行走的需求，如图 7-64 所示。

面料宜选用针织面料、弹力棉、罗马抓绒、毛呢、牛仔布、棉混纺印花、灯芯绒、PU 弹力面料等。

1. 裙身构成

前后裙片为整片设计，两侧收摆，前后片腰部各有两个弧形省，前片下摆处有曲线分割并且形成一个弧形的开口。

2. 腰

本款的裙腰在腰线以下，装曲线腰头，宽度为设计量 3cm。

3. 拉链

在裙子右侧缝装隐形拉链，长度为 17～20cm，颜色应与面料的色彩一致。

（二）立体弧形省与下摆弧线分割线紧身组合裙的面料、辅料的准备

1. 面料

幅宽：144cm、150cm、165cm。

估算方法为：裙长 + 缝份 5cm。

2. 辅料

① 薄黏合衬。幅宽为 90cm 或 120cm，用于裙腰面、裙片底摆等部件。

② 拉链。装在裙子右侧缝的隐形拉链，长度为 17～20cm，颜色应与面料的色彩一致。

（三）立体弧形省与下摆弧线分割线紧身组合裙的结构制图

准备好制图所需要的必备工具纸和笔，制图中的一些必要的符号应该严格按照国际公认的符号标记。

1. 制订立体弧形省与下摆弧线分割线紧身组合裙成衣规格尺寸

成衣规格是 160/68A，依据是我国使用的女装号型标准 GB/T 1335.2-2008《服装号型女子》。基准测量部位以及参考尺寸，见表 7-10。

2. 制图要点

本款裙子前后片各有两个弧形明省，在裙原型的基础上是将腰省进行了重新分配，分别将前后腰口中的一个省转移掉。其中一半的省量在侧缝处消化掉，另一半的省量则在保留的省的两端消化掉。本款裙子前片的曲线分割线是具有结构作用的功能性分割线，又起到装饰的作用，通过曲线分割线设计出开衩以解决下摆的尺度，满足步距需求，下面按照制图步骤逐一进行说明，如图 7-65 所示。

表 7-10　立体弧形省与下摆弧线分割线紧身组合裙系列成衣规格表　　　　　　　　单位：cm

规格 \ 名称	裙长	腰围	臀围	腰长	下摆大	腰宽
155/66A(S)	58	68	92.5	18.5	107.5	3
160/68A(M)	60	70	94	19	109	3
165/70A(L)	62	74	95.5	19.5	110.5	3
170/72A(XL)	64	77	97	20	112	3

3. 制图步骤

① 放置裙原型。将裙前、后片的结构原型按照腰围辅助线、臀围辅助线、下摆辅助线摆好，如图 7-65 所示。

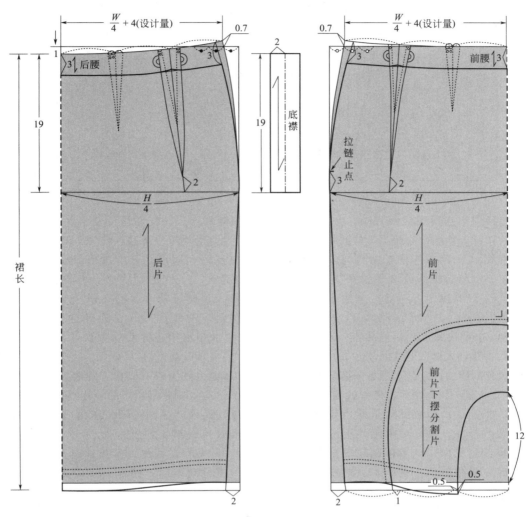

图 7-65 立体弧形省与下摆弧线分割线紧身组合裙省量结构图

② 裙长。在后中心线上由后腰节点向下量取裙长 60cm（包括腰头）。

③ 后片下摆辅助线。由裙长点作水平线，确定出新的后片下摆辅助线。

④ 后片侧缝辅助线。将原型后片的侧缝线相应的延长至新的下摆辅助线来确定后片侧缝辅助线。

⑤ 确定前裙长。从上平线与后片下摆辅助线相交，确定出前裙长（包括腰头）。

⑥ 前片侧缝辅助线。将原型前片的侧缝线相应的延长至新的下摆辅助线来确定前片侧缝辅助线。

⑦ 后片省的分配。将后片中靠近后中心位置的一个省平分，然后将其中的 1/2 省量再分成二等分即为 1/4 的省量。在后腰口线与后侧缝线的交点处向内消化掉一半的省量，在后片腰口线上另一个省（靠近侧缝位置的省）的两端各向外消化掉 1/4 的省量。

⑧ 前片省的分配。将前片的一个省（靠近前中心位置的省）进行二等分分别为 1cm，然后将其中的 1/2 省量再分成二等分即为 1/4 的省量（0.5cm）。在前腰口线与侧缝线的交点处向内消化掉一半的省量，在前片腰口线上另一个省（靠近侧缝位置的省）的两端各向外消化掉 1/4 的省量。如图 7-66 所示。

⑨ 后片新省位的确定。延长后片靠近侧缝省的长度，新省尖与后臀围线的垂直距离为 2cm，省大为原省量 + 1/2 省量 = 3cm。连接新省的端点与省尖并画成向内收敛的弧形省。

⑩ 前片新省的确定。延长前片靠近侧缝省的长度，新省尖与臀围线的垂直距离为 2cm，省大为原省量 + 1/2 省量 = 3cm。连接新省的端点与省尖并修成向外扩张的弧形省。

⑪ 确定后侧缝线。由新的后下摆辅助线与后侧缝辅助线的交点处向后中心方向量出 2cm 确定出辅助点，

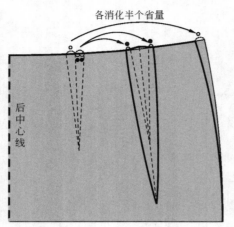
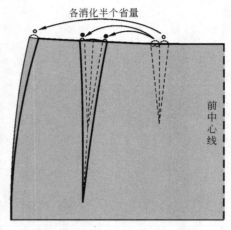

图 7-66 立体弧形省与下摆弧线分割线紧身组合裙省量分配图

经过新的后侧缝腰口点与臀围线画圆顺，并交到下摆 2cm 的辅助点上，与原型的交点为后侧缝线下摆点。

⑫ 确定后片下摆。由后中心线与下摆的交点与后侧缝辅助线与后侧缝线下摆点依次连顺成圆顺的下摆弧线。

⑬ 确定前侧缝线。由前下摆辅助线与前侧缝辅助线的交点处向后中心方向量出 2cm 确定出辅助点，经过新的前侧缝腰口点与臀围线画圆顺，并交到下摆 2cm 的辅助点上，与原型的交点为前侧缝线下摆点。

⑭ 前片弧形开口的确定。在前片下摆线辅助线将前中心线与侧缝辅助线的 2cm 辅助点之间平分为三等分，在靠近前中心线的 1/3 点处向前中心方向量取 0.5cm 并向下垂量 0.5cm 作为确定开口的点一，在前中心线上向上量取 12cm 找到点二，连接点一和点二根据款式要求作出相应的曲线形状。需要注意的是，要保证裙子下摆的尺寸满足人体正常的行走。

⑮ 前片曲线分割线的确定。在靠近前侧缝的 1/3 点处向前侧缝方向量取 1cm 作为确定曲线分割点三，在前中心线上由点二向上量取 9.5cm 来确定曲线的点四，然后根据款式造型的需求来确定曲线分割线的形状。

⑯ 确定前片下摆。由前侧缝线下摆点与前片弧形开口点一连线，并画圆顺，作出前片下摆线。

⑰ 拉链位置的标注。在前片侧缝线上由臀围线处向上量取 3cm 确定拉链止点。

⑱ 绘制底襟。裙子底襟长要覆盖住拉链，本款的底襟长为 19cm，底襟为双折片宽为 4cm。

⑲ 确定出前、后裙腰线。在前、后裙片上由前、后腰线平行向下摆方向作 3cm 平行线，交与前、后中心线和前后侧缝线，确定出前、后裙腰线。

（四）立体弧形省与下摆弧线分割线紧身组合裙纸样的制作

基本造型纸样绘制之后，就要依据生产要求对纸样进行结构处理图的绘制，对前、后片腰进行结构处理，将前后腰口处的省合并，最后将各轮廓线画圆顺，完成结构处理图，如图 7-67 所示。

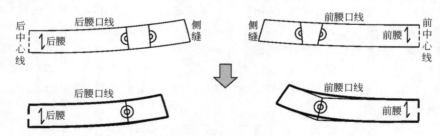

图 7-67 立体弧形省与下摆弧线分割线紧身组合裙结构处理图

三、省道和曲线分割组合裙实例

（一）省道和曲线分割组合裙的款式说明

该款组合裙属于紧身裙，从腰部到臀部都是贴身合体的，臀部至下摆呈收紧的状态。能够很好地体现女性的人体曲线，可以与衬衫、高领针织衫、短款小西服和针织开衫等搭配穿着，体现女性的知性美。

面料选择范围比较广，可以是羊毛呢料、拉绒斜纹呢、涤棉贡缎、织锦、罗缎、灯芯绒、劳动布、丝光棉、混纺金丝提花等，根据身份的不同可以选用不同档次的面料，如图 7-68 所示。

1. 裙身构成

裙子呈紧身状态，前片有竖向省道线，省道与侧缝并装有育克，在两侧还设有斜插袋；后片有单省以及曲线分割线，后片破中缝。

2. 裙里

根据款式的需求、裙面的厚薄以及透明度、裙面的颜色而定。

3. 腰

腰部为装腰式。

4. 裙襻

前后腰各有两个裙襻。

5. 拉链

在臀围线向上 3cm 处的裙子后中心位置装隐形拉链，长度为 15～18cm，颜色应与面料的色彩一致。

（二）省道和曲线分割组合裙面料、里料、辅料的准备

1. 面料

幅宽：144cm、150cm、165cm。

估算方法为：裙长 + 缝份 5cm。

2. 里料

幅宽：144cm 或 150cm。

估算方法为：1 个裙长。

3. 辅料

① 厚黏合衬。幅宽为 90cm 或 112cm，用于裙腰里。

② 薄黏合衬。幅宽为 90cm 或 120cm（零部件用），用于裙腰面、裙片底摆、底襟部件。

③ 隐形拉链。缝合于裙片的后中心处，长度为 15～18cm，颜色应与面料的色彩一致。

（三）省道和曲线分割组合裙的结构制图

准备好制图时所需要的纸、笔工具，制图时所必备的一些符号应当按要求正确画出来。

1. 制订省道和曲线分割组合裙成衣规格尺寸

成衣规格是 160/68A，依据是我国使用的女装号型标准 GB/T 1335. 2-2008《服装号型女子》。基准测量部位以及参考尺寸，见表 7-11。

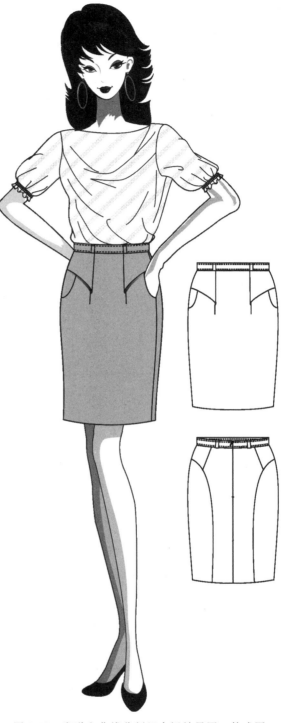

图 7-68　省道和曲线分割组合裙效果图、款式图

表 7-11　省道和曲线分割组合裙系列成衣规格表　　　　　　　单位：cm

规格 ＼ 名称	裙长	腰围	臀围	腰长	下摆大	腰宽
155/66A(S)	52	68	92.2	18.5	106	3
160/68A(M)	54	70	94	19	108	3
165/70A(L)	56	72	95.8	19.5	110	3
170/72A(XL)	58	74	97.6	20	112	3

2. 制图要点

采用精确直接打板法对省道和曲线分割组合的紧身裙进行结构制图。本款裙子的结构设计的重点看似与后片曲线分割相连的前身曲线分割线的设计，实际上是通向前省道的袋口立体覆片，通过前裙片的两条省线袋口立体覆片固定，不仅解决了臀腰差量又通过立体的造型与款式设计巧妙地结合，使整体裙子设计在功能性的基础上与设计更好的结合，下面按照制图步骤逐一进行说明，如图 7-69 所示。

3. 制图步骤

① 裙片长。绘制相交线，上平线为腰围辅助线，垂直线为后中心线辅助线，由上平线与后中心线的交点向下量取：52cm － 1cm(后中下落量) = 51cm（不含腰头），绘制出裙长和后中心线，后中心线也是成品裙长设计的依据线。由 51cm 点做上平线的平行线作为下摆辅助线，并向侧缝方延长且垂直于侧缝。确定下摆辅助线如图 7-69 所示。

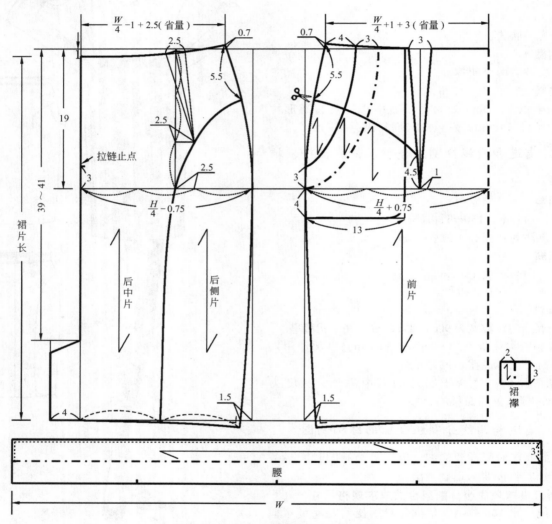

图 7-69　省道和曲线分割组合裙结构图

② 后腰长。由上平线与后中心线的交点在后中心线上向下量取 19cm 作为后腰长，由此定出的水平线即为后臀围线。

③ 后臀围宽。在臀围线上由后中心线与臀围线的交点处向侧缝方向量出后臀围宽 $H/4 - 0.75 = 22.75$cm。

④ 后侧缝辅助线。由后中心线和臀围线定出后臀围宽点后，经过此点作臀围线的垂线分别与上平线和下摆线辅助线相交，这两点之间的线段即为后侧缝线的辅助线。侧缝线按照臀围宽中点向后偏 0.75cm 后，作出的前片臀围宽会大于后片 1.5cm，这主要是由于人体的臀部呈前宽后窄的状态。侧缝线向后修正 0.75cm，从侧面观察时，是为了防止裙子的侧缝线向前侧偏移。

⑤ 前中心线。做与上平线垂直相交的基础垂线作为前中心线，且与下摆线辅助线相交。

⑥ 前腰长。由上平线与前中心线的交点在前中心线上向下量取 19cm 作为前腰长，由此定出的水平线即前臀围线。

⑦ 前臀围宽。在臀围线上由前中心线与臀围线的交点处向侧缝方向量出前臀围宽 $H/4 + 0.75 = 24.25cm$。

⑧ 前侧缝辅助线。由前中心线和臀围线定出前臀围宽点后，经过此点作臀围线的垂线分别与上平线和下摆线辅助线相交，这两点之间的线段即为前侧缝线的辅助线。

⑨ 后腰尺寸。由后中心线与上平线的交点处向后侧缝方向量取后腰尺寸，尺寸大小为 $W/4 - 1 + 2.5 = 19cm$。

⑩ 后腰口起翘。由后中心线与上平线的交点处向后侧缝方向量出后腰实际尺寸定点后，由此点垂直向上量取 0.7cm 找到一点作为点一，即为后腰口起翘点。

⑪ 后侧缝弧线。由臀围线与后侧缝线辅助线的交点向上量取 3cm 找到一点作为点二，将点一与点二连接成圆顺的外凸弧线。

⑫ 后腰省位。将后臀围宽的尺寸三等分，在靠近后侧缝的 1/3 点处向后中心方向偏移 2.5cm 作为点三，过此点作上平线的垂线以确定后腰的省位。

⑬ 后腰线。由后中心线下落 1cm 点与后腰口起翘点，连成圆顺的后腰口弧线。

⑭ 后腰省长、省大。过点三在垂线上向上量取 1/3 腰长确定点四，过点四向后侧缝方向水平偏移 2.5cm 确定省长，过点三在垂线与后腰线交点确定省位中心点，省大为 2.5cm 等分在省位的两端，连接省端和省尖以确定后腰的省。

⑮ 后片开衩。由后中心线与后下摆线辅助线的交点处向左量出开衩的宽度 4cm，由上平线向下垂直量取 40cm（设计尺寸）确定开衩的高度。

⑯ 后片下摆线。在后片下摆线辅助线与后侧缝辅助线的交点处向后中心方向量出 1.5cm 作出辅助点，再由后中心线与下摆线辅助线的交点处通过辅助点、点二依次连顺，并保证下摆与后侧缝线在相交处保持 90°的直角。

⑰ 后片分割线。由后片腰口的起翘点一处在后片侧缝线上向下量取 5.5cm 作为确定分割线的点五，然后连接点五与后片下摆线的 1/2 点并通过后腰省按照款式要求画成曲线状态。需要注意的是曲线的弧度不要过大，否则会给制作带来难度。

⑱ 拉链长。由后中心线与臀围线的交点处向上量取 3cm 确定拉链止点。

⑲ 前裙片长。由上平线与前中心线的交点处到下摆辅助线的垂直距离作为前裙片长。

⑳ 前腰尺寸。由前中心线与上平线的交点处向前侧缝方向量取前腰尺寸，尺寸大小为 $W/4 + 1 + 3 = 21.5cm$。

㉑ 前腰口起翘。经过前腰尺寸实际定点垂直向上量取 0.7cm 找到一点，以此点作为前腰口的起翘点。

㉒ 前侧缝弧线。将臀围线与前侧缝线辅助线的交点与前腰起翘点连接成圆顺的外凸弧线作为前侧缝弧线。

㉓ 前腰线。由前中心线与上平线的交点处与前腰口起翘点连成圆顺的前腰口弧线。

㉔ 前腰省位、省长和省大。将前臀围宽 3 等分，由靠近前中心线的 1/3 点处向前侧缝方向偏移 1cm 作垂直于前腰线的垂线确定前腰省位，省长为前腰长，省大为 3cm。

㉕ 前片下摆。方法同后片。

㉖ 侧插袋。由前腰口起翘点在前腰线上向前中方向量出 4cm 来确定插袋的一点，由臀围线与前侧缝线的交点在侧缝线上向腰线方向量出 3cm 来确定另一点，然后连接两点确定出口袋的形状。平行口袋做 3cm 平行线，确定出袋口贴边；由臀围线与前侧缝线的交点在侧缝线上向下摆方向量出 4cm 来确定袋布深度，作水平线，取袋布宽 13cm，袋布宽 13cm 点作垂线至前腰口线，确定出袋深，确定出口袋布，如图 7-70 所示。

㉗ 前腰袋口覆片线的确定。在前省位上由臀围线向

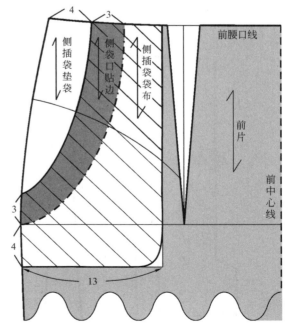

图 7-70　省道和曲线分割组合裙口袋结构图

上量取 4.5cm 找到一点，并与前侧缝线上由腰口起翘点向下 5.5cm 的点连成圆顺的内凹弧线从而形成前腰袋口覆片，如图 7-70 所示。

㉘ 绘制底襟。裙子底襟长要覆盖住拉链，本款的底襟长为 16cm，宽为 6cm。

㉙ 绘制裙腰。由于腰面和腰里都是一体，将其双折，腰头宽为 6cm。在腰头处加上底襟宽度 3cm，即确定腰头的长度和宽度。

㉚ 绘制裙襻。本款裙襻 4 个，裙襻长 3cm，宽 2cm。

（四）省道和曲线分割组合裙纸样的制作

基本造型纸样绘制之后，就要依据生产要求对纸样进行结构处理图的绘制，修正纸样，完成结构处理图。

（1）前腰袋口覆片

本款的结构处理的重点是前腰袋口覆片的立体设计，将前腰袋口覆片分离出来，将前腰袋口覆片的腰口

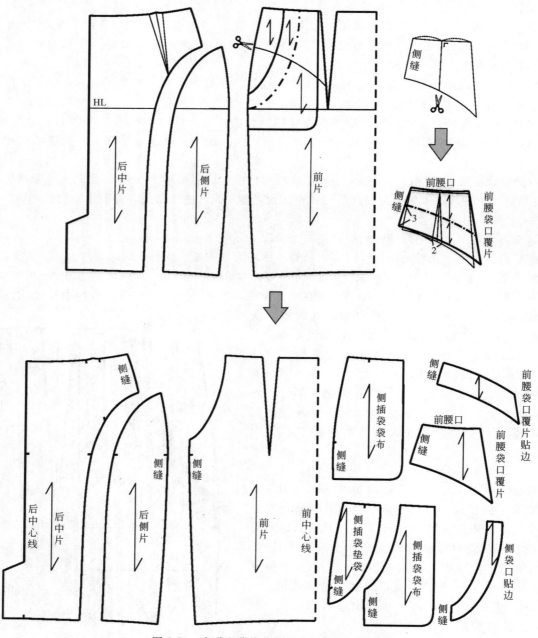

图 7-71　省道和曲线分割组合裙结构处理图

线平分为二等分，由二等分作垂线至前腰袋口覆片线，将前腰袋口覆片线与垂线的交点，作切展放量，放量为 2cm（设计量），作出前腰袋口覆片立体造型设计，如图 7-71 所示。

（2）前腰袋口覆片贴边

做新的前腰袋口覆片线平行线 3cm，绘制出前腰袋口覆片贴边，如图 7-71 所示。

四、斜向和曲线分割组合裙实例

（一）斜向和曲线分割组合裙的款式说明

本款裙子为斜向分割和曲线分割组合的紧身裙，修身恰到好处的分割处理，简洁大方又不失女人味。整体给人的感觉为简约中带有奢华，含蓄中蕴藏高贵，细节中体现完美。前片多层斜向分割的结构设计带有韵律感，曲线分割能够更加体现出女性的柔性美，在分割线中还设有开衩，以便满足人体正常的行走，如图 7-72 所示。

在面料选择上，范围比较广泛。

1. 裙身构成

裙子呈紧身状态，前片有 4 条斜向分割线，在裙子的左侧设有曲线分割，并在分割线中含有开衩，后片破中缝绱拉链。

2. 裙里

根据款式的需求、裙面的厚薄以及透明度、裙面的颜色而定。

3. 腰

腰部为装腰式，带腰襻。

4. 裙襻

前后腰各有两个裙襻。

5. 拉链

在臀围线向上 3cm 处的裙子后中心位置绱隐形拉链，长度为 15～18cm，颜色应与面料的色彩一致。

（二）斜向和曲线分割组合裙的面料、里料、辅料的准备

1. 面料

幅宽：144cm、150cm、165cm。

估算方法为：裙长＋缝份 5cm。

2. 里料

幅宽：144cm 或 150cm。

估算方法为：1 个裙长。

3. 辅料

① 厚黏合衬。幅宽为 90cm 或 112cm，用于裙腰里。

② 薄黏合衬。幅宽为 90cm 或 120cm（零部件用），用于裙腰面、裙片底摆、底襟部件。

③ 隐形拉链。缝合于裙片的后中心处，长度为 15～18cm，颜色应与面料的色彩一致。

（三）斜向和曲线分割组合裙的结构制图

准备好制图所需要的工具纸和笔，制图中的一些必要的符号应该严格按照国际公认的符号标记。

图 7-72　斜向和曲线分割组合裙效果图、款式图

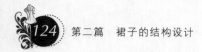

1. 制订斜向和曲线分割组合裙成衣规格尺寸

成衣规格是 160/68A，依据是我国使用的女装号型标准 GB/T 1335.2-2008《服装号型女子》。基准测量部位以及参考尺寸，见表 7-12。

表 7-12　斜向和曲线分割组合裙系列成衣规格表　　　　　　　　　　　　单位：cm

规格＼名称	裙长	腰围	臀围	腰长	下摆大	腰宽
155/66A(S)	52	68	92	18.5	85	3
160/68A(M)	54	71	94	19	87	3
165/70A(L)	56	74	96	19.5	89	3
170/72A(XL)	58	77	98	20	91	3

2. 制图要点

按照比例法对斜向分割和曲线分割组合的紧身裙进行结构制图。设计的重点要按照款式需求考虑分割线的位置。分割线位置的确定需要考虑款式造型的美观性，同时前片分割片中省量的解决是结构处理中的重点，本款裙子前片的分割线并不是每一条都是具有结构作用的功能性分割线，在前片的 4 条斜向分割线中，从上至下的 3 条分割线属于功能性的分割线，通过斜向分割线解决臀腰差省量；剩余的 1 条分割线则只是起到装饰的作用，属于装饰分割线；在前片的 1 条曲线分割线中，通过曲线分割线设计出开衩解决下摆的尺度，满足步距需求，下面按照制图步骤逐一进行说明，如图 7-73 所示。

3. 制图步骤

① 裙片长。由上平线和后中心线的交点处到下摆辅助线的垂直距离为裙片长：裙长－腰头宽＝54cm－3cm＝51cm。

② 腰长。由上平线与后中心线的交点处在后中心线上向下垂直量取 19cm 作为腰长，确定出臀围线。

③ 后臀围宽。由后中心线与臀围线的交点处向后侧缝方向量取后臀围宽：$H/4-0.75=22.75$cm。

④ 后腰尺寸。由上平线与后中心线的交点向后侧缝方向量取后腰尺寸：$W/4+2.5$（设计量）＝20.25cm。

⑤ 后腰口起翘。由上平线与后中心线的交点处向后侧缝方向量出后腰实际尺寸定点后，由此点垂直向上量取 0.7cm 确定点一，即为后腰口起翘点。

⑥ 后侧缝弧线。由臀围线与后侧缝线辅助线的交点向上量取 3cm 确定点二，连接点一与点二并形成圆顺的外凸弧线。

⑦ 后腰省位、省长和省大。经过臀围线的二等分点作上平线的垂线确定省的位置。省长为 11cm 且向侧缝方向水平偏移 0.5cm，省大为 2.5cm。

⑧ 后腰线。经过后中心线下落 1cm 的点与点一连成圆顺的后腰口弧线。

⑨ 后片下摆。由后片下摆辅助线与后侧缝辅助线的交点处向后中心方向量出 1.5cm 确定辅助点，再由后中心线与下摆的交点处通过辅助点与点二依次连顺，并保证下摆与后侧缝线在相交处保持 90°的直角。

⑩ 前裙片长。由上平线与前中心线的交点到下摆辅助线的垂直距离即前裙片长。

⑪ 前臀围宽。由前中心线与臀围线的交点处向前侧缝方向量取前臀围宽：$H/4+0.75=24.25$cm。

⑫ 前腰尺寸。由上平线与前中心线的交点处向前侧缝方向量取前腰尺寸：$W/4+4=21.75$cm。

⑬ 前腰口起翘。由上平线与前中心线的交点处向前侧缝方向量出前腰实际尺寸定点后，由此点垂直向上量取 0.7cm 确定点三，即为前腰口起翘点。

⑭ 前侧缝弧线。经过臀围线与前侧缝线辅助线的交点与点三连接成圆顺的外凸弧线。

⑮ 前腰省位、省长和省大。首先将前臀围宽三等分，再将靠近前中心线的 1/3 点向前侧缝方向偏移 1cm 作垂直于上平线的垂线确定前腰第一个省位，省长为 1/2 前腰长，省大为 2cm。经过靠近前侧缝辅助线的臀围宽的 1/3 点也作上平线的垂线确定前腰的第二个省位，省长为 1/2 腰长且向侧缝方向水平偏移 0.5cm，省大为 2cm。

⑯ 前腰线。经过上平线与前中心线的交点与点三连成圆顺的前腰口弧线。

⑰ 前片下摆线。由前片下摆线辅助线与前侧缝辅助线的交点处向前中心方向量出 1.5cm 确定出辅助点，

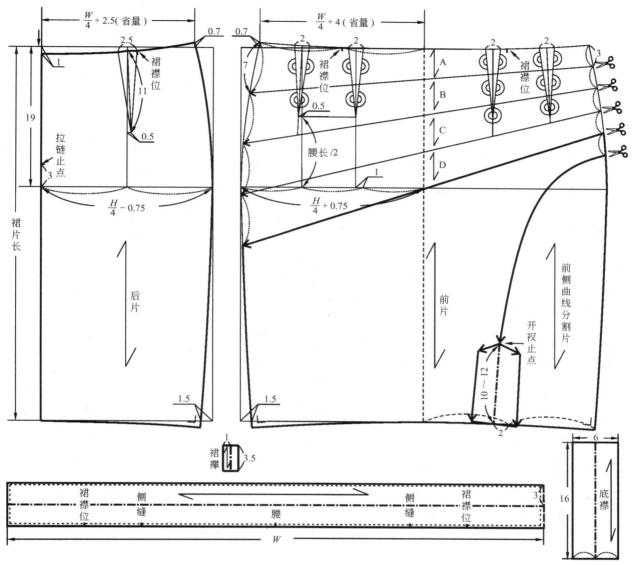

图 7-73　斜向和曲线分割组合裙结构图

再由前中心线与下摆线辅助线的交点处通过辅助点、臀围线与前侧缝线辅助线的交点依次连顺，保证下摆与前侧缝线在相交处保持 90°的直角。

⑱ 前片对称。以前中心线为对称轴，将前片对称形成一个整体的裙前片。

⑲ 确定斜向分割线的位置。由前腰线和侧缝线的交点处在左右侧缝线上分别向下量出设计量 3cm 和 7cm 确定两点，然后连接该两点确定出第一条分割线的位置。然后依次类推，分别确定出第二条、第三条和第四条分割线的位置。

⑳ 确定曲线分割线的位置。由第四条分割线与侧缝线的交点处在侧缝上向下量取 3cm 确定出分割线的一点，再由下摆的二等分点向前中心方向量出 2cm 确定出分割线的另一点，最后连接这两点形成圆顺的曲线状态。

㉑ 确定开衩止点。在曲线分割线上由前片下摆线向上取 10～12cm，确定出开衩止点。

㉒ 绘制底襟。裙子底襟长要覆盖住拉链，本款的底襟长为 16cm，宽为 6cm。

㉓ 绘制裙腰。由于腰面和腰里都是一体，将其双折，腰头宽为 6cm。在腰头处加上底襟宽度 3cm，即确定腰头的长度和宽度。

㉔ 绘制裙腰襻、确定腰襻位。裙腰襻面和裙腰襻里都是一体，将其双折，裙腰襻宽设计为 2cm；裙腰襻长 3.5cm，裙腰襻长要比裙腰宽略长，预留出腰带的厚度量。腰襻位后片在后省道位靠近侧缝省边上，前片腰襻位分别在左右前腰线的 1/2 位置上。

（四）斜向和曲线分割组合裙纸样的制作

基本造型纸样绘制之后，就要依据生产要求对纸样进行结构处理图的绘制，对前片分割片进行结构处理，完成结构处理图。

① 首先按从上到下的顺序沿各个分割线剪开，形成 A、B、C、D 四个分割片，分割片 A、B、C 中包含一定的省量，而分割片 D 只起到装饰性的作用，按照从上至下的顺序依次对分割片 A、B、C 进行结构处理，如图 7-74 所示。

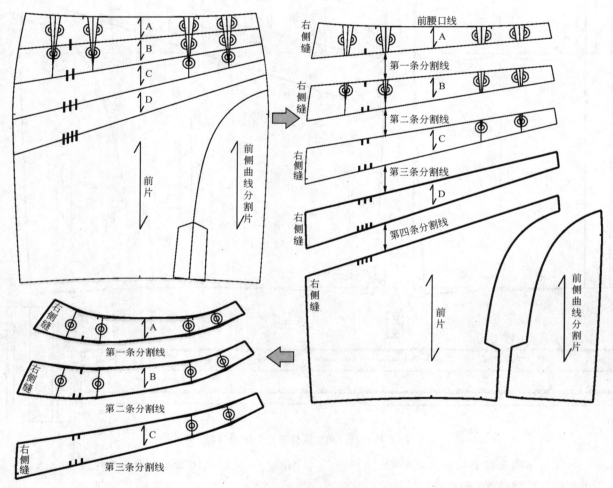

图 7-74　斜向和曲线分割组合裙结构处理图

② 分割片 A。将前中心线固定，从左至右依次合并各个省，最后将其外轮廓画圆顺。

③ 分割片 B。首先将分割片中的两个省延长至分割线上，再将前中心线固定，从左至右依次合并各个省，最后将其外轮廓画圆顺。

④ 分割片 C。首先将分割片中的两个省延长至分割线上，再将前中心线固定，从左至右依次合并各个省，最后将其外轮廓画圆顺。

五、多层覆片斜向和竖向分割组合裙实例

（一）多层覆片斜向和竖向分割的款式说明

本款裙子简洁大方，修身的板型设计能够凸显出女人的曲线美，腰部装饰边的叠加效果，又增加了一份可爱之感。

在选择面料颜色时，可以选择一些比较鲜艳的颜色，比如玫红色、橙色、橘黄色或者红色等，能够

衬托出女性的青春魅力。面料可选择轻薄型的面料适合春夏穿着，厚重带有质感的面料适合秋冬穿着，如图 7-75 所示。

1. 裙身构成

裙子呈修身状态，腰部设装饰边并呈现叠加的效果，如同花瓣一般；斜向分割的设计使前片更富有层次感。后片的竖向分割线能够修饰人体体型，在视觉上给人一种修长得感觉。

2. 裙里

根据款式的需求、裙面的厚薄以及透明度、裙面的颜色而定。

3. 腰

腰部为装腰式。

4. 裙襻

前后腰各有两个裙襻。

5. 拉链

在臀围线向上 3cm 处的裙子后中心位置绱隐形拉链，长度为 15～18cm，颜色应与面料的色彩一致。

（二）多层覆片斜向和竖向分割组合裙的面料、里料、辅料的准备

1. 面料

幅宽：144cm、150cm、165cm。

估算方法为：裙长 + 缝份 5cm。

2. 里料

幅宽：144cm 或 150cm。

估算方法为：1 个裙长。

3. 辅料

① 厚黏合衬。幅宽为 90cm 或 112cm，用于裙腰里。

② 薄黏合衬。幅宽为 90cm 或 120cm（零部件用），用于裙腰面、裙片底摆、底襟部件。

③ 隐形拉链。缝合于裙片的后中心处，长度为 15～18cm，颜色应与面料的色彩一致。

图 7-75　多层覆片斜向和竖向分割
组合裙效果图、款式图

（三）多层覆片斜向和竖向分割组合裙结构制图

准备好制图工具和作图用纸，制图线和符号要按照第一章的制图说明正确画出。

1. 制订多层覆片斜向和竖向分割组合裙成衣规格尺寸

成衣规格是 160 /68A，依据是我国使用的女装号型标准 GB /T1335.2-2008《服装号型女子》。基准测量位以及参考尺寸，见表 7-13。

2. 制图要点

按照比例法对斜向分割和竖向分割组合的紧身裙进行结构制图。设计的重点要按照款式需求考虑腰部装饰覆片的位置，腰部装饰覆片无侧缝线，由后片分割线过侧缝与前裙片相连，覆片的造型为左右非对称，在制图时需要考虑款式造型的美观性，在绘制后片装饰覆片的位置及形状时，要参考其在前片中的位置及曲线状态，另外装饰覆片中省量的处理是关键，下面按照制图步骤逐一进行说明，如图 7-76 所示。

3. 制图步骤

本款裙型结构较为简单，故具体操作步骤予以省略。

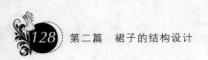

表 7-13　　多层覆片斜向和竖向分割组合裙系列成衣规格表　　　　　　　　　　　单位：cm

名称 规格	裙长	腰围	臀围	腰长	下摆大	腰宽
155/66A(S)	52	68	92	18.5	108	6
160/68A(M)	54	71	94	19	110	6
165/70A(L)	56	74	96	19.5	112	6
170/72A(XL)	58	77	98	20	114	6

首先按照比例法将裙子前后片的基本结构图绘制好，在后裙片将臀围平均分为二等分，其等分点作垂线与腰线相连，作为后省大的中点，将设计省量 2.5cm，分配至此等分点，垂直于腰线作省长 11cm（设计量），将后腰线平行降低 6cm，形成新的裙片后腰线。在前裙片在原型中把前臀围线平均分为三等分，做垂线与腰线相连，并将设计省量 4cm，平均分配至两个省中，垂直于腰线作省长各 9.5cm（设计量），将前腰线平行降低 6cm，形成新的裙片前腰线，如图 7-76 所示。

（1）分割线的确定

① 确定前裙片分割线。由于本款属于非对称设计，首先以前中心线为对称轴，将前片对称形成一个整体的裙前片。前片分割线有一条，在前左裙片上，为斜向分割线。在新的左前腰线上由靠近左侧缝的省边点与在下摆线上由前中心线向左侧缝取 4cm 点连线，作出前裙片分割线。

② 确定后裙片分割线。后片分割线有两条，对称设计，为斜向分割线。由省尖点与下摆线上平分点向后中心线取 1.5cm 点连线，为后片分割线辅助线，由新的后腰线的两个省边分别与分割线辅助线连圆顺曲线，作出后裙片分割线。

（2）装饰片覆片的确定

① 裙装饰覆片 A。裙装饰覆片 A 是本款裙子装饰覆片的最外面一层，裙装饰覆片 A 无侧缝，裁片非对称，分别缝合于后裙片分割线上，在裙后片上由右后分割线与臀围线交点向腰线方向取 2.5cm 点，为点一；在右后侧缝上由右后侧缝与裙片后腰线的交点向侧缝线直线量取 12cm，为点二；在前裙片上由右前侧缝与裙片前腰线的交点向侧缝线直线量取 12cm，为点三；在前裙片上由左前侧缝与裙片前腰线的交点向侧缝线直线量取 7.5cm，为点四；在后裙片上由左后侧缝与裙片后腰线的交点向侧缝线直线量取 7.5cm，为点五；在裙后片上由左后分割线与臀围线交点向腰线方向取 5cm 点，为点六；按照款式设计分别连接点一与点二、点三与点四、点五与点六，画圆顺曲线。

② 裙装饰覆片 B。裙装饰覆片 B 是本款裙子装饰覆片的中间的一层，裙装饰覆片 B 无侧缝，裁片非对称，仅缝合于左后裙片分割线上，裙装饰覆片 B 的起点位于前右裙片靠近侧缝的省边上，为点七；在前裙片上由左前侧缝与裙片前腰线的交点向侧缝线直线量取 12cm，为点八；在后裙片上由左后侧缝与裙片后腰线的交点向侧缝线直线量取 12cm，为点九；在裙后片上由左后分割线与臀围线交点向腰线方向取 3cm 点，为点十；按照款式设计分别连接点七与点八、点九与点十，画圆顺曲线。

③ 裙装饰覆片 C。裙装饰覆片 C 是本款裙子装饰覆片的最里面一层，裙装饰覆片 C 仅在前裙片上，裙装饰覆片 C 的起点位于前右裙片靠前中心线的省边上，为点十一；在前裙片的左新的裙片前臀围线上由侧缝与臀围线交点向前中心线方向取 7cm 点，向下摆方向做垂线 1cm，为点十二；在前裙片的左新的裙片前腰线上由左前侧缝向前中心线方向取 2cm 点，为点十三；按照款式设计分别连接点十一与点十二，画圆顺曲线；连接点十二与点十三，画直线。

（四）多层覆片斜向和竖向分割组合裙纸样的制作

基本造型纸样绘制之后，就要依据生产要求对纸样进行结构处理图的绘制，修正纸样，完成结构处理图。

1. 曲线腰的结构处理

对前、后片裙腰进行结构处理，将前后腰口处的省合并，最后将各轮廓线画圆顺，完成前、后片裙腰结构处理图，并标注上裙襻，腰襻位后片在后省道位靠近侧缝省边上，前片腰襻位在前腰线的 1/2 位置上，如

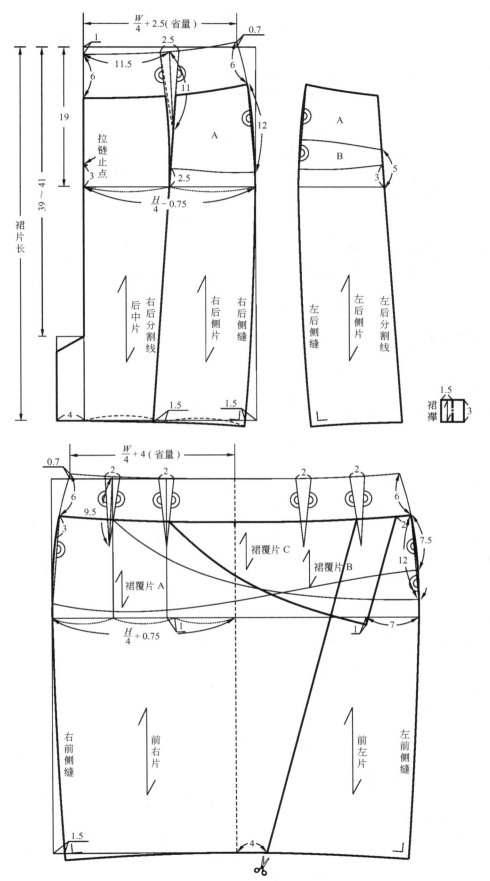

图 7-76　多层覆片斜向分割和竖向分割组合裙结构图

图 7-77 所示。

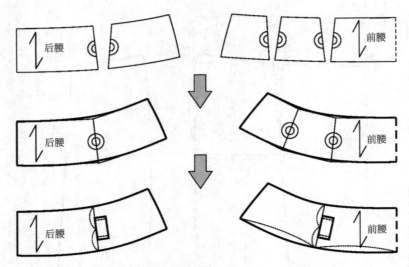

图 7-77　多层覆片斜向分割和竖向分割组合裙腰结构处理图

2. 前片结构处理图

前片的斜向分割线。在新的裙片左前腰线上将靠近左侧缝的省量移至分割线当中，在前片中形成一个斜形省，做出前裙片分割线，如图 7-78 所示。

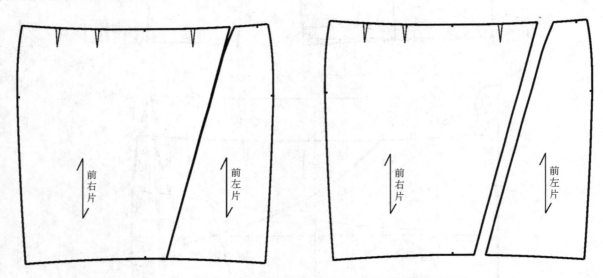

图 7-78　多层覆片斜向分割和竖向分割组合裙前片结构处理图

3. 裙装饰覆片 A 的结构处理

分别在前、后裙片上分离出裙装饰覆片 A，先将前、后侧缝线复核，再将前省相应的延长至外轮廓线上，再将前中心线固定，从左至右依次合并各个省，最后将其外轮廓画圆顺，如图 7-79 所示。

4. 裙装饰覆片 B 的结构处理

分别在前、后裙片上分离出裙装饰覆片 B，先将前后左侧缝线复核，再将前省相应的延长至外轮廓线上，再将前中心线固定，从左至右依次合并各个省，最后将其外轮廓画圆顺，如图 7-79 所示。

5. 裙装饰覆片 C 的结构处理

在前裙片上分离出裙装饰覆片 C，将前省相应的延长至外轮廓线上，再将前中心线固定，依次合并各个省，裙装饰覆片 C 是本款裙子装饰覆片的最里面一层，为防止裙装饰覆片 C 下摆量过大，会造成裙子不平服现象，要适当修掉部分下摆量，最后将其外轮廓画圆顺，如图 7-79 所示。

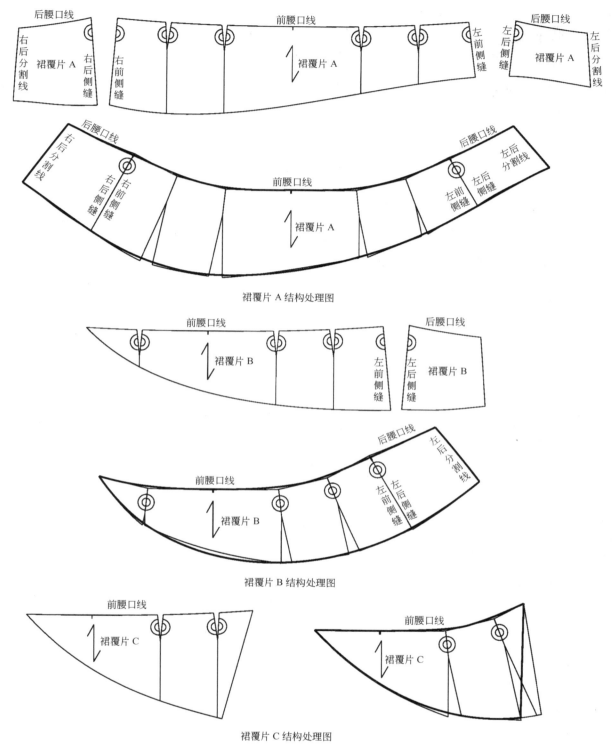

图 7-79　多层覆片斜向分割和竖向分割组合裙覆片结构处理图

六、不对称曲线分割组合裙实例

（一）不对称曲线分割组合裙的款式说明

跟随时尚的潮流，即使再简单的半身裙也变得丰富多彩起来，在款式设计和面料的选择上也是更加具有多元化。本款裙子是在紧身裙的基础上进行的结构变化，前片中外搭装饰片的设计使裙子整体新颖别致，如

图 7-80　不对称曲线分割组合裙效果图、款式图

图 7-80 所示。

本款裙子面料选择范围比较广泛，根据自己所需要面料的不同可选用不同档次的面料。可选择具有细密、轻薄、挺括、滑爽风格的夏季面料，如纯麻细纺、涤粘华达呢等，有较好的透气性和舒适感。也可选择略带厚重质感的秋冬季面料，羊毛绒、派力司、华达呢、哈味呢、薄花呢、麦尔登等，材质要质地细密、坚牢耐用、手感柔软、挺括抗皱、易洗涤易干、有良好穿着性能和服装保形性。

1. 裙身构成

裙子呈修身状态，前片为不对称的曲线结构设计，并且设有竖向分割线。后片有两个省道且后片破中缝。

2. 裙里

根据款式的需求、裙面的厚薄以及透明度、裙面的颜色而定。

3. 腰

本款的裙腰在腰线以下，装曲线腰头，宽度为设计量 5cm。

4. 拉链

在臀围线向上 3cm 处的裙子后中心位置装隐形拉链，长度为 15～18cm，颜色应与面料的色彩一致。

（二）不对称曲线分割组合裙面料、里料、辅料的准备

1. 面料

幅宽：144cm、150cm、165cm。

估算方法为：裙长 + 缝份 5cm。

2. 里料

幅宽：144cm 或 150cm。

估算方法为：1 个裙长。

3. 辅料

（1）厚黏合衬。幅宽为 90cm 或 112cm，用于裙腰里。

（2）薄黏合衬。幅宽为 90cm 或 120cm（零部件用），用于裙腰面、裙片底摆、底襟部件。

（3）隐形拉链。缝合于裙片的后中心处，长度为 15～18cm，颜色应与面料的色彩一致。

（三）不对称曲线分割组合裙的结构制图

准备好制图所需要的工具纸和笔，制图中的一些必要的符号应该严格按照国际公认的符号标记。

1. 制定成衣规格尺寸

成衣规格是 160/68A，依据是我国使用的女装号型标准 GB/T 1335.2-2008《服装号型女子》。基准测量位以及参考尺寸，见表 7-14。

2. 制图要点

此款裙子为低腰非对称式紧身裙，将采用比例法进行结构制图。设计的重点是前裙片的非对称设计，要按照款式需求考虑分割线的位置，分割线位置的确定需要考虑款式造型的美观性。前片分割片中省量的解决是结构处理中的重点，本款裙子前片的分割线都是具有结构作用的功能性分割线，通过分割线解决臀腰差省量，为消减臀腰差，本款采用的是低腰设计，本款后片只设有一个腰省；前片无省，将省分配在分割线中。本款裙子的设计另一个重点是外搭在前片的覆片设计，覆片缝合在分割线当中，下面按照制图步骤逐一进行

表 7-14　不对称曲线分割组合裙系列成衣规格表　　　　　　　　单位：cm

名称 规格	裙长	腰围	臀围	腰长	下摆大	腰宽
155/66A(S)	52	69	92	18.5	108	5
160/68A(M)	54	71	94	19	110	5
165/70A(L)	56	73	96	19.5	112	5
170/72A(XL)	58	75	98	20	114	5

说明，如图 7-81 所示。

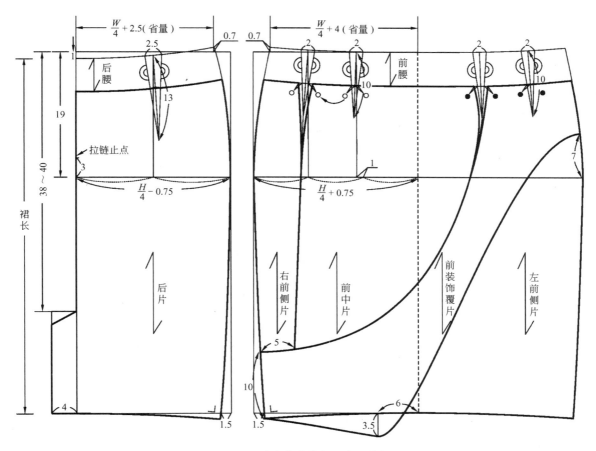

图 7-81　不对称曲线分割组合裙结构图

3. 制图步骤

本款裙型结构较为简单，故具体操作步骤予以省略。

（1）按照比例法将裙子前后片的基本结构图绘制好

在后裙片将臀围平均分为两等分，其等分点作垂线与腰线相连，作为后省大的中点，将设计省量 2.5cm，分配至此等分点，垂直于腰线作省长 13cm（设计量），将后腰线平行降低 5cm，形成新的裙片后腰线。在前裙片在原型中把前臀围线平均分为三等分，作垂线与腰线相连，并将设计省量 4cm，平均分配至两个省中，垂直于腰线作省长各 10cm（设计量），将前腰线平行降低 5cm，形成新的裙片前腰线，如图 7-81 所示。

（2）设计前裙片分割线

由于本款属于非对称设计，首先以前中心线为对称轴，将前片对称形成一个整体的裙前片。前片分割线有两条：第一条为由左侧缝至右侧缝的曲线分割线；第二条为右侧由腰线至第一条曲线分割线的竖向分割线。

① 曲线分割线的确定。将新的前左腰线两个腰省的省量合并为一个腰省量，按照款式设计将靠近侧缝的省量转移至靠近前中心的省；由右侧缝与下摆的交点处在右侧缝上向上量取 10cm 以确定分割线与右侧缝的交点，省尖与交点连成圆顺的曲线，将省的省边进行修正与曲线保持圆顺。

② 竖向分割线的确定。将新的前右腰线两个腰省的省量合并为一个腰省量，按照款式设计将靠近前中心的省量转移至靠近侧缝的省；由右侧缝线与曲线分割线的交点处向前中心线方向量取 5cm 以确定竖

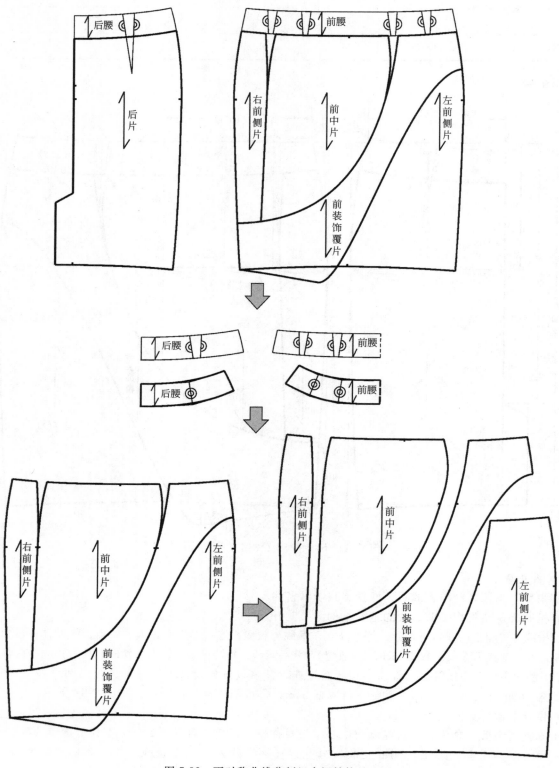

图 7-82　不对称曲线分割组合裙结构处理图

向分割线与曲线分割线的交点，然后连接省尖与交点形成线段，最后将省的省边修成略向外凸的圆顺分割线。

（3）设计前裙片装饰覆片

前裙片的装饰覆片是缝合在曲线分割线当中，前裙片装饰覆片的外轮廓结构设计的方法为：在右下摆线上由前中心线向右侧缝方法取6cm点作垂线下落3cm，确定出装饰覆片的撇角辅助点，并与右侧缝下摆底点连线；在左侧缝线上由臀围线与左侧缝线的交点向腰线方向取7cm点，由左侧缝线7cm点与右侧下摆装饰覆片的撇角3cm辅助点连线，根据款式特征依次画圆顺并保证曲线造型的美观性，撇角为圆角的弧度。

最后画顺各部位轮廓线，完成裙身制图。

（四）不对称曲线分割组合裙纸样的制作

基本造型纸样绘制之后，就要依据生产要求对纸样进行结构处理图的绘制，修正纸样，完成结构处理图。

曲线腰的结构处理图。对前、后片腰进行结构处理，将前后腰口处的省合并，最后将各轮廓线画圆顺，完成结构处理图，如图7-82所示。

前裙片装饰覆片结构处理图。将前裙片装饰覆片由结构图中分离出来，前裙片装饰覆片为双层结构设计，覆片里可以选用本料或里料，完成结构处理图，如图7-82所示。

七、立体曲线分割褶实例

（一）立体曲线分割褶裙款式说明

本款裙型是富有现代设计美感的立体造型，功能上与装饰性很好的巧妙结合，使款式更倾向于装饰性，视觉冲击性很强，衬托出女性人体曲线美，很符合当代人们的审美习惯与需求，如图7-83所示。

面料的选择范围比较广，为了满足款式的立体造型需求，达到更好的设计效果，应该选择较为硬挺一些的面料，例如各种中厚毛料、涤毛混纺料等，可根据自身的需求选择相应档次的面料。

1. 裙身构成

本款裙子是在基本六片式裙型中加以切展变化而得来的立体造型，裙子外形比较饱满，下摆外乍呈波浪状，立体感很强。

2. 裙里

里料的选用要根据款式的要求、面料的薄厚以及颜色的透明度、鲜艳度等。裙下摆围度方面应当要满足人体的基本步距，里料和面料的色调应和谐统一，色调不要深于面料，质地要求柔软、光滑，穿脱方便。

3. 腰

将腰头安装于右侧侧缝的相应位置，并且在腰头处锁眼钉扣，装纽扣。

4. 拉链

在臀围线向上3cm处的右侧缝绱拉链，长度为15～18cm，拉链的颜色应当选用与面料色彩一致。

前面

后面

侧面

图7-83　立体曲线分割褶裙效果图、款式图

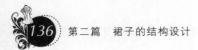

5. 纽扣

直径为 1cm 的纽扣 1 个（缝制于腰口处）。

（二）立体曲线分割褶裙面料、里料、辅料的准备

1. 面料

幅宽：144cm、150cm 或 165cm。

估算方法为：裙长 + 缝份 5cm，根据面料的幅宽，如果需要对花对格子时应当追加适当的量。

2. 里料

幅宽：144cm 或 150cm。

估算方法为：1 个裙长。

3. 辅料

① 裙装饰覆片 C。裙装饰覆片 C 是本款裙子装饰覆片的最里面一层，裙装饰覆片 C 仅在前裙片上，裙装饰覆片 C 的起点位于前右裙片靠前中心线的省边上。在前裙片的左新的裙片前厚黏合衬。幅宽为 90cm 或 112cm，用于裙腰里。

② 薄黏合衬。幅宽为 90cm 或 120cm（零部件用），用于腰面、下摆、底襟。

③ 拉链。缝合裙子右侧侧缝相应位置，标准长度为 15～18cm，颜色与面料颜色相一致。

④ 纽扣。直径为 1cm 的纽扣一个缝制于裙腰底襟。

（三）立体曲线分割褶裙的结构制图

准备好制图所需要的工具纸和笔，制图中的一些必要的符号应该严格按照国际公认的符号来标记。

1. 制订立体曲线分割褶裙成衣规格尺寸

成衣规格是 160/68A，依据是我国使用的女装号型标准 GB/T 1335.2-2008《服装号型女子》。基本测量部位以及参考尺寸，见表 7-15。

表 7-15　立体曲线分割褶裙系列成衣规格表　　　　　　　　单位：cm

规格＼名称	裙长	腰围	臀围	腰长	下摆大	腰宽
155/66A(S)	53	68	116	17.5	266	3
160/68A(M)	55	70	119	18	269	3
165/70A(L)	57	72	122	18.5	272	3
170/72A(XL)	59	74	125	19	275	3

2. 制图要点

采用直接打板法对立体曲线分割褶裙进行结构制图。本款裙型的设计重点要按照款式需求设计裙身曲线裁片分割的立体造型，通过在基本六片式裙型的基础上进行曲线分割，将曲线分割出来的裁片进行剪切加量，形成如本款款式图所示的立体分割造型设计，如图 7-84 所示。首先将臀腰差所产生的省量通过裙片中，弯曲的分割线将其消化掉。此款式是以曲线的形式进行分割的基本款式，其结构的设计方法为：首先将相应部位通过曲线分割将裁片取出然后进行切展加放量（设计量），完成第一次切展后将进行第二次切展放量（设计量），侧缝处由于其向内劈，如图 7-85 所示，在处理上应当另行处理，也得进行二次切展加量，最终裙片下摆部位形成外展的效果，并且下摆位置应当形成规律波浪效果，下面按照制图步骤逐一进行说明。

3. 制图步骤

① 裙片长。由上平线与后中心线的交点向下量取 53cm - 1cm(后中下落量) = 52cm（不含腰头）。

② 腰长。由上平线与后中心线的交点向下量取 18cm。

③ 前、后臀围宽。由后中心线与臀围辅助线的交点向侧缝方向量取 $H/4$，确定出后臀围宽；由前中心线与臀围辅助线的交点向侧缝方向量取 $H/4$，确定出前臀围宽。

④ 前、后侧缝辅助线。量取前臀围大并作垂直于上平线的辅助线，为前侧缝辅助线；后侧缝辅助线同

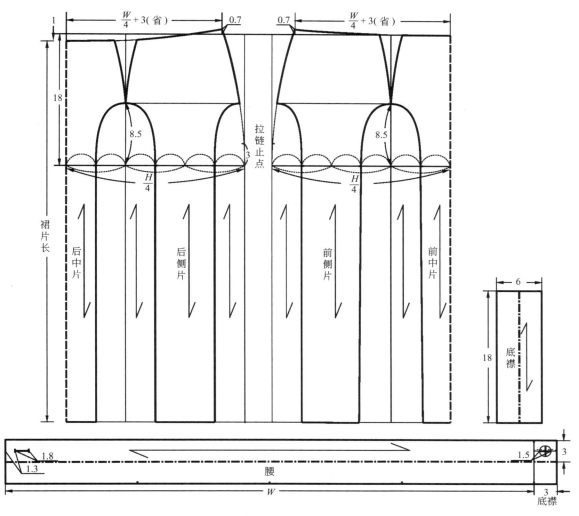

图 7-84　立体曲线分割褶裙结构图

理即可，如图 7-84 所示。

⑤ 前、后腰宽。在上平线上由后中心线与上平线交点向后侧缝辅助线方向量取 $W/4+3$cm（设计量），确定出后腰宽，在后中心线上由上平线下落 1cm 左右，确定出后腰节点；在上平线上由前中心线与上平线交点向前侧缝辅助线方向量取 $W/4+3$cm（设计量），确定出后腰宽。

⑥ 前、后侧缝起翘。在上平线上由后腰宽的交点垂直向上量取 0.7cm 左右，作为后侧缝起翘点；前片同理，作出前侧缝起翘点。

⑦ 前、后腰口线。由后中心线下落 1cm 的点与后侧缝起翘点连成圆顺的后腰口弧线。由前中心线与上平线与的交点和前侧缝起翘点的连成圆顺的前腰口弧线。

⑧ 确定前、后腰省位线。将后臀围尺寸三等分，在靠近后中心线 1/3 臀围宽点做垂直于上平线的垂线，即为后腰省省位线；将前臀围尺寸三等分，在靠近前中心线 1/3 臀围宽点做垂直于上平线的垂线，即为前腰省省位线。

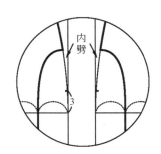

图 7-85　立体曲线分割褶裙
侧缝线内劈示意图

⑨ 前、后腰省大、省长。在前后裙片腰口线上取省大 3cm，省长的确定是在前后腰省省位线上由臀围线的交点向腰线方向取 8.5cm 点，为省尖点。

⑩ 前、后片侧缝。通过后腰起翘 0.7cm 的点连接至后臀围线至下摆辅助线，即后片侧缝线。通过前腰起翘 0.7cm 的点连接至前臀围线至下摆辅助线，即前片侧缝线。

⑪ 前、后片下摆大。将所需要加放量的裁片进行切展加量，最后统计其下摆大，下摆大 /2 = 134.5cm（设计量）。

⑫ 绘制前、后片分割线。立体分割线设计是本款的设计重点。本款的立体造型结构是建立在六片式基本裙型结构基础上进行的曲线裁片分割处理。

首先确定的是与裙身相连的第一条曲线分割线的位置。再将前、后臀围线平均分为六等分，取靠近前、后中心线的第 2、第 3 等分点和侧缝的第 1 等分点分别做垂直于下摆线的裁片分割线，在臀围线上过第 2、第 3 等分点与前、后腰省位线 8.5cm 的省尖点作弧线，形成前后片曲线分割造型；由过后侧缝的第 1 等分点的裁片分割线与臀围线的交点过前后省尖点与前后侧缝线的交点作弧线，形成前后侧缝片曲线分割造型。绘制出前后裁片的外轮廓，确定出第一条曲线分割线。

⑬ 标注拉链位置。在右侧缝线上由臀围线向上取 3cm 作为拉链的止点。

⑭ 绘制底襟。裙子底襟长要覆盖住拉链，本款的底襟长为 16cm，宽为 6cm。

⑮ 绘制裙腰。由于腰面和腰里都是一体，将其双折，腰头宽为 6cm。在腰头处加上底襟宽度 3cm，即确定腰头的长度和宽度，如图 7-84 所示。

（四）立体曲线分割褶裙纸样的制作

修正纸样，完成结构处理图。

基本造型纸样绘制之后，就要依据生产要求对纸样进行结构处理图的绘制，本款立体曲线分割褶裙的重点结构设计是立体褶的处理。

1. 绘制前、后立体分割片

通过裙片上确定出第一条曲线分割线分离出大立体分割片，由该片的下摆中点切展至 8.5cm 的省尖点，两侧切展放量为各 10cm（设计量），总放量共 20cm，完成大立体分割片外轮廓造型，如图 7-86 所示。

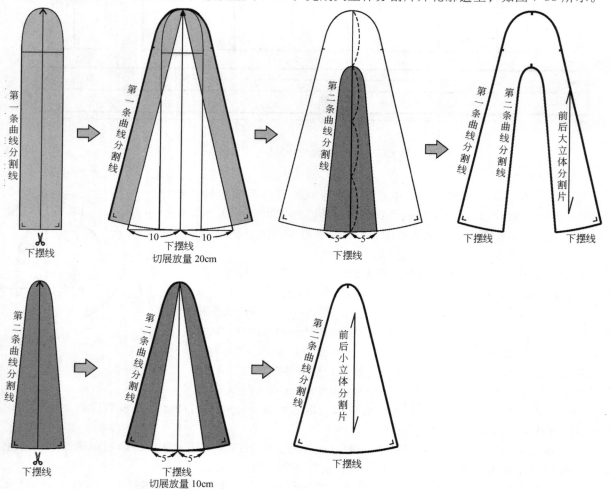

图 7-86　立体曲线分割褶裙部位结构分解处理图

在完成的大立体分割片外轮廓造型中设计出小立体分割片外轮廓造型线，将下摆中点至 8.5cm 的省尖点的连线平分为四等分，由靠近 8.5cm 的省尖点的 1/4 点与下摆线上由中心点向两侧各取 5cm 的点连线，绘制出小立体分割片外轮廓造型线，完成大立体分割片设计，如图 7-86 所示。

在小立体分割片外轮廓造线型中，由该片的下摆中点切展至外轮廓线顶点，下摆线两侧切展放量为各 5cm（设计量），总放量共 10cm，完成小立体分割片设计，如图 7-86 所示。

2. 绘制侧缝立体分割片

侧缝立体分割片的绘制方法同前后分割片，如图 7-87 所示。

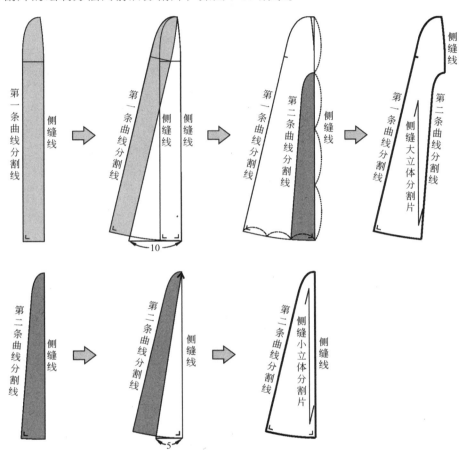

图 7-87　立体曲线分割褶裙侧缝部位结构分解处理图

八、无腰头立体顺褶蓬蓬裙实例

（一）无腰头立体顺褶蓬蓬裙款式说明

无腰头立体顺褶是一款组合裙型设计，主要体现在其结构的综合运用上，例如分割线与自然褶、分割线与规律褶、自然褶与规律褶等，一系列交叉的综合运用，而本款是组合裙型当中具有特殊形式的一款，从外观来看，其侧缝含有大量褶裥量，臀围线上部侧缝处都含有功能性裁片分割，拉链安装于后中心线上，整理造型完美、线条圆顺、设计感较强，富有很强的时尚元素，如图 7-88 所示。

面料选择范围比较广泛，根据自己所需要面料的不同可选用不同档次的面料。可选择略带厚重质感的秋冬季面料，羊毛绒、派力司、华达呢、啥咪呢、薄花呢、麦尔登等，材质要质地细密、坚牢耐用、挺括抗皱、易洗涤易干、有良好的穿着性能和服装保形性。

1. 裙身构成

在三片裙身结构的基础上，通过臀部进行裁片分割，左右侧缝含有展开裁片，作两个立体顺褶，其外观呈小喇叭状。

图 7-88 无腰头立体顺褶蓬蓬裙
效果图、款式图

2. 裙里

里料的选用要根据款式的要求、面料的薄厚以及颜色的透明度、鲜艳度等。里料和面料的色调应和谐统一，色调不要深于面料，质地要求柔软、光滑，穿脱方便。

3. 拉链

根据款式图所示，其设计为隐形拉链，在后中心线与臀围线的交点向上 3cm。拉链一般长度为 15～18cm，颜色应当与面料保持一致。

（二）无腰头立体蓬蓬裙面料、里料、辅料的准备

1. 面料

幅宽：144cm、150cm、165cm。

估算方法为：裙长＋缝份 5cm（根据面料的幅宽，若需要对格子时应当适度追加些量）。

2. 里料

幅宽：140cm 或 150cm。

估算方法为：1 个裙长。

3. 辅料

① 薄黏合衬。幅宽为 90cm 或者 120cm（零部件用），用于裙腰里、裙片下摆、裙袋口贴边等部件。

② 拉链。安装于后中心线，长度通常为 15～18cm，颜色与面料颜色一致。

（三）无腰头立体顺褶蓬蓬裙结构制图

准备好制图所需要的工具纸和笔，制图中的一些必要的符号应该严格按照国际公认的符号标记。

1. 制订无腰头立体顺褶蓬蓬裙成衣规格尺寸

成衣规格是 160/68A，依据是我国使用的女装号型标准 GB/T 1335.2-2008《服装号型女子》。基准测量部位以及参考尺寸，见表 7-16。

表 7-16 无腰头立体蓬蓬裙系列成衣规格表 单位：cm

规格 \ 名称	裙长	腰围	臀围	腰长	下摆大
155/66A（S）	50	68	141	18.5	198
160/68A（M）	52	70	143	19	200
165/70A（L）	55	72	145	19.5	202
170/72A（XL）	57	74	147	20	204

2. 制图要点

采用原型的基础上对无腰头立体蓬蓬裙进行结构制图，设计的重点要按照款式需求考虑裁片分割的位置以及侧缝裁片褶量的加放方法。重点一为侧缝裁片的分割，通过将原型中的一个半省量转移到设计的省中，另半个省转移至侧缝，此省道省尖指向侧缝，形成此功能性裁片分割设计。重点二为左右侧缝部分采用新的分割裁片将其剪切加量设计使其下摆外放，与裙身拼合时，能够展示出如款式图所示的立体蓬蓬造型，如图7-89所示。

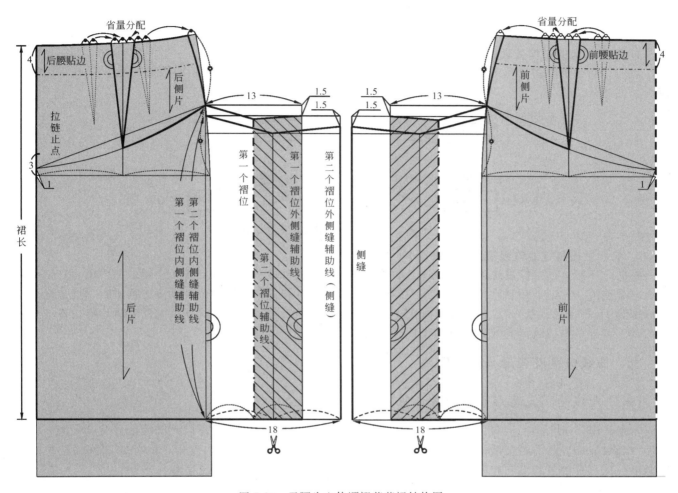

图 7-89　无腰头立体顺褶蓬蓬裙结构图

3. 制图步骤

本款裙型结构较为简单，故具体操作步骤予以省略，我们将采用原型法对此款裙型进行结构制图，首先将臀腰差所产生的省量通过前后裙腰的竖线分割和侧缝消化掉，如图7-89所示。裙型的设计重点要按照款式需求设计裙身两侧的立体造型，通过在基本裙型的基础上进行裙身两侧的立体设计。

（1）确定侧缝曲线分割线的位置

将前、后侧缝至臀围线的距离平分，由等分点和前后中心线与臀围线的交点向腰线方向取1cm点连线，按款式设计为圆顺的曲线，曲线分割线与前后裙腰的竖线分割相交，完成侧缝曲线分割线设计。

（2）第一个褶位的确定

由前、后侧缝至臀围线距离的等分点向下摆线做垂线，为第一个褶位的内侧缝辅助线，再向外做水平线，取设计量13cm，垂直向下交与下摆线，为第一个褶位的外侧缝辅助线，将其13cm平分，平分中点即为第一个褶的位置。

（3）第二个褶位的确定

为防止褶在制作是时候在侧缝的缝合过厚，第二个褶的设计是要降低褶的位置，由第一个褶位的褶宽点的起点向下取1.5cm，向侧缝方向第一个褶位的内侧缝垂线做水平线为第二个褶位的内侧缝辅助线；由交点再向外做水平线，取设计量18cm，垂直向下交与下摆线，为第二个褶位的外侧缝辅助线，即侧缝线；将第二个褶平分，平分中点即为第二个褶位的辅助线，如图7-89所示。

（四）无腰头立体顺褶蓬蓬裙纸样的制作

修正纸样，完成结构处理图。

基本造型纸样绘制之后，就要依据生产要求对纸样进行结构处理图的绘制，修正前后腰里贴边、前裙片、后裙片。

1. 腰里贴边的结构处理图

对前、后腰里贴边进行结构处理，将前后腰里贴处的省合并，最后将各轮廓线画圆顺，完成结构处理图，如图 7-90 所示。

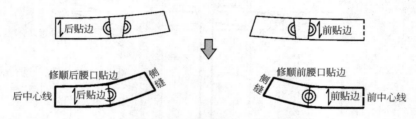

图 7-90　无腰头立体顺褶蓬蓬裙裙腰贴边结构处理图

2. 前、后裙侧缝立体顺褶结构处理图

将前、后裙片的顺褶复核成一个整片，即将第一个褶位的外侧缝辅助线与第二个褶位的内侧缝辅助线复核成一个整片，使前、后裙片分别成一个完整的前、后裙片。将第二个褶位的辅助线下摆进行切展放量，设计放量为 10cm（设计量），这里展开量的大小并不是固定尺寸，可以根据款式造型的需要进行自由设计，最终裙片下摆部位形成外展的效果，修顺下摆，完成结构处理图，如图 7-91 所示。

九、曲线分割花苞形长裙实例

（一）曲线分割花苞形长裙款式说明

本款裙子属于宽松的半身长裙，长度及至脚踝。整体呈椭圆形，先由腰部向外凸慢慢展开，大概在膝盖的部位凸起最高，然后再慢慢往回收紧。其设计灵感来源于花苞的形状，因此裙子的外轮廓犹如花苞的形状，再根据花苞中茎的走向和形状，将其巧妙地运用到裙子中以分割线的形式呈现出来。

在面料选择上，可以选用不同档次的，具有不同风格的面料，比如冬季适合选用毛呢类的面料，裙子显得立体有质感；夏季适合选用棉、麻类的面料，裙子显得飘逸有垂感，如图 7-92 所示。

1. 裙身构成

本款裙子采用比例制图法，前片属于非对称结构，分左右前片，在左右前片中各有一个褶裥，分别倒向前中心；有一个斜插袋；左前片有两条曲线分割线，并且在裙片中间左右位置的曲线分割线及侧缝外侧各有一个前插片；右前片有一条曲线分割线，并且在分割线及侧缝外侧也各有一个前插片，前片腰部左右各一个褶裥。后片属于对称结构，六条曲线分割线，在后片大概中间位置的分割线及侧缝处各有一个后插片，共四个插片。

2. 腰

腰宽度为 5.5cm，搭门量为 4cm，右搭左。

3. 腰襻

前片有两个腰襻，位置为褶裥处。后片有 1 个腰襻。位置为后中心。

4. 门襟

门襟宽度为 4cm，长度为 13cm，位置为前中心处。

5. 底襟

底襟为长方形，宽度为 4cm，长度为 13.5cm。

6. 斜插袋

长度为 23cm，宽度为 8.5cm，袋口绲边，绲边宽 1cm。

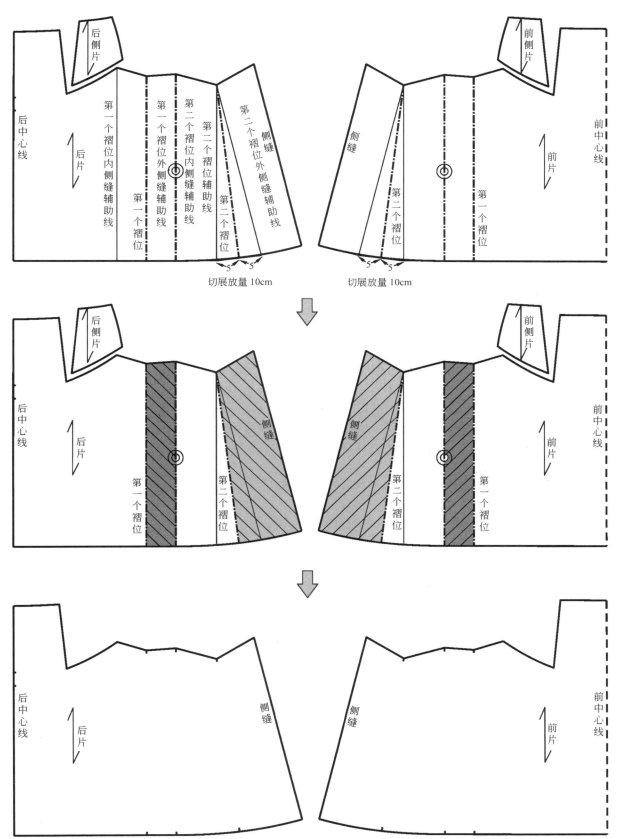

图 7-91 无腰头立体顺褶蓬蓬裙裙腰裙片结构处理图

7. 纽扣

腰部搭门处有两粒扣子。

8. 拉链

长度为14cm左右，位置为前门襟处，颜色应与面料的颜色保持一致。

（二）曲线分割花苞形长裙面料、辅料的准备

1. 面料

幅宽：144cm、150cm、165cm。

估算方法为：裙长＋缝份5cm。

2. 辅料

① 厚黏合衬。幅宽为90cm或112cm，用于裙腰里。

② 薄黏合衬。幅宽为90cm或120cm（零部件用），用于裙腰面、门襟、底襟部件。

③ 拉链。长度为14cm，位置为前门襟处，颜色应与面料的颜色保持一致。

（三）曲线分割花苞形长裙的结构制图

准备好制图所需的工具纸和笔，制图中的一些必要的符号应该严格按照国际公认的符号标记。

1. 制订曲线分割花苞形长裙成衣规格尺寸

成衣规格是160/68A，依据是我国使用的女装号型标准GB/T 1335.2-2008《服装号型女子》。基准测量部位以及参考尺寸，见表7-17。

2. 制图要点

本款裙子采用比例制图法。在制图的过程中，由于裙子属于宽松型的半身长裙，因此臀围的尺寸无需考虑，可以根据裙子的造型进行整体设计。曲线分割线的位置及形状的确定是设计的重点，要考虑裙子整体的美观性与局部的合理性，同时还要考虑工艺上的可行性，下面按照制图步骤逐一进行

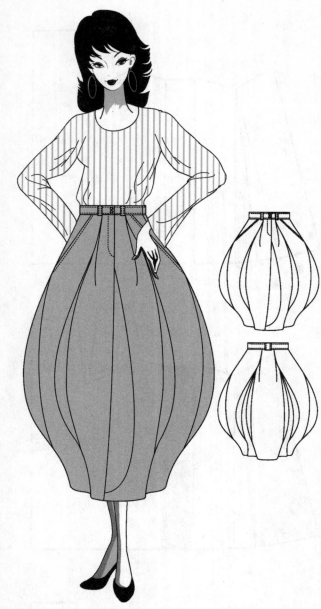

图 7-92 曲线分割花苞形长裙效果图、款式图

说明。

表 7-17 曲线分割花苞形长裙系列成衣规格表 　　　　　单位：cm

规格 \ 名称	裙长	腰围	下摆大	腰宽
155/66A（S）	88	68	154	5.5
160/68A（M）	90	70	158	5.5
165/70A（L）	92	74	162	5.5
170/72A（XL）	94	77	166	5.5

3. 后片制图步骤

① 上平线。首先做出水平线，该线为腰线设计的依据线，如图7-93所示。

② 后中心线。后中心线是与上平线垂直相交作出的基础垂线。该线是裙基型的后中心线，同时也是成

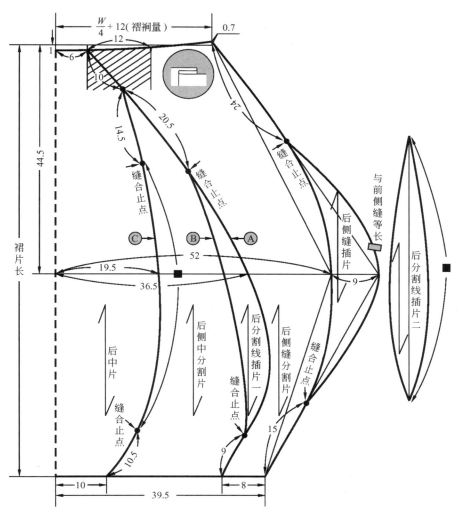

图 7-93　曲线分割花苞形长裙后片结构图

品裙长设计的依据线。

③ 后凸点辅助线。由上平线与后中心线的交点处在后中心线上向下垂直量取 44.5cm 做上平线的平行线以确定后凸点辅助线。

④ 后下摆线辅助线。由上平线与后中心线的交点处在后中心线上向下量取 84.5cm 找到一点，并过此点做上平线的平行线作为下摆辅助线，并向右延长。

⑤ 裙长。由上平线与后中心线的交点处在后中心线上量取裙片长 84.5cm（不包括腰头）。

⑥ 后腰尺寸。由后中心线与水平线的交点处在水平线上量取后腰尺寸为 $W/4 + 12cm$（褶裥量）$= 29.5cm$。

⑦ 后腰口起翘。由后中心线与上平线的交点处向后侧缝方向量出后腰实际尺寸定点后，由此点垂直向上量取 0.7cm 确定点一，即为后腰口起翘点。

⑧ 后片凸点位置的确定。由凸点辅助线与后中心线的交点处在凸点辅助线上水平量取 52cm 确定凸点的位置。

⑨ 后片下摆大。由下摆辅助线与后中心线的交点处水平量取下摆大 /4 = 39.5cm，并确定点二。

⑩ 后侧缝辅助线。由后腰起翘点一经过凸点和点二连接确定后侧缝的辅助线。

⑪ 后侧缝线。将后腰起翘点一经过凸点和点二连成圆顺的曲线作为后侧缝线，需要注意的是，曲线的形状由腰部缓缓凸起，在凸点的位置达到最高，然后再慢慢往回收紧直至下摆线。

⑫ 后腰口弧线。由后中心线下落 1cm 的点与点一连成圆顺的后腰口弧线。

⑬ 后腰褶裥位置及大小。由上平线与后中心线的交点处在后腰线上量取 6cm 点，确定出后腰褶裥的位置，褶裥大小为 12cm，褶裥倒向后中心方向。

⑭ 后侧缝插片辅助线。由凸点处在凸点辅助线上水平量取 9cm 确定点三，再由后腰起翘点一处在后侧缝线上量取 24cm 确定点四，由下摆线与后侧缝线的交点处在后侧缝线上向上量取 15cm 确定点五，然后连接点三、点四与点五以确定后侧缝插片辅助线。

⑮ 后侧缝插片一。将点三经过点四与点五连接成圆顺的曲线，在绘制时要注意曲线的形状。

⑯ 后片侧缝分割线 A。由后中心线与凸点辅助线的交点处在凸点辅助线上水平量取 36.5cm 确定点六，然后将由上平线与后中心线的交点处在后腰线上量取 6cm 的褶裥点经过点六与下摆线上的点五连成圆顺的曲线，注意曲线的最凸起的部位在凸点辅助线以下靠近下摆线。

⑰ 后片侧中分割线 B。由上平线与后中心线的交点处在后腰线上量取 6cm 的褶裥点，在后片侧缝分割线 A 上向下量取 30.5cm 确定点七，再由下摆线与后片侧缝分割线 A 的交点处在分割线上向上量取 9cm 确定点八，然后将点七与点八连成向后侧缝方向凸起的圆顺的曲线。

⑱ 后侧缝插片一。后片侧缝分割线 A 与后片侧中分割线 B 之间形成后侧缝插片一。

⑲ 后片后中分割线 C。由上平线与后中心线的交点处在后腰线上量取 6cm 的褶裥点在后片侧缝分割线 A 上向下量取 10cm 确定点九，再由后中心线与凸点辅助线的交点处在凸点辅助线上水平量取 19.5cm 确定点十，然后将点九经过点十与下摆线与后中心线的交点在下摆线上向后侧缝方向量取的 10cm 的点连成圆顺的曲线，需要注意此曲线相对比较平缓。

⑳ 后侧缝插片二。由点九在后片分割线 C 上向下量取 14.5cm 确定点十一，再由后片分割线 C 和下摆线的交点处在后片分割线 C 上向上量取 10.5cm 确定点十二，然后将点十一与点十二连成直线，以此线为对称轴，将后片分割线 C 上在点十一与点十二之间的线段进行对称得到后侧缝插片二，如图 7-93 所示。

4. 前片制图步骤

① 上平线。首先做出水平线，该线为腰线设计的依据线。

② 前中心线。前中心线是与上平线垂直相交作出的基础垂线。该线是裙基型的前中心线，同时也是成品裙长设计的依据线。

③ 前凸点辅助线。由上平线与前中心线的交点处在前中心线上向下垂直量取 44.5cm 做上平线的平行线以确定前凸点辅助线。

④ 前下摆线辅助线。由上平线与前中心线的交点处在前中心线上垂直向下量取 84.5cm 找到一点，并过此点做上平线的平行线作为前下摆辅助线，并向右延长。

⑤ 前裙片长。由上平线与前中心线的交点处在前中心线上量取裙片长 84.5cm（不包括腰头）。

⑥ 左前中曲线。由前中心线与上平线的交点处在前中心线上垂直向下量取 19cm 确定点一，再由前中心线与下摆线辅助线的交点处反向延长下摆辅助线，长度为 3.5cm 确定点二，然后将点一和点二连成圆顺曲线即为左前中曲线。

⑦ 前腰尺寸。由前中心线与水平线的交点处在水平线上量取前腰尺寸为：$W/4 + 10cm$（褶裥量）$= 27.5cm$。

⑧ 前腰口起翘。由前中心线与上平线的交点处向前侧缝方向量出前腰实际尺寸定点后，由此点垂直向上量取 0.7cm 确定点三，即为前腰口起翘点。

⑨ 前片凸点位置的确定。由凸点辅助线与左前中曲线的交点处在凸点辅助线上水平量取 50.5cm 确定凸点的位置。

⑩ 前片下摆大。由下摆辅助线与前中心线的交点处水平量取：下摆大 $/4 = 39.5cm$，并确定点四。

⑪ 前侧缝辅助线。由前腰起翘点三经过凸点和点四连接确定前侧缝辅助线。

⑫ 前侧缝线。将前腰起翘点一经过凸点和点四连成圆顺的曲线作为前侧缝线，需要注意的是，曲线的形状是由腰部缓缓凸起，在凸点的位置达到最高，然后再慢慢往回收紧直至下摆线。

⑬ 前腰口弧线。将前中心线与上平线的交点与点三连成圆顺的前腰口弧线。

⑭ 前腰褶裥位置及大小。由上平线与前中心线的交点处在前腰线上量取 9cm 点，确定出前褶裥的位置，褶裥大小为 10cm，褶裥倒向前中心方向。

⑮ 前侧缝插片辅助线。由凸点处在凸点辅助线上向外水平量取 9.5cm 确定点五，再由前腰起翘点三处在后侧缝线上向下量取 25cm 确定点六，由下摆线与前侧缝线的交点处在前侧缝线上向上量取 15cm 确定点七，然后连接点五、点六与点七以确定前侧缝插片辅助线。

⑯ 前侧缝插片。将点五经过点六与点七连成圆顺的曲线，在绘制时要注意曲线的形状，前后侧缝插片

线段长度要一致。

⑰ 前片分割线 A。由前中曲线与凸点辅助线的交点处在凸点辅助线上向侧缝方向水平量取 7.5cm 确定点八，再由前中曲线与下摆线的交点处在前中曲线上向上量取 3cm 确定点九，最后经过点八将点一与点九连成圆顺的向外凸的曲线。如图 7-94 所示。

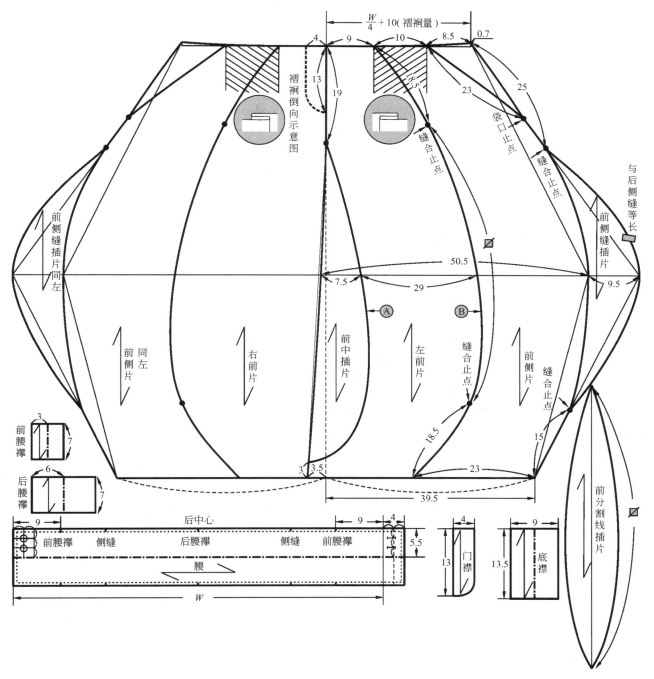

图 7-94　曲线分割花苞形长裙前片结构图

⑱ 前片分割线 B。由点八处向侧缝方向水平量取 29cm 确定点十，再由点四处在下摆辅助线上向前中心方向水平量取 23cm 确定点十一，最后将前腰线上量取的 9cm 的褶裥点经过点十与点十一连成圆顺的向外的曲线。

⑲ 前片分割线 B 上的插片。由前腰线上量取的 9cm 的褶裥点与前片分割线 B 的交点处在前片分割线 B 上向下量取 18.5cm 确定插片的一点，再由点十一与前片分割线 B 的交点处在前片分割线 B 上向上量取的 18.5cm 确定插片的另一点，然后连接插片的两点确定出一条线段，以此线段为对称轴，将前片分割线 B 在这两点之间的线段进行对称从而形成前片分割线 B 上的插片。

⑳ 右前片。以前中心线为对称轴，将左前片进行对称，需要注意的是，右前片分割线 B 和侧缝线与左片一致。

㉑ 门襟位置的标注。在右前片上，由前中心线与上平线的交点处在前中心线上向下量取 13cm，宽度为 4cm 以确定门襟的位置及形状。

㉒ 斜插袋。由前腰起翘点在前腰线上向前中方向量取 8.5cm 确定斜插袋与前腰线的交点，再在侧缝线上找到一点使这两点之间的距离为斜插袋的长度 23cm，如图 7-95 所示。

㉓ 斜插袋布大。在前腰线上，由前袋口 8.5cm 点，向前中方向量取 5cm 确定斜插袋布大，由该点向下摆线方向做垂线，确定袋深 27cm；由侧缝袋口向下摆线方向取 3cm 点做垂线，与袋深点作水平线相交，绘制出斜插袋布大，如图 7-95 所示。

㉔ 斜插袋口绲条。斜插袋口采用绲边设计，绲边宽为设计量，要根据款式需求和面料的薄厚而定。本款绲条宽设计为 1cm，如图 7-95 所示。

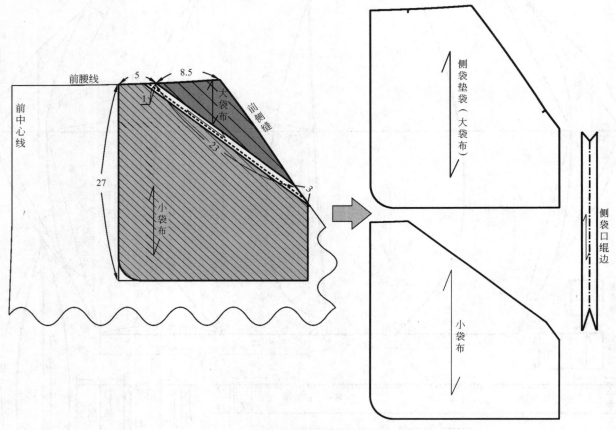

图 7-95　曲线分割花苞形长裙口袋结构图

㉕ 绘制门襟、底襟。本款裙子的门襟长为 13cm，宽为 4cm，对应的底襟长要覆盖住门襟，底襟长为 13.5cm，宽为 4.5cm，如图 7-94 所示。

㉖ 绘制裙腰。由于腰面和腰里都是一体，将其双折，腰头宽为 5.5cm。在腰头处加上底襟宽度 4cm，即确定腰头的长度和宽度，如图 7-94 所示。

㉗ 绘制裙腰襻、确定腰襻位。本款的裙襻有 3 个，前片有两个，后片有一个，大小不同。裙腰襻面和裙腰襻里都是一体，将其双折，前片裙腰襻位置为褶裥处，襻宽设计为 3cm；裙腰襻长 7cm；后片裙腰襻位置为后中心，襻宽设计为 6cm，裙腰襻长 7cm，如图 7-94 所示。

（四）曲线分割花苞形长裙纸样的制作

基本造型纸样绘制之后，就要依据生产要求对纸样进行结构处理图的绘制，画顺裙身的各部位轮廓线，完成结构处理图。

十、不规则下摆立体褶宽松长裙实例

（一）不规则下摆立体褶宽松长裙款式说明

本款裙子属于不规则下摆宽松大摆的半身长裙，其设计灵感来源于花苞的形状，将花苞的设计元素运用到裙子的结构设计中并且加以变化，又由于裙子中结构上的特殊处理如裙片的叠加或是折转的变化，作出立体褶造型，使裙子更加富有层次感。不规则造型的下摆错落有致，随性自然垂感的褶皱优雅大方，凸显了女性的不凡气质，超大的裙摆向花苞一样包裹住腿部，美观大方，腰部为松紧带抽褶，形成自然褶皱的状态，如图 7-96 所示。

在面料选择上，冬季可以选用斜纹羊毛呢料，质地柔软，御寒保暖；夏季适合选用棉、麻类的面料，也可根据需要选用不同档次不同风格的面料。

1. 裙身构成

本款裙子后片由四个裁片组成，属于非对称结构设计，裙子的两侧类似花苞的曲线形式，三条分割线，也为非对称结构线，裙子的两侧类似花苞的曲线形式也为非对称结构造型，其右后侧中片在下摆处向前片进行了折转处理，左后侧片类似花苞的曲线形式。前片由四个裁片组成，属于非对称结构设计，裙子的两侧同后片一样是类似花苞的曲线形式，三条分割线，在前中片进行了折叠处理，形成一个立体褶造型，使裙子整体设计更加富有变化；在左前侧中片在结构上也进行了叠加处理及折转变化，形成一个立体褶造型，呈现出随性的立体效果，裙子下摆与左后侧中片折转缝合，形成后包前立体效果。

2. 腰

绱腰头，采用抽橡筋的结构设计，橡筋宽度为 4.5cm。

图 7-96 不规则下摆立体褶宽松长裙效果图、款式图

（二）不规则下摆立体褶宽松长裙面料、辅料的准备

1. 面料

幅宽：144cm、150cm、165cm。

估算方法为：裙长 + 缝份 5cm。

2. 辅料

橡筋：宽度比腰宽略窄，长度为要根据橡筋的弹性伸长率计算。

（三）不规则下摆立体褶宽松长裙结构制图

准备好制图所需的工具纸和笔，制图中的一些必要的符号应该严格按照国际公认的符号标记。

1. 制订不规则下摆立体褶宽松长裙成衣规格尺寸

成衣规格是 160 /68A，依据是我国使用的女装号型标准 GB /T1335. 2-2008《服装号型女子》。基准测量部位以及参考尺寸，见表 7-18。

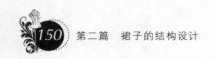

表 7-18 不规则下摆立体褶宽松长裙系列成衣规格表 　　　　单位：cm

名称 规格	裙长	腰围	臀围	下摆大	腰宽
155/66A(S)	103	149.5	198	140.5	5
160/68A(M)	105	153.5	202	144.5	5
165/70A(L)	107	157.5	206	148.5	5
170/72A(XL)	109	161.5	210	152.5	5

2. 制图要点

本款裙子采用比例制图法，裙子属于宽松型的半身长裙，可以根据裙子的造型进行整体设计。本款裙子在结构上有三个设计重点，一是裙子的分割线设计，属于非对称式分割线设计；二是裙子的立体造型设计，在裙子的前片设计有两个立体褶，使裙子整体设计更加富有变化；三是裙子下摆设计为前片借后片的下摆立体造型设计，使裙摆形成似花苞的立体效果。本款的裙子设计比较复杂，既要考虑裙子整体的美观性与局部的合理性，同时还要考虑工艺上的可行性，下面按照制图步骤逐一进行说明。

3. 后片制图步骤

在进行裙片设计时，首先根据款式图进行结构分析，由于本款裙子属于不对称结构，在绘制结构图时需要左右片同时绘制，其款式图上对于裙片的结构形式体现的不是很直观，因此在理解上存在一定的难度，要仔细分析其结构设计方法。

① 上平线。首先做出水平线，该线为后腰线设计的依据线，如图 7-97 所示。

② 后中心线。后中心线是与上平线垂直相交做出的基础垂线，该线是裙基型的后中心线。

③ 确定后臀围辅助线。由上平线与后中心线的交点处在后中心线上向下垂直量取 20cm 做上平线的平行线以确定后臀围辅助线，如图 7-97 所示。

④ 确定后裙侧花苞凸点辅助线。由上平线与后中心线的交点处在后中心线上向下垂直量取 60cm 做上平线的平行线以确定后裙侧花苞凸点辅助线，如图 7-97 所示。

⑤ 确定后裙左下摆线辅助线。由上平线与后中心线的交点处在后中心线上向下量取 75cm 找到一点，并过此点做上平线的平行线作为左下摆辅助线，如图 7-97 所示。

⑥ 确定裙长和后片下摆线辅助线。由上平线与后中心线的交点处在后中心线上量取裙片长 95cm（不包括腰头），过此点做上平线的平行线作为后片下摆辅助线，如图 7-97 所示。

⑦ 确定后臀围宽。在后臀围辅助线上以后中心线为中心，取臀围值 101cm，设计方法是在后臀围辅助线上先确定出 3 个 25cm 点并做上平线和下摆线辅助线垂线，将后中心线置于中间的 25cm 宽的中点，再分别由左右两侧的 25cm 宽点分别向后中心线相反方向取 13cm 点，确定出后臀围宽点，如图 7-97 所示。

⑧ 确定后裙侧花苞凸点宽。在后裙侧花苞凸点辅助线上，由后臀围宽在左右两侧的 25cm 点与后裙侧花苞凸点辅助线交点，分别向后中心线相反方向取 22.5cm 点，确定出后裙侧花苞凸点宽，如图 7-97 所示。

⑨ 确定后裙左下摆线宽和右侧花苞凸点宽。由于本款的裙子下摆为不规则的非对称设计，其下摆线并不在一条线上，在后裙左下摆线辅助线上，由后臀围宽在左右两侧的 25cm 点与后裙左下摆线辅助线交点，按着款式设计向左由后中心线相反方向取点 19cm，下落 8cm，确定出左侧裙下摆线。向右由后中心线相反方向取点 15cm 确定出右后裙侧花苞凸点宽，如图 7-97 所示。

⑩ 确定出后腰口线。在后中心线上，由上平线交点向下摆方向取 5cm 点，确定处后腰节点，分别与后臀围辅助线上靠近两侧侧缝的 25cm 所做上平线垂线交点连线，连成圆顺的后腰口弧线，如图 7-97 所示。

⑪ 确定出后片第一条分割线。后片有 3 条分割线。由左往右，第一条后片分割线是裙左侧分割线，是一条垂线，该条分割线比较特殊，在后侧片的长度与左后侧中片的长度不同，后侧片分割线是由在左侧臀围线上靠近侧缝的 25cm 点作的垂线，该垂线向上交与后腰口线，向下与后裙左下摆线宽辅助线相交，确定出后缝合止点 A，确定出后侧片的分割线；左后侧中分割线片是由缝合止点 A 再向下取 30cm，确定出缝合止点 B，确定出左后侧中分割线，如图 7-97 所示。

⑫ 确定出裙后片下摆线。由在右侧臀围线上靠近侧缝的 25cm 点做的垂线，与后片下摆线辅助线相交，在后片下摆线辅助线上由交点向后中心线相反方向取 2cm 点，确定出右后侧缝下摆宽点，将该点与第一条

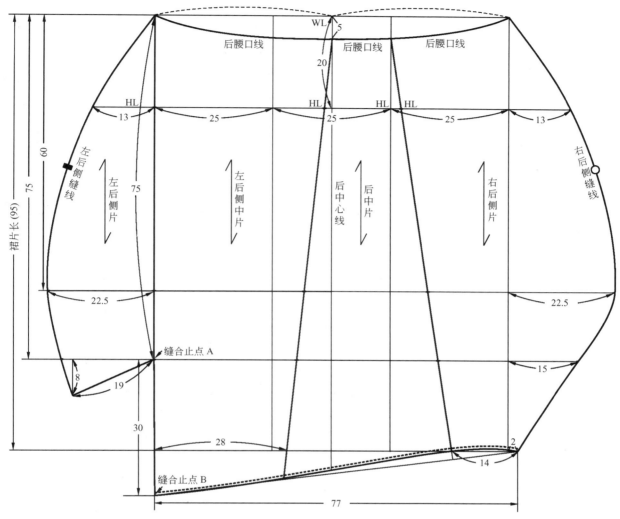

图 7-97　不规则下摆立体褶宽松长裙后片结构图

后片分割线下摆线上的缝合止点 B 连成圆顺的曲线，如图 7-97 所示。

⑬ 确定出裙后片右侧缝线。由右后腰口线侧缝点过右后臀围宽过右后裙侧花苞凸点宽过右侧花苞凸点 15cm 宽点与裙后片下摆线上右后侧缝下摆宽点连圆顺的曲线，如图 7-97 所示。

⑭ 确定出裙后片左侧缝线。由左后腰口线侧缝点过左后臀围宽过左后裙侧花苞凸点宽与后裙左下摆线宽 19cm 点连圆顺的曲线，如图 7-97 所示。

⑮ 确定出后片第二条分割线。第二条后片分割线也是裙左侧分割线，比较靠近后中心线，是一条斜线，是由后腰节点与第一条分割线与下摆辅助线的交点向后中心线方向取 28cm 点连线，延长交于在裙后片下摆线上，确定出第二条后片分割线，如图 7-97 所示。

⑯ 确定出后片第三条分割线。第三条后片分割线是裙右侧分割线，比较靠近后中心线，是一条斜线，是由右侧臀围线上靠近后中心线的 25cm 点做的垂线，该垂线向上交与后腰口线的交点与下摆辅助线由右侧缝向后中心线方向取 14cm 点连线，交于在裙后片下摆线上，确定出第三条后片分割线，如图 7-97 所示。

4. 前片制图步骤

① 上平线。首先做出水平线，该线为前腰线设计的依据线，如图 7-98 所示。

② 前中心线。前中心线是与上平线垂直相交做出的基础垂线，该线是裙基型的前中心线。

③ 确定前臀围辅助线。由上平线与前中心线的交点处在前中心线上向下垂直量取 20cm 做上平线的平行线以确定前臀围辅助线，如图 7-98 所示。

④ 确定前裙侧花苞凸点辅助线。由上平线与前中心线的交点处在前中心线上向下垂直量取 60cm 做上平线的平行线以确定前裙侧花苞凸点辅助线，如图 7-98 所示。

⑤ 确定前裙左下摆线辅助线。由上平线与前中心线的交点处在前中心线上向下量取 75cm 找到一点，并过此点做上平线的平行线作为左下摆辅助线，如图 7-98 所示。

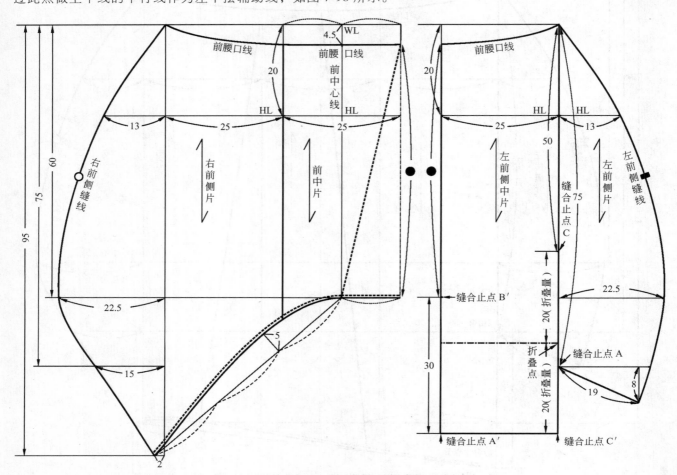

图 7-98 不规则下摆立体褶宽松长裙前片结构图

⑥ 确定裙长和前片下摆线辅助线。由上平线与前中心线的交点处在前中心线上量取裙片长 95cm（不包括腰头），并过此点做上平线的平行线作为前片下摆辅助线，如图 7-98 所示。

⑦ 确定前臀围宽。在前臀围辅助线上以前中心线为中心，取臀围值 101cm，设计方法是在前臀围辅助线上先确定出 3 个 25cm 点并做上平线和下摆线辅助线垂线，将前中心线置于其中点，再分别在左右两侧的 25cm 点分别向前中心线相反方向取 13cm 点，确定出前臀围宽点，如图 7-98 所示。

⑧ 确定前裙侧花苞凸点宽。在前裙侧花苞凸点辅助线上，由前臀围宽在左右两侧的 25cm 点与前裙侧花苞凸点辅助线交点，分别向前中心线相反方向取 22.5cm 点，确定出前裙侧花苞凸点宽，如图 7-98 所示。

⑨ 确定前裙左下摆线宽和右侧花苞凸点宽。由于本款的裙子下摆为不规则设计，其下摆线并不在一条线上，在前裙左下摆线辅助线上，由前臀围宽在左右两侧的 25cm 点与前裙左下摆线辅助线交点，按着款式设计向左由前中心线相反方向取点 19cm，下落 8cm，确定出左侧裙下摆线线。向右由前中心线相反方向取点 15cm 确定出右前裙侧花苞凸点宽，如图 7-98 所示。

⑩ 确定出前腰口线。在前中心线上，由上平线交点向下摆方向取 4.5cm 点，确定处前腰节点，分别与前臀围辅助线上靠近两侧侧缝的 25cm 所作上平线垂线交点连线，连成圆顺的前腰口弧线，如图 7-98 所示。

⑪ 确定出裙右前片下摆线。由在右侧臀围线上靠近侧缝的 25cm 点做的垂线，与前片下摆线辅助线相交，在前片下摆线辅助线上由交点向前中心线相反方向取 2cm 点，确定出右前侧缝下摆宽点，将该点与前中心线和前裙侧花苞凸点辅助线的交点连线，将该线平分为三等分，靠近前中心线的 1/3 点垂直抬升 5cm 点，连出圆顺的右前下摆曲线，如图 7-98 所示。

⑫ 确定出裙前片右侧缝线。由右前腰口线侧缝点过右前臀围宽过右前裙侧花苞凸点宽过右侧花苞凸点

15cm 宽点与裙前片下摆线上右前侧缝下摆宽点连圆顺的曲线，如图 7-98 所示。

⑬ 确定出裙前片左侧缝线。由左前腰口线侧缝点过左前臀围宽过左前裙侧花苞凸点宽与前裙左下摆线宽 19cm 点连圆顺的曲线，如图 7-98 所示。

⑭ 确定出前片第一条分割线。前片分割线有 3 条，由左往右，第一条前片分割线是裙右侧分割线，是一条垂线，是由在右侧臀围线上靠近前中心线的 25cm 点作的垂线，该垂线向上交与前腰口线，向下与前裙右下摆线相交，确定出第一条前片分割线，如图 7-98 所示。

⑮ 确定出前片第二条分割线。第二条前片分割线是裙左侧分割线，比较靠近前中心线，也是一条垂线，是由在左侧臀围线上靠近前中心线的 25cm 点做的垂线。该条分割线比较特殊，在前中片的长度与左前侧中片的长度不同，在前中片上的分割线由前腰口线取长度为 60cm，交于前裙侧花苞凸点辅助线上，确定出第二条前中片分割线辅助线；在左前侧中片的分割线上由前腰口线向下摆方向取长度为 60cm，确定出缝合止点 B′，再由 B′ 点向下摆方向取 30cm，定出缝合止点 A′，确定出第二条左前侧中片分割线，如图 7-98 所示。

⑯ 确定出前片第三条分割线。第三条前片分割线是裙左前侧分割线，比较靠近左前侧缝线，是一条垂线，该条分割线与第二条分割线一样，裙左前侧中片与左前侧片的长度不同，裙左前侧中片的分割线是由左侧臀围线上靠近侧缝的 25cm 点做的垂线，该垂线向上交与前腰口线。向下取 50cm 点确定出缝合止点 C，再缝合止点 C 向下摆方向取 40cm，确定出缝合止点 C′，确定出第三条左前侧中片分割线。将第三条分割线 C′ 点与第二条分割线左前侧中片分割线下摆线缝合止点 A′ 连线，绘制完成左前侧中片下摆辅助线，如图 7-98 所示。裙的分割线是由左侧臀围线上靠近侧缝的 25cm 点做的垂线，该垂线向上交与前腰口线，向下取 75cm 点确定出前缝合止点 A，确定出第三条左前侧片分割线，如图 7-98 所示。

5. 裙腰制图

本款裙子的裙腰采用抽橡筋结构，首先在制图的过程中将根据臀围尺寸的分配来确定出腰围的大小，测量出前后腰口线的长度值，确定出腰长，腰宽为设计量 5cm，如图 7-99 所示。

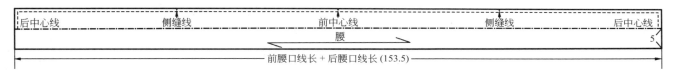

图 7-99　不规则下摆立体褶宽松长裙腰结构图

（四）不规则下摆立体褶宽松长裙纸样的制作

基本造型纸样绘制之后，就要依据生产要求对纸样进行结构处理图的绘制，画顺裙身的各部位轮廓线，完成结构处理图。裙子的立体造型设计是本款裙型的一个设计重点，在裙子的前片设计有两个立体褶，一个为前中片立体褶；一个为左前侧中片立体褶。

1. 前中片立体褶的结构处理

将前中片分割线辅助线（线段 1）与前腰口线的交点，与前中心线与前下摆交点连线，以第二条分割线前中片分割线辅助线为折叠线，将该线向外侧翻折绘出，即线段 2，如图 7-100 所示，再以线段 2 为折叠线，将线段 1 向外侧翻折绘出，即线段 3，线段 3 即是实际的前中片分割线，将下摆线连线，绘制出前左下摆线，如图 7-100 所示。将前左下摆线与前右下摆线连成圆顺的前下摆线，在工艺处理上，将前下摆线折边做净后，再以线段 1 为折叠线，将线段 2 缉缝固定，形成前中片立体褶造型，如图 7-100 所示。

2. 左前侧中片立体褶的结构处理

在左前侧中片上首先以折叠点为对称点，将缝合止点 C′ 向上与缝合止点 C 缝合对齐，形成左前侧中片立体褶造型，如图 7-101 所示，并与左前侧片缝合，将左前侧中片缝合止点 A′ 与左前侧片点 A 缝合对齐。将左后侧中片与左后侧片缝合，缝合止点为点 A。将左前侧片侧缝与左后侧片侧缝缝合，将点 A 与 A′ 缝合对齐，如图 7-101 所示。再将左后侧中片缝合止点 B 过左前侧中片缝合止点 A′ 与左前侧中片缝合止点 B′ 缝合对齐，如图 7-101 所示，形成裙子后片借前片的下摆立体造型设计，使裙摆形成似花苞的立体效果。

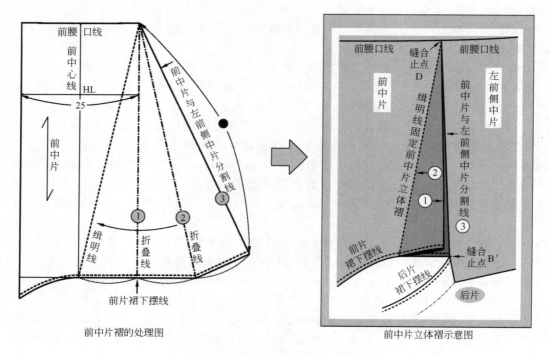

前中片褶的处理图　　　前中片立体褶示意图

图 7-100　不规则下摆立体褶宽松长裙前中片结构处理图

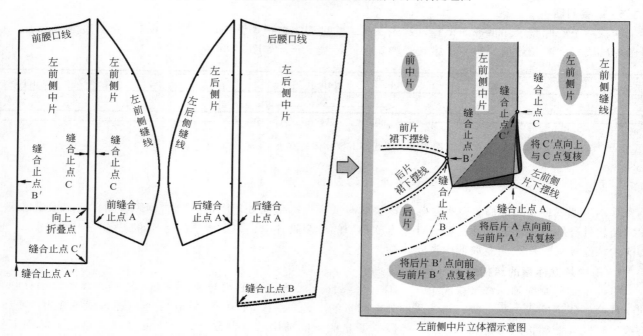

左前侧中片立体褶示意图

图 7-101　不规则下摆立体褶宽松长裙左前侧中片结构处理图

十一、不规则拼接裙实例

（一）不规则拼接裙款式说明

本款不规则拼接裙型是宽松的自然褶造型，并且错落有致的不规则拼接使裙摆华丽而生动，打破了传统对称明朗的视觉效果，举手投足间如翩翩起舞般妩媚动人，随处都如礼服般华丽典雅，彰显了女性优美高雅的身姿，适合年轻的女性穿着。

在面料选择上，可以选用不同档次的具有不同风格的面料，比如冬季适合选用毛呢类的面料，裙子显得立体有质感；夏季适合选用棉、麻类的面料，裙子显得飘逸有垂感，如图7-102所示。

1. 裙身构成

本款裙子前后共两片结构，前后片在一个裁片上，属于一体结构，在裙子下摆上由左侧下摆处开始设有不规则的插片，形成不规则的下摆结构，在裙子的前片上有两个立体造型的口袋。

2. 腰

绱腰头，采用的是抽橡筋的结构设计。

3. 底襟

底襟为长方形，宽度为3cm，长度为21cm。

4. 纽扣

腰部搭门处有一粒扣子。

5. 拉链

长度为20cm左右，位置为右侧缝处，颜色应与面料的颜色保持一致。

（二）不规则拼接裙面料、辅料的准备

1. 面料

幅宽：144cm、150cm、165cm。

估算方法为：裙长＋缝份5cm。

2. 辅料

① 橡筋。用于裙腰，橡筋宽度为3.8cm，宽度比腰宽略窄，长度为要根据橡筋的弹性伸长率计算。

② 拉链。长度为20cm，位置为右侧缝处。

③ 纽扣。直径1cm扣子1个。

（三）不规则拼接裙结构制图

准备好制图所需要的工具纸和笔，制图中的一些必要的符号应该严格按照国际公认的符号标记。

1. 制订不规则拼接裙成衣规格尺寸

成衣规格是160/68A，依据是我国使用的女装号型标准GB/T1335.2-2008《服装号型女子》。基准测量部位以及参考尺寸，见表7-19。

图7-102　不规则拼接裙效果图、款式图

表7-19　不规则拼接裙系列成衣规格表　　　　　单位：cm

名称 规格	腰围	下摆大	腰宽
155/66A(S)	90	251	4
160/68A(M)	94	255	4
165/70A(L)	98	259	4
170/72A(XL)	102	263	4

2. 制图要点

本款裙子采用直接打板法制图，其款式属于宽松的自然褶不规则拼接裙造型，裙子结构设计未按照常规的结构制图方法，要根据裙子的造型进行整体设计。本款裙子仅是由两片裁片拼接而成，在结构上的设计重

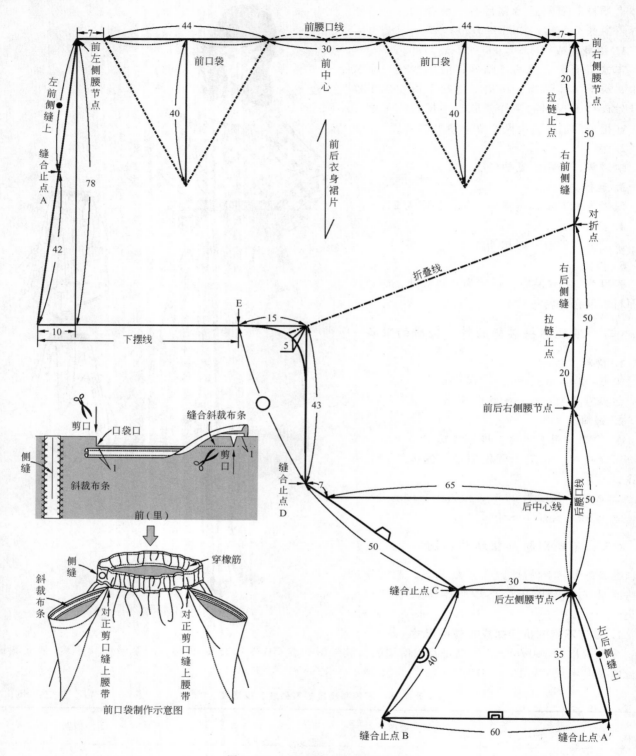

图 7-103　不规则拼接裙衣身结构图

点是前后为一个整裁片，对折出右侧缝线，下摆为错落有致的不规则拼接设计，使整个裙摆下摆成为不规则的自然悬垂的不等长效果，华丽而生动，打破了传统对称明朗的视觉效果。本款的裙子设计比较复杂，既要考虑裙子整体的美观性与局部的合理性，同时还要考虑工艺上的可行性，下面按照制图步骤逐一进行说明，如图 7-103 所示。

3. 制图步骤

在进行裙片设计时，首先根据款式图进行结构分析，由于本款裙子属于特殊的前后片并裁结构，在绘制结构图时需要前后片同时绘制，其款式图上对于裙片的结构形式体现的不是很直观，因此在理解上存在一定的难度，要仔细分析其结构设计方法。

① 确定前、后腰线辅助线。绘制直出一个直角造型线，直角的顶点为前右侧缝腰节点，直角的水平线为前腰口辅助线，垂线为右侧缝线和后腰口辅助线。

② 确定前腰口线、前口袋。本款的前片有两个口袋，属于腰部立体造型口袋，袋口大由腰线上直接绘制出，袋口大44cm，袋口的长度是设计量，本款裙子中取值为40cm。由袋口宽点至袋口长度的止点车缝缉明线形成立体的口袋形状，口袋制作方法，如图7-103所示。以右前侧缝腰节点为起点在前腰口辅助线水平线上向左绘制66cm×2＝132cm（包括：侧缝至袋口宽7cm＋袋口大44cm＋袋口宽至前中心线15cm），绘制出左前侧缝腰节点。

③ 确定左前侧缝线。由左前侧缝腰节点做垂线，取78cm确定下摆点，由该点向左垂线取10cm点，将该点与左前侧缝腰节点连线，绘制出左前侧缝线，如图7-103所示。在该线上由下摆腰线方向取42cm，确定缝合止点A，该点为下摆拼接片缝合点。

④ 确定右前侧缝线、右后侧缝线、后腰口线。以右前侧缝腰节点为起点，在右侧缝线和后腰口辅助线的垂线上向下取50cm，确定出右前侧缝线。再向下取50cm，确定出右后侧缝线。再向下取50cm，确定出后腰口线和后左侧腰节点。

⑤ 确定左后侧缝线。由后左侧腰节点向下取35cm点，做该点垂线，在左前侧缝线上测量左前侧缝腰节点至缝合止点A的距离"●"，由后左侧腰节点向垂线找到"●"长，即为左后侧缝线。交点为缝合止点A′。

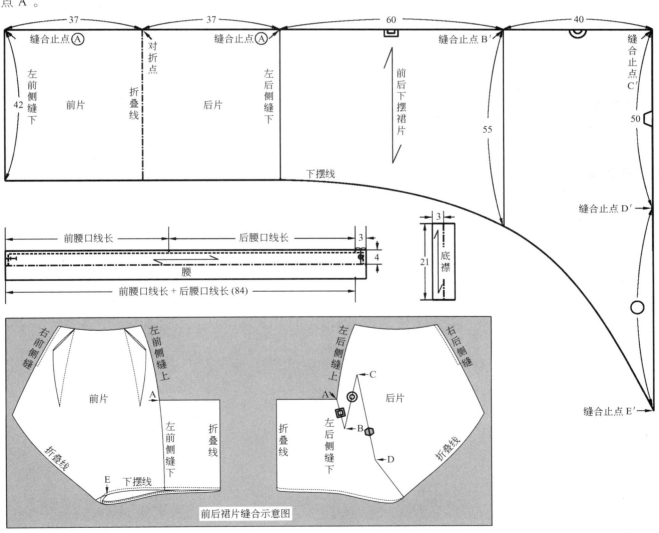

图7-104　不规则拼接裙下摆片、腰结构制图

⑥ 确定前后衣身片分割线。以缝合止点 A′为起点，绘制 60cm 水平线长，确定出缝合止点 B。由后左侧腰节点向左做水平线，线长 30cm，与缝合止点 B 连线，确定出缝合止点 C。在后腰口线上找到其中点向左做水平线，线长 65cm（后中心线），与缝合止点 C 连线，延长该线 7cm，确定出缝合止点 D。以缝合止点 D 向上做右侧缝平行线，取线长 43cm，该点与右前侧缝线和右后侧缝线的交点相连，该线即为前后裙片的连裁折叠线。43cm 点与前下摆线相连，取 15cm 点 E 点，为前后衣身片分割线止点，为方便工艺制作，将直角线修顺为圆顺的弧线，弧线长为"○"如图 7-103 所示。

⑦ 确定前后下摆裙片分割线。本款裙子在左前侧缝处向外拼接处一立体的方裁片，如图 7-104 所示，再设计前后衣身片分割线的拼接线，设计方法是：绘制出一个直角造型线，直角的顶点为缝合止点Ⓐ，直角的水平线为前后下摆裙片部分分割线，垂线为左前侧缝线下部分，在水平线上由缝合止点Ⓐ向右同时取 2 个 37cm 点，做垂线，确定出左后侧缝线下部分。在垂线上由缝合止点Ⓐ向下取 42cm，点确定出左下摆线的起点。由该点做水平线交与左后侧缝线相交，确定出左侧缝处向外拼接处一立体的方裁片的下摆线。在水平线上由左后侧缝线缝合止点 A 向右取 60cm，确定出缝合止点 B′；接着向右取 40cm，确定出缝合止点 C′；以该点向下摆方向作垂线，取 50cm，确定出缝合止点 D′；由缝合止点 D′接着向下量取前后衣身上的弧线线长，弧线长为"○"，确定出为前后下摆片分割线止点缝合止点 E′，将缝合止点 E′过缝合止点 B′向下摆方向设定是 55cm 点与左后侧缝线下摆线点相连绘制出裙子前后下摆裙片的下摆线，如图 7-104 所示。裙子分割线的拼接方法见图 7-104 所示的示意图。

⑧ 裙片腰的设计。裙腰采用抽橡筋的结构设计，但由于制图中的腰围尺寸为 94cm，尺寸与臀围尺寸接近，为了便于穿脱，故在右侧缝上设计了拉链结构，测量出前后腰口线的长度值，加上底襟宽 3cm，确定出腰长，腰面宽为设计量 4cm，由于腰面和腰里都是一体，将其双折，腰头宽为 8cm，如图 7-104 所示。

⑨ 标注拉链位置。在前右侧缝线上由前右侧腰节点向下取 20cm 作为拉链的止点，如图 7-103 所示。

⑩ 绘制底襟。裙子底襟长要覆盖住拉链，本款的底襟长为 21cm，宽为 6cm 对折，如图 7-104 所示。

思考题 ▶▶

根据当年裙型的流行，完成多款裙型的结构制图。

绘图要求 ▶▶

构图严谨、规范，线条圆顺；标识准确；尺寸绘制准确；特殊符号使用正确；构图与款式图要相吻合；比例 1：1；作业整洁。

第三篇

裤子的结构设计

第八章

裤子概述

【学习目标】

1. 了解裤子的发展演变过程。

2. 了解裤子的分类。

【能力目标】

1. 掌握裤子结构线名称、作用和专业术语。

2. 能根据裤型款式进行材料选择。

第一节　裤子的产生与发展

　　裤子泛指穿在腰部以下的服装，一般由裤腰、裤裆、两条裤腿缝纫而成。在中国发展历程中，其发展变化从成型到定性型经历了五个主要阶段。第一阶段：裤子雏形——胫衣，裤子原写作"绔""袴"。早在春秋时期，人们的下体已穿着裤，不过那时的裤子不分男女，都只有两只裤管，其形制和后世的套裤相似，无腰无裆，穿时套在胫上，即膝盖以下的小腿部分，所以这种裤子又被称为"胫衣"。第二阶段：合裆裤子出现。穿胫衣行动不方便，公元前302年，赵武灵王实行"胡服骑射"后，汉族人民开始穿着长裤，不过最初多用于军旅，后来逐渐流传到民间。第三阶段：裤装外穿高峰期。魏晋南北朝，出现裤褶并流行，这一时期是中国古代裤装发展的繁盛时期。这时的裤装第一次也是唯一作为正式服装出现。第四阶段：裤装平稳发展时期。唐宋以后是中国封建社会发展的鼎盛时期，服饰文化吸收融合域外文化而推陈出新，但裤子作为内衣是当时男子的服饰，款式变化不大。汉代，理学兴盛，裤子按照封建伦理观念，女子不能露在外面穿。当时的上层社会女子穿裤子，外面要用长裙遮掩。第五阶段：西式裤装的出现，辛亥革命以后，中国传统的满裆裤改成了西式裤，自此裤子的形式与西方开始相同，裁剪受到西方的影响，变得更加合体方便。

　　在西方发展历程中，西式裤装的发展并非只是简单的时尚进程，它是社会前进的折射。其发展变化从成型到定性型经历了四个阶段。第一阶段：裤子的雏形。西方发展历程中最早出现两个裤管的裤子，其样式像中国古代的胫衣，只是一种护腿功能，其产生的原因是精于骑射的波斯人居住在崎岖地带，他们的双脚需要格外保护。第二阶段：连裤袜的出现。进入中世纪男子们穿上紧贴腿部的高筒袜，包腿的长筒袜长达臀部，在两腿外部或者系带把袜子和内衣的下摆系结在腰间，外部罩上外衣，看上去像穿着紧腿裤。第三阶段：连裆裤的出现，在15世纪末期，两只裤腿同下腹部连接起来，并在此处形成小荷包袋的造型，这种样式形成了连裆裤的雏形。第四阶段：西式长裤的出现，第一次世界大战结束后，越来越多的女性开始视长裤为正式服装，时装设计师也把长裤作为一个设计的要素来看待。女性长裤的发展、普及与妇女的解放程度是相辅相成的。

第二节　裤子的基本知识点

一、裤子的分类

女裤虽然是在男裤的基础上演变而来的，但款式上的变化远比男裤更加丰富。裤装的款式千变万化，种

类和名称繁多，不同的角度有不同的分类。

（一）按裤腰高低形态分类

根据裤腰的高低形态分类，裤子可分为低腰裤、无腰裤、装腰裤、连腰裤、高腰裤等，如图 8-1 所示。

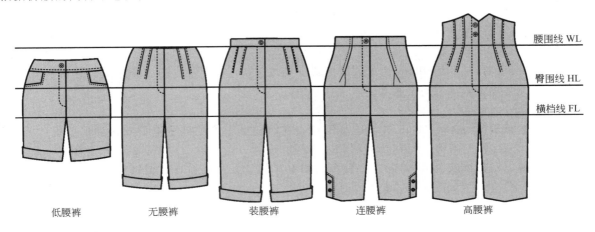

腰围线 WL

臀围线 HL

横档线 FL

低腰裤　　无腰裤　　装腰裤　　连腰裤　　高腰裤

图 8-1　裤腰的高低形态分类

1. 低腰裤

低腰裤分两种，一是于肚脐下 5cm 的位置沿量腰围的低腰裤；二是于肚脐下 2.5cm 位置沿量腰度的中低裤腰。

2. 无腰裤

装腰贴或腰上口绲边而不装腰带的款式。

3. 装腰裤

正常腰位，装腰带，是最常见的款式。

4. 连腰裤

正常腰位，不装腰带，腰带部分与裤片连裁，装腰贴或腰上口绲边款式。

5. 高腰裤

于肚脐上 2.5cm（即人体腰围最细处）沿量腰度即为高腰腰围。

（二）按裤子长度分类

根据长度分类，裤子可分为三角短裤、超短热裤、热裤、短裤、五分裤、中长裤、七分裤、八分裤、九分裤、长裤等，如图 8-2 所示。

1. 三角短裤

这是长度最短的裤子。除了被用于内裤、游泳裤等造型之外，现在也被用于外穿的超短时装裤和超短。裤造型的设计。由于裤子有前后裆结构，所以超短的裤长自然可以比超短裤短许多。

2. 超短热裤

从裆底向下量至脚口位 3～5cm 长。这种裤长稍遮过裆部。一般在自然腰线下 30cm 左右，由于具有很好的机能性，除了被用于一般内裤外，还常被用于运动短裤或一些生活时尚短裤的设计。

3. 热裤

从裆底向下量至脚口位 6cm 左右长。

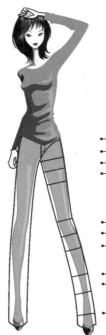

←三角短裤
←超短热裤、运动短裤（到大腿根部）
←热裤（到大腿上部）
←短裤，也称牙买加裤（到大腿中部）

←五分裤（到膝盖部）及膝短裤、甲板短裤
←中长裤（到小腿上部）
←七分裤（到小腿中部），也称卡普里裤

←八分裤（到小腿中部以下）
←九分裤（到小腿下部脚踝以上）

←长裤（鞋跟距地面2cm以上）

图 8-2　裤型的长度分类

4. 短裤

从裆底向下量至脚口位 10～15cm 长，裤长在自然腰线下 40cm 左右，也称牙买加裤，常被用于一些宽松的休闲短西裤的设计。

5. 五分裤

从裆底向下量至脚口位 25～30cm 长。裤长在自然腰线下 50cm 左右，也称甲板短裤，常被用于一些宽松的休闲裤的设计。

6. 中长裤

从裆底向下量至脚口位 30～40cm 长。这是指长度遮过膝盖 10cm 左右的裤子造型。这种裤长是女性夏装中经常采用的，多用于休闲或时装裤等。

7. 七分裤

从裆底向下量至脚口位 40～50cm 长。这是指裤长在小腿肚下方的裤子造型。这种裤子也称为吊脚裤，自 20 世纪 70 年代开始流行至今，可作为时尚休闲裤子的设计。七分裤中较常见的是卡普里裤（即裁剪不齐的五分裤、七分裤、八分裤及九分裤等），一种多为妇女穿的长紧身裤，直线剪裁的裤子，长到腿肚或脚踝上方。

8. 八分裤

从裆底向下量至脚口位 53.5～60cm 长。这种裤长是女性夏装中经常采用的，多用于休闲或时装裤等。

9. 九分裤

从裆底向下量至脚口位 63～68.5cm 长。两种不同的确定方法，第一种是指裤子的长度按照人正常裤子长度的九分（9/10）长做出来的。第二种是指裤子穿在你身上之后的长度，穿到脚踝骨上方的裤子。这种裤长多用于女装的贴身时装裤或防寒紧身内裤的设计中，九分裤和超短裤一样，都是比较女性化的裤型。

10. 长裤

从裆底向下量至脚口位 76.5～80cm 长，是指长度从腰线至脚跟的裤子，这是基本的西裤造型。但不同造型的长裤，裤长也会有少许的差异。如窄脚口的裤子，裤长会比基本裤长缩短 2cm 左右；而宽脚口的裤子，裤长还会在基本裤长上再增加 2～3cm。与高跟鞋搭配时还可加长至 5cm 左右。在实际设计上采用鞋跟距地面以上 2cm 为准。

（三）按裤子轮廓分类

按文字表示法可分为紧身裤、适身裤、半适身裤、宽松裤等，如图 8-3 所示。

按字母表示法可分为 A 型、H 型、T 型、O 型等，如图 8-3 所示。

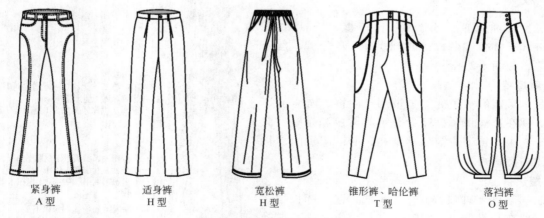

| 紧身裤 | 适身裤 | 宽松裤 | 锥形裤、哈伦裤 | 落裆裤 |
| A 型 | H 型 | H 型 | T 型 | O 型 |

图 8-3 裤子的外轮廓分类

（四）按裤型分类

常见的裤型有四类：直筒裤、西裤、锥型裤、喇叭裤，如图 8-4 所示。

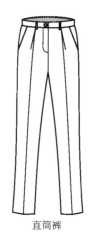
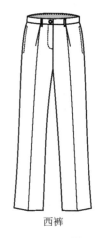
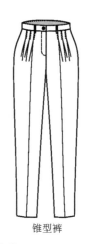
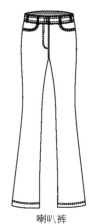

直筒裤　　　　　　　西裤　　　　　　　锥型裤　　　　　　喇叭裤

图 8-4　裤型分类

1. 直筒裤

直筒裤又可分为：小直筒裤、中直筒裤、大直筒裤。

（1）小直筒裤：裤口宽 17～21cm 左右，中裆以下基本一致，穿着合体。

（2）中直筒裤：裤口宽 22～25cm 左右，裤腿比小直筒稍胖，穿着能拉长腿型，把腿衬得匀称修长而直。

（3）大直筒裤：裤口宽 26.5cm 左右，裤腿较宽，穿着飘逸。

2. 西裤

西裤的胯围、臀围、腿围比小直筒裤稍胖，裤型与直筒裤大致相同。

3. 锥型裤

锥型裤胯围、臀围、腿围较胖，裤口较小，上宽下窄。

4. 喇叭裤

喇叭裤又可分为大喇叭裤、中喇叭裤和微喇叭裤。

（1）微喇：中裆 19～21cm，脚口 21～26cm，中裆与脚口的差为 2～4cm。

（2）中喇：中裆 21～22.5cm，脚口 23～24.5cm，中裆与脚口的差为 2～3cm。

（3）大喇：中裆 23～25cm，脚口 25～28cm，中裆与脚口的差为 2～3cm。

二、裤子结构线名称、作用和专业术语

裤子结构线名称见图 8-5。

（一）腰围线

根据人体腰部命名，人体做上下蹲运动时，臀部和膝部横向与纵向的皮肤伸展变化明显，后中心线、臀沟的纵向伸展率最大，因此决定了前、后裆缝线结构的不同，形成前腰稍低、后腰稍高的穿着特点及前、后腰围线结构的不同。

（二）臀围线

臀围线平行于腰口辅助线以腰长取值的水平线即为臀围线。臀围线除确定臀围位置外，还控制臀围和松量的大小，且具有决定大小裆宽数据的作用。

（三）横裆线

横裆线平行于腰口辅助线，是以立裆长取值的水平线。该结构线对裤子的功能性和舒适性有直接的影响。

（四）中裆线

中裆线又称膝围线。对裤口变化有直接影响，其位置可上下移动变化。

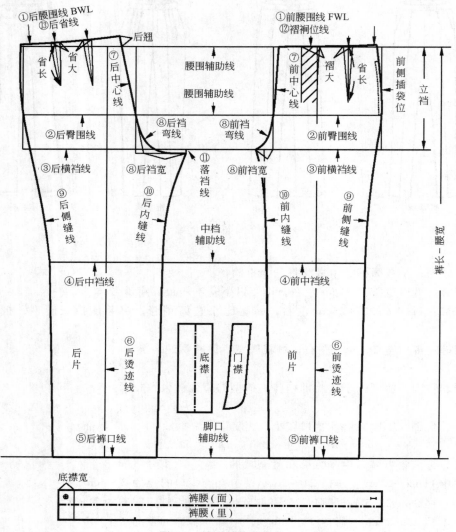

图 8-5　裤子结构线名称

（五）裤口线

裤口线以裤长取值的水平线，是前后裤口宽的结构线。其大小直接影响裤子廓型。

（六）前、后烫迹线

前、后烫迹线位于前、后裤片居中的垂直结构线，又称为"前、后挺缝线"。在裤子结构设计中也是关键线之一，其直接影响裤筒偏向及其与上裆的关系，是判断裤子造型及产品质量的重要依据。

（七）前中心线和后中心线（后翘量）

前中心线是指前腰节点至臀围线的结构线，前中心线要根据臀腰差有适量的收省处理。后中心线是指后腰节点至臀围线的一条倾斜的结构线，裤子的后中心线比较复杂，由于人体在蹲、坐、弯腰时，其立裆长度量不能满足人体需求，因此，必须加放出后翘量，起翘量要根据体现、款式、年龄等综合考虑，一般在2.5cm左右。

（八）前裆弯线和后裆弯线

前裆弯线指由腹部向裆底的一段凹弧结构线，又称为"小裆弯"；后裆弯线指由臀沟部位向裆底的一段凹弧结构线，又称为"大裆弯"。在裤子的结构设计中，后裆弯弧线长大于前裆弯弧线长、后裆宽大于前裆宽。

裤子前片、后片的裆弯弧线的形态必须与人体臀股沟的前、后形态相吻合，人体穿着裤子后才能感到舒适。

（九）前内缝线和后内缝线

位于人体下肢内侧的结构线，又称为"前、后下裆线"。在工艺上，应保证其两结构线相等。

（十）前侧缝线和后侧缝线

侧缝线位于胯部和下肢的外侧的结构线。依据人体特征和功能性，后侧缝线曲率大于前侧缝线，在工艺上应保证两者相等。

（十一）落裆线

落裆线指后裆弧线低于前横裆线的一条水平线。为的是符合人体、工艺和功能性要求。

（十二）褶裥位线

褶裥位线一般是前身折裥的分布位置线，靠近前门襟的折裥在挺缝线处，有正裥和反裥之分，其余的折裥以等分的形式放置于挺缝线外。其量的大小、数量的多少，主要依据裤子裤型和臀腰差的多少而定。

（十三）后省线

后省线一般位于后身腰口线上。省的位置的确定，一般以省的个数和有否后袋而定。且均以左右对称形式出现。其量的大小、数量的多少，主要依据裤子裤型和臀腰差的多少而定。

三、裤子的面、辅料简介

服装是由款式、色彩和材料组成的。其中材料是最基本的要素。服装材料是指构成服装的一切材料，它可分为服装面料和服装辅料。

（一）面料的分类

根据不同季节和穿用目的分别选用不同类型的面料进行裤装设计。从季节来分，春夏裤料多采用薄型织物，如凡立丁、凉爽呢、卡其、中平布、亚麻布以及丝织品等，而秋冬季则多选全毛或毛涤混纺织物、纯化纤织物、全棉织物等，如图8-6、图8-7所示。通常裤子面料有以下几种。

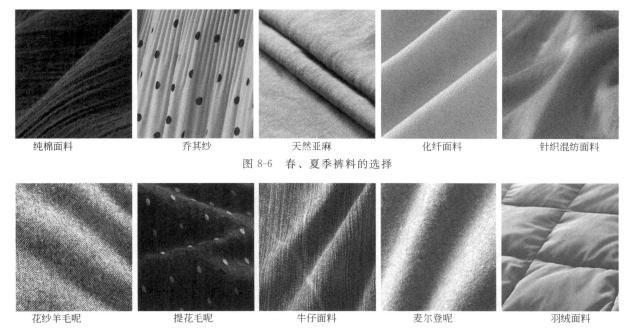

| 纯棉面料 | 乔其纱 | 天然亚麻 | 化纤面料 | 针织混纺面料 |

图8-6　春、夏季裤料的选择

| 花纱羊毛呢 | 提花毛呢 | 牛仔面料 | 麦尔登呢 | 羽绒面料 |

图8-7　秋、冬季裤料的选择

1. 棉

棉主要组成物质是纤维素。棉纤维的强度高、耐热性较好，对染料具有良好的亲和力，色谱齐全，缺点是经过水洗和穿着后易起皱、变形。

2. 苎麻

"苎麻"是麻中之王者。纤维长，吸湿和散热是麻中最优，夏季穿着凉爽透气。质地轻、强力大，穿着舒适、凉爽，且它缩水小、不易变形，不易褪色、易洗快干。

3. 天丝

天丝不是由麻纤维织成，而是用棉纤维通过纺织工艺处理织成的，具有麻织品风格的织物，特点是布面平挺、轻薄、穿着不贴身，抗皱性优于麻织品，但缩水率较大。

4. 绒雪纺

绒雪纺质地轻薄透明，手感柔软滑顺，外观清淡雅洁，具有良好的透气性和悬垂性，穿着飘逸、舒适，是炎炎夏日服装面料的最佳选择。

5. 聚酯纤维

聚酯纤维是合纤织物中耐热性最好的面料，具有热塑性，可制作百褶裙，褶裥持久。同时，涤纶织物的抗熔性较差，遇着烟灰、火星等易形成孔洞。

6. 新型的仿羊毛呢

新型的仿羊毛呢质地厚实丰满，具备一定的保暖性和挺括性，传递给身体最舒适的温暖，让娇弱的女性在寒冷的季节享受恒温 26°最舒畅的呵护。

7. 麦尔登呢

麦尔登呢表面微带织纹的纹理、质地挺实、有细密的绒毛覆盖织物底纹，耐磨性好，不起球，保暖性好，并有抗水防风的特点，是粗纺呢绒中的高档产品之一。

8. 爱尔兰进口针织

爱尔兰进口针织是 24 支多色混纺纱线线圈织造成微带绒毛质感的起绒起圈厚织物，有兔绒织物的滑糯、柔软、蓬松的手感，又有丝织物的光泽柔和、悬垂性好、透气性旨的特点。

9. 欧洲进口毛呢

欧洲进口毛呢中羊毛纤维纤细蓬松，平均直径不大于 $25\mu m$。在加工过程中，做好去杂质处理，使面料细腻平整，触感天然。

10. 国际新型记忆纤维

采用欧式进口记忆性面料，微弹，面料融入拉架工艺处理，裙子具有微弹性能，穿着更加舒适方便；抗皱免烫，面料中加入抗皱工艺处理，可长时间穿着，裤子持久有型。

（二）辅料的分类

1. 里料

裤子设计中里料使用较少，在选择里料时，要求其性能、颜色、质量、价格等与面料的统一。里料的缩水率、耐热性、耐洗涤性、强度、厚度、重量等特性应与面料相匹配；里料与面料的颜色相协调，并有好的色牢度；里料应光滑、轻软、耐用，在不影响裤子整体效果的情况下，里料与面料的档次应相匹配，还应适当考虑里料的价格并选择相对容易缝制的里料，如图 8-8 所示。

纯棉里衬　　　　　　　涤纶塔夫绸　　　　　弹力尼龙塔夫绸　　　　　针织里料

图 8-8　裤子里料的选择

2. 衬料

衬料是附在服装面料和里料之间的材料，并赋予服装特殊的造型性能和保型性能。裤子设计中衬料使用较少，裤子上需粘衬的部位有裤腰头、裤脚折边、兜盖、袋口、腰带等部位，以不影响裤子面料手感和风格为前提，从而加固裤子的局部平挺、抗皱、宽厚、强度、不易变形和可加工性。

3. 其他辅料

纽扣、拉链、挂钩及绳带等都可用于裤装紧固的辅料。同时，它们又往往被作为服饰品而用来装饰裤装。

（1）拉链。在裤子上使用较多的拉链类连接的扣件有一端闭合的常规拉链和一端闭尾的隐蔽式拉链。拉链的链牙材质、型号、颜色和数量等因素要根据裤子的设计而选择，通常使用长 10～20cm 的拉链，金属拉链常用在牛仔裤、休闲裤上；尼龙拉链用在西裤、休闲裤上；隐形拉链用在裙裤上，如图 8-9 所示。

| 无锁拉头金属拉链 | 尼龙拉链 | 锁头金属拉链 | 隐形拉链 |

图 8-9 裤子拉链的选择

（2）纽扣、挂钩。在裤子上使用较多的纽扣类连接的扣件有用压扣机固定的非缝合金属扣、电压扣和树脂扣。纽扣的种类、材料、形状尺寸、颜色和数件等因素要根据裤子的设计选择，一般金属纽扣用在牛仔裤中，电压力扣和树脂扣用在西裤、休闲裤。挂钩的形状和规格是多种多样的，一般裤子腰头两端闭合部位上常用的是片状金属挂钩，挂钩的钩状上环装订在绱门襟处腰头的里侧，挂钩的片状直环的底环装订在绱里襟处腰头的正面，如图 8-10 所示。

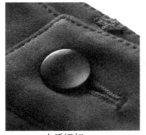   

| 木质纽扣 | 二合扣 | 四合扣 | 裤钩 |

图 8-10 裤子纽扣、裤钩的选择

（3）其他辅料。绳带、蕾丝、橡筋等，装于腰头或裤子两侧缝处，抽束来调节腰头围度或裤子两侧缝处的变化设计，可作为服饰品用来装饰裤装，如图 8-11 所示。

| 绳带 | 橡筋 | 调节扣 | 调节环 | 蕾丝 |

图 8-11 裤子其他辅料的选择

第九章

裤型的基本结构
设计原理

【学习目标】

1. 掌握裤子纸样设计重点——人体与裤子纸样的对应关系。
2. 掌握裤子纸样设计重点——腰臀差的解决方案。

【能力目标】

1. 能根据人体特征，掌握裤子各部位尺寸设计。
2. 能根据人体体型特点进行裤子腰臀差的处理。

人体下肢是一个复杂的曲面体，裤子是围包人体下肢的下装。裤子结构设计与人体下肢特征及穿着者的舒适性、合体性有很大的关系，如果结构上处理不当就会影响穿着者的运动与工作等。裤子的结构设计不仅要考虑合体美观性，还要考虑穿着者的静态特征（坐、站）和动态特征（步行、下蹲、上下台阶）的舒适感。因此，本文就下肢特征及人体运动功能对女裤从两大部分进行讲解：人体下肢静态特征与裤子的结构关系分析、人体下肢动态特征与裤子的结构关系分析。

第一节　裤子纸样设计重点——人体与裤子纸样的对应关系

一、人体下肢体表功能设定

图 9-1 显示了人体下肢体表功能的设定区。当人体静态站立时，从侧面可以观看到：腰臀间的距离为贴合区，贴合的形式是由裤子的腰省、腰褶裥形成密切的贴合区；臀沟与臀底间的距离为作用区，作用的意义在于它属于运动功能的中心部位；臀底与大腿根部间的距离为自由区，它是针对下肢运动对臀底剧烈偏移调整用的空间，同时也是裤子裆部结构自由造型的空间；下肢为裤管造型自由设计区。因此，从以上功能分析可以看出，腰臀之间、臀沟与臀底之间是裤子结构设计的重点及难点之处。

可以从图 9-2 中看到人体下肢与裤片之间密切相关的功能设定区域，前裤片覆合人体的腹部、前裆部；后裤片覆合人体的臀部、后下裆部，相对于裙子结构，裤装结构增加了裆部，WL～CRL 为裤子上裆，与人体臀底间有少量松量。FH～BH 为人体腹臀宽，FH_1～BH_1 为裤子裆宽，两者有着密切吻合的关系，且前后上裆的倾斜角与人体都有一定的对应关系，由此更直观地看到在裤片中人体下肢与结构设计间的功能性表达。

二、前后裆弯结构形成的依据

从裤子的基本纸样中发现，前裆弯都小于后裆弯，这是由人体的结构决定的。裤子基本纸样裆弯的形成是和人体臀部与下肢连接处所形成的结构特征分不开的。侧观人体臀部像一个前倾的椭圆形。以侧缝线为基准线，将前倾的椭圆分为前后两个部分，前一半的凸点靠上为腹凸，靠下较平缓的部分正是前裆弯；后一半

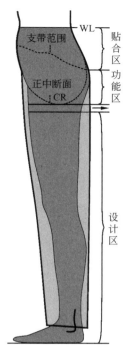

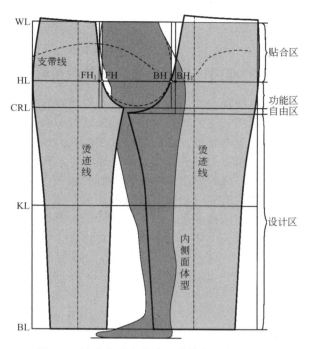

图 9-1 人体下肢体表功能设定图

图 9-2 裤片中对应人体下肢体表功能设定图

的凸点靠下为臀凸，同时也是后裆弯。从臀部前后形体的比较来看，在裤子结构的处理上，后裆弯要大于前裆弯，这也是形成前后裆弯的重要依据，如图 9-3 所示。另外，根据人体臀部屈大于伸的活动规律看，后裆的宽度要增加必要的活动量，这是后裆弯大于前裆弯的另一个重要原因。由此得出，裆弯宽度的改变有利于臀部和大腿的运动，但不宜变动其深度。

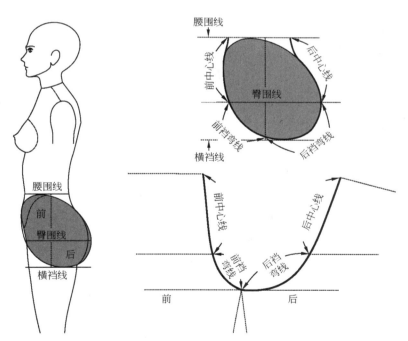

图 9-3 裤子横裆结构的构成

裤子基本纸样裆弯的设计，可以说是最小极限的设计，是满足合体和运动最一般的要求，因此，当适当缩小裆宽的时候，必须采取增加材料的弹性，以取得平衡。利用针织物和牛仔布所设计的裤子其横裆变小就是这个依据存在。相反，当增加横裆量的时候要注意几个问题，其一无论横裆量增加多少，其深度一般不变，因为裆弯宽度的增加是为了改善臀部和下肢活动，深度的增加不仅不能使下肢活动范围增大，反而是人

体下肢活动受到局限，其原理和袖子与袖窿的关系是一样的。其二是无论横裆量增加多少，都应保持前裆宽和后裆宽的比例关系；其三是增减横裆量的同时，也要相应增加臀部的放松量，使得造型比例趋于平衡的状态。

三、后片起翘、后中心线斜度与后裆弯的关系

裤子基本纸样中的后翘量、后中心线斜度和后裆弯的比例关系被看成标准的设计。标准裤子基本纸样是按照合理的比例设定的，当应用标准纸样时，必须要根据造型的要求和人体对象的不同作出选择和修正，而这种选择和修正不是随意的，是在裤子内在结构的依据上进行的。

后裤片后翘量的形成其实是为了使后中心线与后裆弯的总长增加，以满足臀部前屈时，裤子后身用量增加设计的。中心线的斜度取决于臀大肌的造型。它们的关系是成正比的，即臀大肌的挺度越大，其结构中的后中心线斜度越明显（后中心线与腰线夹角不变），后翘越大，后裆弯自然加宽。因此，无论后翘、后中心线斜度和后裆弯如何变化，最终影响它们的是臀凸，确切地说就是后中心线斜度的大小意味着臀大肌挺起的程度。其斜度愈大，裆弯的宽度也随之增大，同时臀底前屈活动所造成后身的用量就多，后翘也就越大。斜度越小各项用量就自然缩小。由此可见，无论是后翘、后中心线斜度还是后裆弯宽，其中任何一个部位发生变化，其他部位都应随之改变，如图9-4所示。

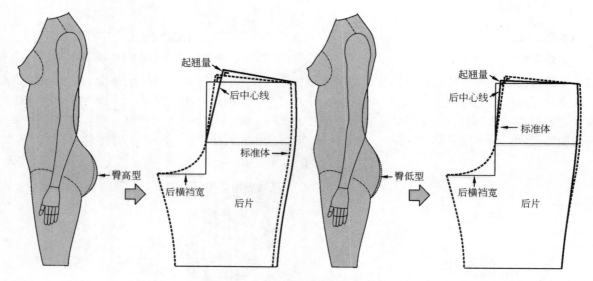

图 9-4　后中心线、后翘量与裆弯宽的制约关系

进一步分析，如果当横裆增大到一定量的时候，后中心线斜度和后翘的意义就不存在了。在裙裤结构中，后中心线呈直线、无后翘，就是这种结构关系的反映。裤子结构中没有横裆，这种牵制作用就完全消失了，裙腰线就可以按照人体的实际腰线特征设定，因此裙后腰线不仅无需起翘，还要适当下降。

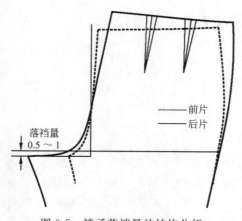

图 9-5　裤子落裆量的结构分析

四、落裆量的设置

在裤子结构设计中，后裤片横裆线比前裤片横裆线下落0.5～1.5cm为落裆量，符合人体臀底造型和运动功能性的。其主要是由前后裆宽的差量、裤长以及前后内缝曲率的不同而形成，目的是为了在加工过程中使得内缝长相等或近似，便于工艺的顺利进行，如图9-5所示。设置后裤片落裆量需要注意的是：从结构方面来看，落裆量符合人体运动学，因所处的位置是裤子的前、后内缝线，前、后下裆缝线的曲率不同是其一原因，前、后裆宽线的差值大小是其二原因，裤口的造型是其三原因，也就是说裤子

的长度、款式造型决定落裆量的大小。

五、烫迹线的合理设置

烫迹线的设定在裤子结构设计中也是关键部位之一，其直接影响裤筒的偏向及其与上裆的关系，也是判断裤子造型及产品质量的重要依据。通常裤子烫迹线设定有以下几种形式。

其一，前后烫迹线处于前后横裆宽的中心位置。此结构的裤子在制作时一般不需要归拔工艺处理，前后身烫迹线呈直线形态，常见于西裤和宽松裤结构中。

其二，前烫迹线处于前横裆宽的中心位置，后烫迹线处于后裆宽的中点向侧缝偏移0～2cm。在面料拉伸性能好、能进行归拔工艺的情况下，允许后烫迹线处于后裆宽的中点向侧缝方向偏移0～2cm，通过归拔工艺使后烫迹线呈上凸下的合体型，凸状对应人体臀部，凹状对应人体大腿部，偏移量越大，后烫迹线贴体程度越高，常见于合体裤。

其三，前后烫迹线分别进行一定量的偏移处理，由于女下肢特征的缘故，则女紧身裤的结构往往松量较少，腰、腹、臀及大腿部都呈贴体状，应选择可变形、可塑性的面料。且考虑人体大腿内侧肌肉发达，下肢的横向伸展率和前屈运动，为使得紧身裤穿着平服，调整前烫迹线前裆宽中点向侧缝方向偏移0～1cm，后烫迹线处于后裆宽中点向侧缝偏移0～1cm，常见于贴体紧身裤中，如图9-6所示。

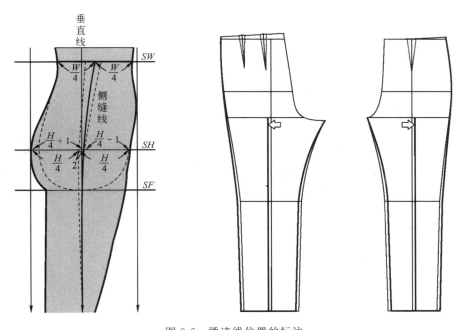

图9-6　烫迹线位置的标注

第二节　裤子纸样设计重点——腰臀差的解决方案

一、前腰围线和后腰围线

裤子的前、后腰围线与其他服装腰围线的作用不同，如裙子的腰围线、衣片的腰围线等都趋于直线，并且前后腰围线结构相同，而裤子前后腰围线的结构不同，后腰围线由于后翘的影响而呈现斜线，这是由于裤子的横裆影响所造成的。

二、腰围、臀围放松量的确定

臀围的放松量是根据裤子的外形而定的。通常情况下，合体形的裤子为8～10cm，宽松形的裤子为14～20cm，甚至更多；而紧身形的裤子为2～4cm，弹性面料的紧身裤甚至不加放松量。腰围可以不加放松量，若是秋冬季裤子，裤腰里需塞入内衣，则可放1～2cm的放松量的，见表9-1。

表 9-1　臀围加放表　　　　　　　　　　　　　　　　　　　　　　　　　　　　　　单位：cm

廓　形	臀围放松量
紧身裤	0～4（弹性面料时还可以为负数）
贴体裤	4～8
合体裤	8～12
宽松裤	12cm 以上

三、前后裤片腰部省量的确定

通常情况下，人体的腰围要比臀围小。为了使裤子达到合体效果，利用腰部收省、收褶裥等形式来体现，如图 9-7 所示。但在确定前、后裤片腰部省量时要遵循一个共同原则，即前身设定省量要小于后身，而不能相反。因为裤子省量的设定不带有更多的造型因素存在，而是尽量与实体接近，因此它有一定的局限性，这是由于臀部的凸度大于腹部的凸度所决定的。从人体腰臀横截面的局部特征分析，臀大肌的凸度和后腰差最大，大转子凸度和侧腰差量次之；最小的差量是腹部凸肚和前腰的省量，这也确定了在前后裤片基本纸样中省量设定依据在于此，同时，为了使得臀部外观造型丰满美观，要将过于集中的省量进行平衡分配，也就形成了在基本前后裤片中，为什么后片设定两个省量，前片设定一个省量，原因就在于此。

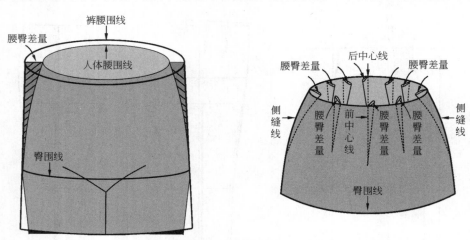

图 9-7　腰部、臀部截面及臀腰差省量分配处理图

四、裤装样板中腰臀差的处理

裤装的腰腹部及腰臀部位，是下装视觉的中心点。而腰臀差的结构处理又是裤装结构设计的关键部分，

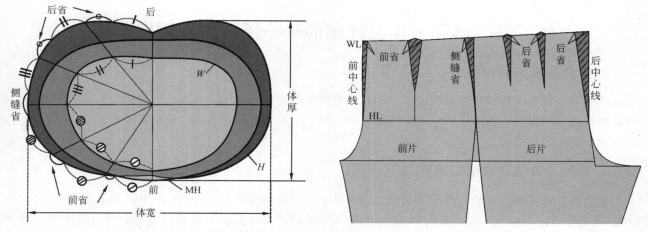

图 9-8　省道在腰臀横截面的位置及在裤片中省量设定依据的示意图

它决定了裤装外观款式造型和舒适性。通常在进行结构设计时，裤装的臀围与腰围的差数取决于人体的结构以及人体运动、造型等加放量，而腰臀差以前裤身打摺、侧缝省、后裤身省、后中心线倾斜角等形式进行设计，如图9-8所示。但在实际应用过程中，由于裤装款式的变化，例如存在横向分割线（育克）的紧身型牛仔裤，由于牛仔面料厚而不宜做省道处理，往往是采取将省量转移至分割线内的方式，如图9-9所示。当然，类似牛仔裤分割线形式同样可用于其他裤装的款式变化中。

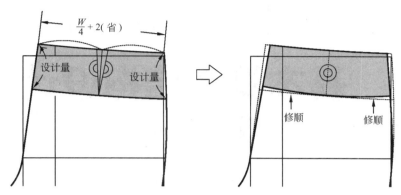

图 9-9　女式牛仔裤后片腰臀差的处理方式

第十章

基本裤子结构设计
实例分析

【学习目标】

1. 了解裤子的结构设计原理。

2. 掌握裤子的三种常见廓形的设计方法以及分割线裤子的结构设计方法。

3. 掌握不同裤型的设计原理及变化技巧。

【能力目标】

1. 能根据裤子的具体款式进行材料选择，并能根据具体人体进行各部位尺寸设计。

2. 能正确运用裤子中的分割线和褶裥、口袋等设计元素。

3. 能根据人体体型特点进行裤子的结构制图。

4. 能根据裤子的具体款式进行制板，要求既符合款式要求，又符合制作需要。

第一节　标准裤子原型结构制图

一、标准裤子原型的尺寸制订

以人体 160/68A 号型规格为标准的参考尺寸，依据是我国使用的女装号型 GB/T1335.11-2008《服装号型女子》。基本测量部位以及参考尺寸，见表 10-1。

表 10-1　成衣规格　　　　　　　　　　　　　　　　　　　　　　　　　　　　单位：cm

名称 规格	裤长	腰围	臀围	脚口	立裆深
净体尺寸	91	68	90	42	26
成品尺寸	91	70	96	42	26

二、标准裤子原型结构制图

裤子原型结构是裤型结构设计中的基本纸样，这里将根据图例分步骤进行制图说明。

（一）原型前片结构结构制图步骤

1. 臀宽、上裆深线辅助线（作长方形）的确定

做长方形宽为 H（净）$/4 + 1.5cm = 24cm$ 作为臀部的基本需求量，长为上裆深线的长方形。长方形的上边线是腰围辅助线，下边线是横裆深线，左边线是前中心线，右边线是侧缝辅助线，如图 10-1 所示。

2. 臀围辅助线和烫迹线的确定

将立裆深线三等分，从横裆线向上取立裆深线的 1/3 等分点做垂直于侧缝辅助线的垂直线，此线即臀

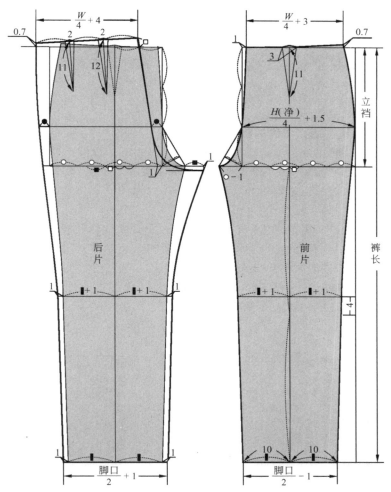

图 10-1 标准裤子基本纸样制图

围辅助线。将长方形中的横裆线四等分，每等份用"○"表示。将靠近前中心 2/4 的一份再作三等分，用"□"表示，在靠近前侧缝线的"□/3"做垂直于横裆线、臀围辅助线的垂直线并上交于腰围辅助线，下至裤口辅助线，总长为裤长尺寸 91cm，该线即前后烫迹线，如图 10-1 所示。

3. 前裆弯宽度的确定

从前中心线与横裆线的交点作横裆线的延长线，延长线的宽度为：横裆宽度 /4 − 1cm = ○ − 1cm = 5cm 为前裆弯宽度。

4. 中裆线辅助线的确定

在烫迹线上将横裆线与裤口辅助线之间距离二等分，在中点的位置向腰围辅助线方向量取 4cm，做水平线为中裆辅助线，如图 10-1 所示。

5. 前中心线、前裆弯线的确定

将前中心线与臀围辅助线的交点和前裆宽止点连线，从裆弯夹角处作垂直于该线段的垂直线并作三等分，将靠外 1/3 点作为前裆弯的参考点，用圆顺的弧线作出前裆弯线。沿此线向上至腰围辅助线顺势向侧缝辅助线方向收进 1cm 作为前中心线，如图 10-1 所示。

6. 前腰尺寸、前省大、前省长的确定

在前腰辅助线上由前中心线与腰围辅助线的交点起，向侧缝辅助线方向量取 $W/4 + 3\text{cm} = 70/4 + 3\text{cm} = 20.5\text{cm}$，且在侧缝辅助线上上翘 0.7cm，用圆顺的弧线作出腰线，前腰上的 3cm 作为省量并入烫迹线中，省长为 11cm，如图 10-1 所示。

7. 前裤口宽、前内缝线、前侧缝线的确定

在裤口辅助线与烫迹线的交点左右各取裤口宽 /3 − 0.5 = 10cm 为前裤口宽，裤口宽 1/2 用"▮"表示；前中裆宽的确定是在前裤口宽的基础上两边各追加 1cm 得到的，中裆宽 1/2 用"▮ +1"表示，臀围辅助线与前侧缝辅助线的交点为前侧缝的切点，然后用圆顺的微弧线将前侧缝线、前内缝线作好，如图10-1所示。

（二）原型后片结构制图步骤（后裤片的完成线是在前片完成线的基础上绘制）

1. 复制前片

将做好的前片完成线复制至前片的左边。

2. 后片起翘量、后裆斜线、后裆弯线的确定

从前片的横裆线与前中心辅助线的交点向前侧缝方向量取1cm，以此点向上交于前片腰线上前中心线与烫迹线的中点并上翘"□/3"，此线与臀围线的交点是后裆弯起点，此点至后腰点为后中心线，用圆顺的弧线连接后裆弯起点，后裆弯轨迹靠近裆弯夹角的三分之一等分点和后裆弯宽下移1cm的位置，完成后裆弯，如图10-1所示。

确定后片起翘量需要注意以下两点。第一，若翘势过大，后腰线与后上裆线的夹角将小于90°，这种结构会产生两种弊病，一是腰头与凸形的后腰门线不吻合，影响工艺制作；二是穿着呈立姿时，后中心处的腰部以下后裆产生横波纹，且在胯部向后产生皱纹。第二，若翘势过小，后腰线与后上裆线的夹角将大于90°，这种结构同样会产生两种弊病，一是腰头与凹形的后腰缝线不吻合，影响工艺制作；二是穿着时，后腰头后裆拉拽而产生皱痕和不适感，影响人体的运动和美观，如图10-2所示。

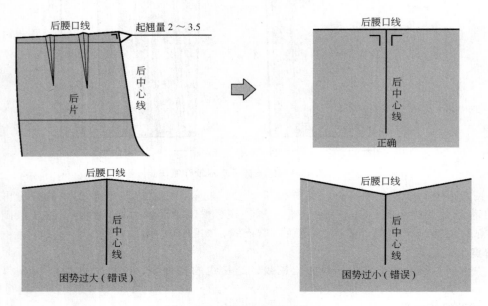

图10-2　后裤片起翘量的修正

3. 后腰线的确定

从后腰点起在腰围辅助线上量取 $W/4 + 4cm = 21.5cm$，并与前片腰侧点一样起翘0.7cm，修顺后腰线即可，如图10-1所示。

4. 后腰省位置、后腰省量大、后腰省长的确定

在后腰线上增加4cm为臀凸的两个省量，省位垂直后腰线的两个三分之一等分点作垂直线，靠近后中心线的省长为12cm，省大为2cm；靠近后侧缝的省长为11cm，省大为2cm，如图10-1所示。

5. 中裆宽、后脚口宽的确定

为了取得后片和前片臀围宽度的一致，后裆弯起点和前裆弯起点间的距离，在后片臀围线上补齐，以"■"表示，并以此作为后侧缝线的臀部轨迹。后侧缝线所通过的中裆宽线和裤口宽分别比前片增加1cm，后内缝线增加的追加量和后侧缝相同，确定出后片的中裆宽和裤口宽，如图10-1所示。

6. 后内缝线、后侧缝线的确定

分别将后侧缝与后内缝中的轨迹点用圆顺的曲线连接，完成后裤片。

第二节 基础裤子裤型设计实例分析

　　裤子廓型的基本形式分为三种，即直筒裤、锥形裤、喇叭裤。它们各自的结构特点是由其造型所决定的，影响裤子造型的结构因素有臀部的收紧和强调、裤口宽度与裤摆的升降，并且这些因素在造型上是互为协调的。当强调臀部时，相应要将裤口收窄，提高裤摆位置，在廓型上形成锥形裤，在结构上则采用腰部收褶及高腰等处理方式；当收紧臀部造型时，相应要加宽裤口而使裤摆下降，造型呈现喇叭裤，在结构上多采用臀部无褶裥和低腰设计；筒形裤属于中性，在裤筒结构不变的情况下，臀部的结构处理应灵活运用。这三种裤子廓型的结构组合构成了裤子造型变化的内在规律，因此，这种影响裤子廓型的结构关系对整个裤子的纸样设计具有指导性，如图10-3所示。

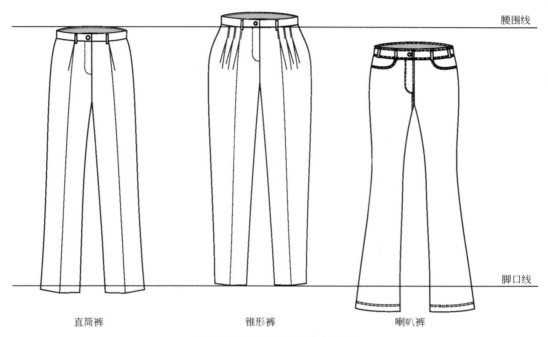

图 10-3　裤子廓型的基本形式

一、直筒裤实例分析

（一）直筒裤款式说明

　　H形轮廓的直筒裤型其款式特点是束腰、臀部放松量适中、膝盖与裤口尺寸保持一致而称直筒裤。修身利落的裁剪衬托出腿部的曲线，搭配衬衣、西服、风衣都能穿出别样的气质；直筒裤脚设计令双腿看起来更为修长高挑，把整个裤型修饰的更为大气。

　　由于人们的年龄、文化修养、生活习惯、性格爱好不同，可选择不同色泽的裤料。性格活泼的青年人可选用浅色面料；中老年人则可选用深颜色面料。此款裤子用料较广泛，混纺织物、人造纤维、麻混纺交织织物等面料均可。春秋季节选择面料可选用毛纺织品中的毛凡尔丁、毛花呢、毛涤纶等品种，如图10-4所示。

1. 裤身构成

直筒裤在结构设计上，前裤片单褶裥、后裤片双（单）省，侧缝处有斜插袋，前中心处上拉链。

2. 裤里

根据款式的需求和裤子面料的厚薄以及透明度确定裤里加放，里子长度至膝盖即可。

3. 腰

绱腰头，右搭左，并且在腰头处锁扣眼，装纽扣。

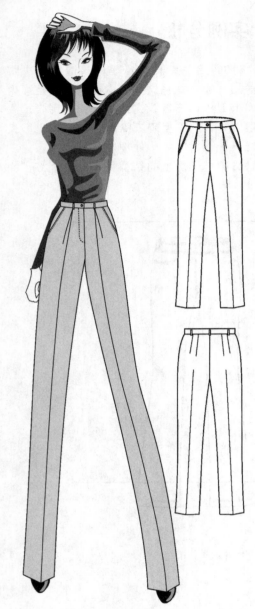

图 10-4 直筒裤效果图、款式图

4. 拉链

缝合于裤子前门襟处，装拉链，长度比门襟长度短 1～2cm，颜色与面料色彩相一致。

（二）直筒裤面料、里料、辅料的准备

1. 面料

幅宽：144cm、150cm、165cm。

估算方法为：（裤长－腰宽）＋裤口折边＋起翘＋缝份＋裤长×缩率＝裤长＋5cm 左右。

2. 里料

幅宽：140cm 或 150cm。

估算方法为：50cm 左右。

3. 辅料

（1）薄黏合衬：幅宽为 90cm 或 112cm 薄黏合衬，用于裤腰里、前片插袋处。

（2）拉链：缝合于前裆缝的拉链，长度在 18～20cm，颜色应与面料色彩保持一致。

（3）纽扣：直径为 1cm 的 1 个（裤腰底襟）。

（三）直筒裤结构制图

1. 制订直筒裤成衣尺寸

成衣规格是 160/68A，依据是我国使用的女装号型是 GB/T1335.2—2008《服装号型女子》。基准测量部位以及参考尺寸，见表 10-2。

表 10-2 直筒裤成衣规格　　　　单位：cm

名称 规格	裤长	腰围	臀围	脚口	立裆	腰宽
尺寸	98～102	70	96	39	26	3.5

2. 直筒裤制图要点

直筒裤以几何"长方形"来描述，首先建立直筒裤的廓型。直筒裤裤长超过基型裤裤长；直筒裤的裤长按照筒裤口的大小来确定长度，裤口窄时，裤长距地面 6～8cm，裤口宽时，距地面 2cm。裤口尺寸较筒裤窄直筒裤是以基型裤子为标准，它的结构表达形式就是裤子基本纸样，且有两种造型结构形式，一是以省形式出现的直筒裤，二是以褶形式出现的直筒裤。前者是直接采用基本纸样的省量作臀部合身的处理；后者加大褶量在侧缝增加 1cm，使原省量改为活褶制作，增强实用功能性。

无论哪一种直筒裤在造型结构处理上裤口宽度应比中裆线两边宽度要窄，这意味着纸样显示的是下窄上宽的非直筒状结构，但是这种纸样的成型不会成为锥形裤，只是一种视错效应。所以，在作筒裤结构设计时，应有意识将裤筒设计成上宽下窄的微锥形，以弥补这种错觉。如果将裤筒结构设计成上下相同的尺寸，成型后便产生小喇叭形的错觉。

3. 直筒裤制图步骤

直筒裤属于裤型结构中的基本纸样，这里将根据图例分步骤进行制图说明。

（1）建立直筒裤的框架结构

① 前、后原型位置的确定。将裤子的原型按照腰围辅助线、臀围辅助线、烫迹线、脚口辅助线放置摆好，如图 10-5 所示。

② 裤长辅助线（前侧缝辅助线）的确定。由成品裤长－腰宽（3.5cm）＝97.5cm，如图 10-5 所示。

③ 前脚口辅助线的确定。作水平线与裤长辅助线垂直相交，与原型中的腰围辅助线保持平行。

④ 前立裆深线的确定。立裆深线的确定与原型的立裆深线保持一致。

⑤ 前臀围线的确定。由横裆线量取立裆深线的 1/3，确定出臀围线。

⑥ 前中裆线的确定。按横裆线至裤口辅助线的 1/2 向上抬高 5cm，并且平行于脚口辅助线，确定前中裆线。

⑦ 前臀围值的确定。在臀围线上，以侧缝辅助线与臀围线的交点为起点，取 $H/4 = 24cm$，做垂直于上平线的垂线。

⑧ 前裆宽线的确定。前裆宽线的确定与原型中的前裆宽线保持一致。

⑨ 前烫迹线的确定。前烫迹线的位置与原型中烫迹线的位置保持一致，如图 10-5 所示。

⑩ 后片裤长辅助线、腰围辅助线、脚口辅助线、立裆深线位置的确定。后片裤长辅助线、腰围辅助线、脚口辅助线、立裆深线的确定是与前片保持一致。

⑪ 后臀围线、后中裆线位置的确定。后臀围线、后中裆线位置的确定与前片保持一致。

⑫ 后臀围宽值的确定。在后臀围线上，以侧缝辅助线与臀围线的交点为起点，取 $H/4 = 24cm$，作垂直于腰围线的垂直线。

（2）建立直筒裤的结构制图步骤

① 前裆内偏量的确定。由前裆直线与腰围辅助线的交点向侧缝方向劈进 1cm，将前裆内斜线画圆顺，与原型保持一致。

② 前腰围尺寸的确定。由前中心线内偏量 1cm 起，量取前腰围大 = $W/4 +$ 裥（3cm）= 20.5cm。

③ 前脚口尺寸的确定。按脚口 /2 - 2cm = 17.5cm，以前烫迹线为中点在两侧平分，以"▌"表示。

④ 前中裆大尺寸的确定。由于本款是直筒裤，因此裤子的中裆大尺寸略微比脚口宽尺寸大，使得成形后筒裤无视错感，以前烫迹线为中点在两侧平分，以"▌+0.5"表示，如图 10-5 所示。

⑤ 前侧缝弧线的确定。由侧缝线辅助线与前腰围尺寸的交点、侧缝辅助线与臀围线的交点、中裆宽点至脚口大点连接画顺。

⑥ 前下裆弧线的确定。由前裆宽线与横裆线交点至脚口大点连接画顺。

⑦ 前褶裥定位的确定。前片反裥大为 3cm，以前烫迹线为界，向侧缝方向量取 0.7cm（褶裥倒向前中心方向）；裥长为臀围线向上 3cm，如图 10-5 所示。

⑧ 侧缝斜袋位的确定。在前侧缝弧线上，由上平线与侧缝弧线的交点向前中心方向量取 3cm，作为侧缝斜袋位的起点，从此点起和臀围线与侧缝弧线的交点连一条斜线，在这条斜线上由臀围线与侧缝弧线的交点量取 15cm 为袋口大，口袋布的结构设计方法，如图 10-6 所示，袋布宽是由侧缝腰节点向前中腰节点取 12～14cm，要满足手的宽度加松量；袋布深度取 30～33cm，需要满足插手的舒适度。

⑨ 前门襟位置的确定。在前裆内劈势线上，作 3.5cm 的门襟宽，由小裆尖向裆弯处量取 2cm 作为门襟尖点的依据。

⑩ 后裆缝斜线、后裆宽线的确定。后裆缝斜线、后裆宽线的确定均以原型作法一致，如图 10-5 所示。在这里需要注意的是：后裆起翘量是由两方面的因素决定的。一是人体常有下蹲、抬腿、向前弯曲等动作，必须增加一定的后裆缝长度满足人体活动需要。倘若后裆缝过短会牵制人的下体活动，裆部会有吊紧的不适感。二是由于后裆缝困势的产生而形成的。若两个大于 90°的角缝缝合后会产生凹角，需补上一定的量以达到水平状态，且后裆缝困势角的大小直接影响起翘量的多少。

⑪ 后腰围尺寸的确定。由新的后起翘点向腰围辅助线量取后腰围大 = $W/4 +$ 省（4）= 21.5cm，确定出后腰围线。

⑫ 后脚口尺寸的确定。在脚口辅助线上按脚口宽 /2 + 2cm = 21.5cm，以后烫迹线为中点在两侧平分，确定后脚口尺寸，以"◆"表示，如图 10-5 所示。

⑬ 后中裆大的确定。由于本款式是直筒裤，因此裤子的中裆大尺寸略微比脚口宽尺寸大，使得成形后筒裤无视错感，以后烫迹线为中点在两侧平分，以"◆+0.5"表示。

⑭ 后侧缝弧线的确定。由腰围辅助线与后腰围大的交点至后中裆大外缝点脚口大外缝点点连接画顺。

⑮ 后下裆弧线的确定。由后裆宽点至后中裆大内缝点至脚口大点连接画顺。

⑯ 确定落裆线。与原型中的落裆线保持一致。

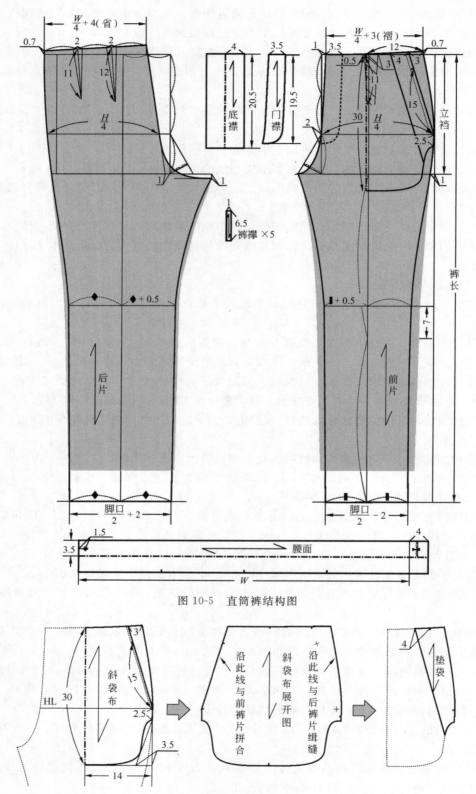

图 10-5 直筒裤结构图

图 10-6 斜插袋袋布结构制图

⑰ 后省定位的确定。以后腰缝线三等分定位。省中线与腰缝直线垂直。省大均是 2cm，省长分别是：靠近后中心的省长为 12cm（设计量），靠近侧缝的省长为 11cm（设计量），如图 10-5 所示。

⑱ 腰宽的确定。腰宽为 3.5cm，长为 W + 搭门量（4cm）= 74cm。由于腰面和腰里都是一体，将其双折，腰头宽为 7cm。在腰头处加上底襟宽度 4cm，即确定腰头的长度和宽度。

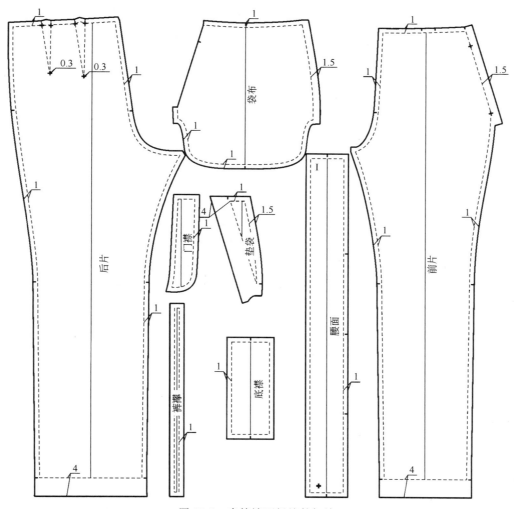

图 10-7　直筒裤面板缝份加放

⑲ 裤襻的确定：裤襻宽为 1cm，长为 6.5cm；裤襻数量根据裤子的款式而定，如图 10-5 所示。

⑳ 门襟、底襟的确定。门襟长 19.5cm，宽 3.5cm；底襟长 20.5cm，宽 8cm。

（四）直筒裤纸样的制作

基本造型纸样绘制之后，就要依据生产要求对纸样进行结构处理图的绘制，修正纸样，凡是有缝合的部位均需复核修正，如下裆缝线、侧缝等。

（五）直筒裤工业样板的制作

修正纸样后，就要依据生产要求对纸样进行结构处理图的绘制，进行缝份加放，如图 10-7、图 10-8 所示。完成直筒裤的工业样板的制作，如图 10-9、图 10-10 所示。

（六）直筒裤排料示意图

本款裤子的排料图只是单裁单量的排料示意图，在实际工作中要根据选料的幅宽合理排料，裁片中裤腰、门襟、底襟、裤襻均为一片，要合理摆放，如图 10-11 所示。在工业化批量生产中单皮套裁排料更合理省料。

二、锥形裤实例分析

（一）锥形款式说明

锥形裤最早在 1977 年秋冬的巴黎时装发布会中发表，1978 年春夏大流行，超长尺寸的上衣与锥形裤组

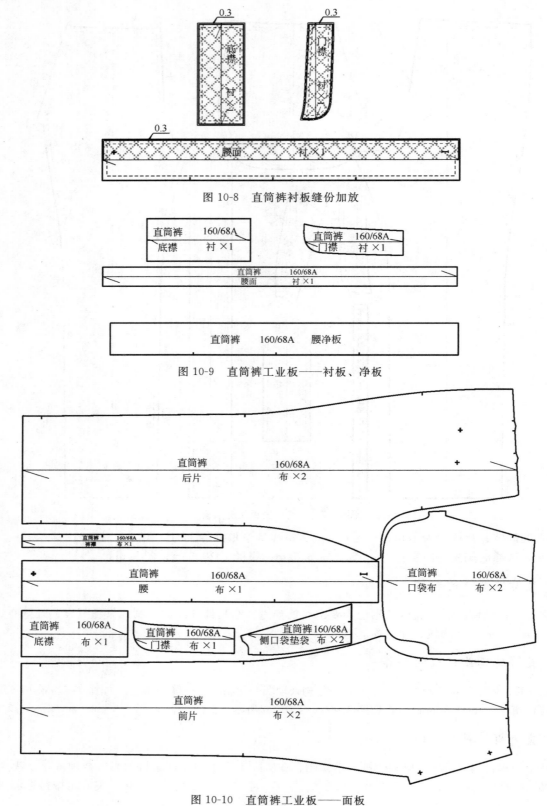

图 10-8　直筒裤衬板缝份加放

图 10-9　直筒裤工业板——衬板、净板

图 10-10　直筒裤工业板——面板

合穿着是当时的风尚。

　　锥形裤是指轮廓保持锥子形状的裤子，它在腰围部分作褶裥，使之在腰围和臀围部分宽敞，呈现较多的臀围放松量，而裤口部位则逐渐收小变窄，形成类似锥子或萝卜状，故也称萝卜裤。锥形裤前片的腰褶量与臀部的放松量成正比，当裤口小于踝围尺寸时，为了穿脱方便宜在裤口设计开衩或拉链。本款裤子属于基本

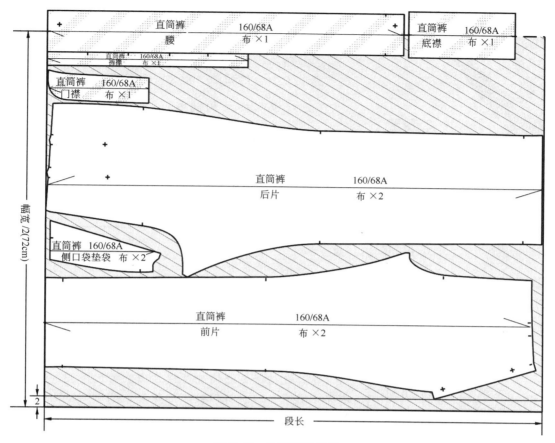

图 10-11 直筒裤排料图

款锥形裤，适合各类人群穿着，不分季节性，特点为：腰围收褶裥，臀围加大放松量，脚口收窄等基本形式。

本款锥形裤根据不同季节和穿用目的分别选用不同类型的面料进行裤装设计。从季节来分，春夏裤料多采用薄型织物，如凡立丁、凉爽呢、卡其、中平布、亚麻布以及丝织品等，而秋冬季则多选全毛或毛涤混纺织物、纯化纤织物、全棉织物等，如图10-12所示。

1. 裤身构成

在标准裤型的基础上，将臀围松量加大，中裆、脚口收窄；前裤片腰围收 3 个褶裥，后片收 2 个省，前开襟，绱拉链的裤型结构。

2. 裤腰里

绱腰头里，右搭左，并且在腰头处锁扣眼，钉纽扣。

3. 拉链

拉链缝合在裤子前中心线上，长度在约 19～21cm，颜色应与面料色彩保持一致。

4. 纽扣

直径为1cm 的树脂扣（用于腰口处）。

（二）锥形裤面料、里料、辅料的准备

1. 面料

幅宽：144cm、150cm。

估算方法为：（裤长－腰宽）＋裤口折边＋起翘＋缝份＋（裤长×缩率）＝裤长＋5cm 左右。

2. 辅料

（1）薄黏合衬

幅宽为 90cm 或 112cm，用于裤腰里处。

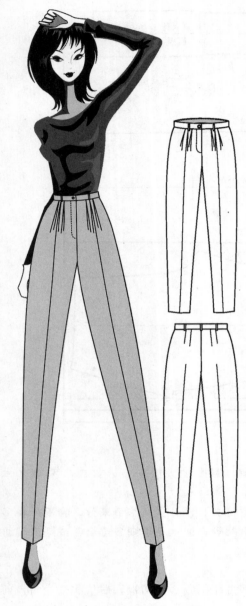

图 10-12 锥形裤效果图、款式图

（2）拉链

缝合于前裆缝的拉链，长度在 18～20cm，颜色应与面料色彩相一致。

（3）纽扣

直径为 1cm 的纽扣一套（裤腰底襟）。

（三）锥形裤结构制图

1. 制订锥形裤成衣尺寸

成衣规格是 160/68A，依据是我国使用的女装号型是 GB/T1335.2—2008《服装号型女子》。基准测量部位以及参考尺寸，见表 10-3。

表 10-3　锥形裤成衣规格　　　　　单位：cm

规格 \ 名称	裤长	腰围	臀围	中裆	脚口	立裆	腰头宽
尺寸	100	70	96	44	32	26	3.5

2. 锥形裤制图要点

筒形裤以几何"长方形"来描述，而锥形裤则可以用"倒梯形"来描述。首先建立锥形裤的廓型：裤长不宜超过踝骨点；裤口尺寸较筒裤窄，仅满足踝围尺寸，当锥形裤裤口围度小于踝围尺寸时，在裤子侧缝需加开衩处理，由此看来，锥形裤的造型是有意识造成宽臀、裤口收窄的效果。图 10-13 显示腰部的三个活褶裥和裤口收窄的造型就是基于这种廓型特征的结构处理。

在纸样设计中，前片三个活褶裥的增加可用切展的方法完成。切展方法如下。

① 前片腰围辅助线与烫迹线的交点起作为剪开点。

② 设计切展量为 6cm 作为腰围褶量直至裤口宽线与烫迹线的交点处，与原型省量 3cm 形成 9cm 的腰围褶量（腰围褶量设计可根据款式需求加大或减小褶量），同时也加大了臀围放松量。

③ 分别将结构线进行调整，且将裤口、中裆调整为锥形造型，如图 10-13 所示。

在这里还需要说明一点：不同形态锥形裤的结构设计由款式造型需求而定。本款锥形裤属于基本款式，因此，在这里只将前片的腰围加大褶裥量、臀围加大放松量、脚口收窄、中裆线进行调整；后片只将脚口收窄、中裆线进行调整之外，其余结构部位保持不变。

3. 锥形裤制图步骤

锥形裤属于裤型结构中典型的基本纸样，这里将根据图例分步骤进行制图说明。

（1）建立锥形裤的框架结构

① 前、后原型位置的确定。将裤子的原型按照腰围辅助线、臀围辅助线、横裆辅助线、中裆辅助线、烫迹线、脚口辅助线放置摆好，如图 10-14 所示。

② 前裤片展开量的确定。第 1 步，前片腰围辅助线与烫迹线的交点起作为剪开点。第 2 步，切展量为设计量 6cm 作为腰围褶量直至裤口宽线与烫迹线的交点处，与原型省量 3cm 形成 9cm 的腰围褶量，同时也加大了臀围放松量，如图 10-14 所示。

③ 前裤片辅助线的重新确定。重新确定腰围辅助线、臀围辅助线、横裆辅助线。

④ 裤长辅助线（前侧缝辅助线）的确定。成品裤长（100cm）－腰宽（3.5cm）＝96.5cm，如图 10-14 所示。

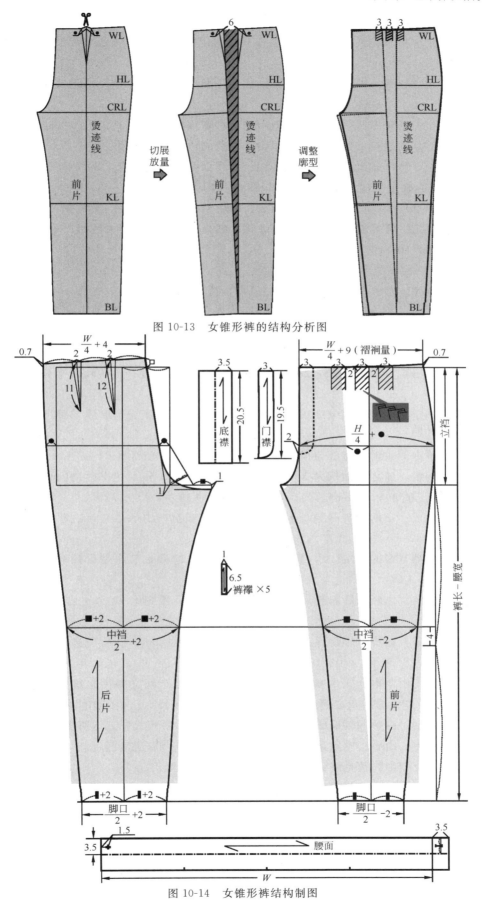

图 10-13　女锥形裤的结构分析图

图 10-14　女锥形裤结构制图

⑤ 脚口辅助线的确定。做水平线与裤长辅助线垂直相交，且与腰围辅助线保持平行。

⑥ 前中裆线的确定。按横裆线至裤口辅助线的 1/2 向上抬高 4cm，并且平行于脚口辅助线，确定前中裆线，如图 10-14 所示。

⑦ 前臀围值的确定。在臀围线上，以侧缝辅助线与臀围线的交点为起点，取 $H/4 + ●$ 做垂直于上平线的垂线。

⑧ 前裆宽线的确定。前裆宽线的确定与原型中的前裆宽线保持一致，如图 10-14 所示。

⑨ 前烫迹线的确定。前烫迹线的位置与原型中烫迹线的位置保持一致。

⑩ 后片裤长辅助线、腰围辅助线、脚口辅助线、立裆深线位置的确定。后片裤长辅助线、腰围辅助线、脚口辅助线、立裆深线的确定与前片保持一致，如图 10-14 所示。

⑪ 后臀围线、后中裆线位置的确定。后臀围线、后中裆线位置的确定与前片保持一致。

⑫ 后臀围宽值的确定。在后臀围线上，以侧缝辅助线与臀围线的交点为起点，取 $H/4 = 24cm$，作垂直于腰围线的垂直线，如图 10-14 所示。

（2）建立锥形裤的结构制图步骤

① 前裆内偏量的确定。前裆内斜线与切展量之后的前裆斜线保持一致，如图 10-14 所示。

② 前腰围尺寸的确定。由前中心线与腰围辅助线的交点起，量取前腰围大 $= W/4 + 裥（9cm）= 26.5cm$，如图 10-14 所示。

③ 前脚口尺寸的确定。按脚口 /2 - 2cm = 14cm，以前烫迹线为中点在两侧平分，以"▌"表示。

④ 前中裆大尺寸的确定。按中裆 /2 - 2cm = 20cm，以前烫迹线为中点在两侧平分，以"■"表示，如图 10-14 所示。

⑤ 前侧缝弧线的确定。由侧缝线辅助线与前腰围尺寸的交点、侧缝辅助线与臀围线的交点、中裆宽点至脚口大点连接画顺。

⑥ 前下裆弧线的确定。由前裆宽线与横裆线交点至脚口大点连接画顺。

⑦ 前褶裥定位的确定。前片活褶裥为 3 个，以前烫迹线为界，分别作出褶裥的位置；向侧缝方向量取 0.7cm（褶裥倒向前中心方向）；活褶裥长为 5cm，如图 10-14 所示。

⑧ 前门襟位置的确定。在前裆内劈势线上，作 3cm 的门襟宽，由小裆尖向裆弯处量取 2cm 作为门襟尖点的依据。

⑨ 后裆缝斜线、后裆宽线的确定。后裆缝斜线、后裆宽线的确定与原型后裆缝斜线、后裆宽线的确定保持一致即可，如图 10-14 所示。

⑩ 后腰围尺寸的确定。由新的后起翘点向腰围辅助线量取后腰围大 $W/4 + 省（4）= 21.5cm$，确定出后腰围线。

⑪ 后脚口尺寸的确定。在脚口辅助线上按脚口宽 /2 + 2cm = 18cm，以后烫迹线为中点在两侧平分，确定后脚口尺寸，以"▌ + 2"表示，如图 10-14 所示。

⑫ 后中裆大的确定。由于本款式是锥形裤，因此裤子的中裆大尺寸略微比脚口宽尺寸大，使得成形后锥形裤无视错感，以后烫迹线为中点在两侧平分，以"■ + 0.5"表示，如图 10-14 所示。

⑬ 后侧缝弧线的确定。由腰围辅助线与后腰围大的交点至后中裆大外缝点脚口大外缝点点连接画顺。

⑭ 后下裆弧线的确定。由后裆宽点至后中裆大内缝点至脚口大点连接画顺。

⑮ 确定落裆线。与原型中的落裆线保持一致，如图10-14所示。

⑯ 后省定位的确定。以后腰缝线三等分定位。省中线与腰缝直线垂直。省大均是 2cm，省长分别是靠近后中心的省长为 12cm（设计量）和靠近侧缝的省长为 11cm（设计量）。

⑰ 腰宽的确定。腰宽为 3.5cm，长为 $W + 搭门量（3.5cm）= 73.5cm$。由于腰面和腰里都是一体，将其双折，腰头宽为 7cm。在腰头处加上底襟宽度 3.5cm，即确定腰头的长度和宽度。

⑱ 裤襻的确定。裤襻宽为 1cm，长为 6.5cm；裤襻数量根据裤子的款式而定，如图 10-14 所示。

⑲ 门襟、底襟的确定。门襟长为 19.5cm，宽 3cm；底襟长 20.5cm，宽 4cm。

三、喇叭裤实例分析

（一）喇叭裤款式说明

喇叭裤的出现有其时代必然性。在1978改革开放的第一年部分年轻人不再压抑自己的个性，敢于突破传统，带有反叛心的学生穿着喇叭裤走进校园，闯入更多人的视线，穿上这样的裤子对于他们来说，就是当时世界上最时髦的。

喇叭裤是指通过展宽裤脚以形成上窄下宽的帐篷形轮廓特征的裤子总称，既实用又有使人体下身修长的美感。喇叭裤对体型是比较挑剔的，穿着者的臀部不能过大，大腿不能太粗，否则只会令缺点更加明显。而只要是粗细适中的腿形，穿上小喇叭裤都能勾勒出腿形美丽的线条。穿略带弹性的纯棉微型喇叭裤，能很好地体现臀部和腿部的曲线美，让腿看起来又直又长，故喇叭裤特别被广大的年轻女性所喜爱。

本款低腰喇叭裤的穿用范围很广，多作为时装和日常装来穿用，搭配随意，多与衬衫、风衣、皮草、宽松式毛衣、西装等互相衬托。设计制作喇叭裤的面料除了不要使用感觉很厚的面料之外，一般裤子用料或平纹毛料均可，如图10-15所示。

1. 裤身构成

在原型裤子基础上，将上裆减短，臀围收紧，膝围线上升，且收窄，裤口扩宽。前裤片腰口不收褶裥或省，后片拼接育克，前开襟，上拉链的裤型结构设计。

2. 裤腰

绱腰头，左搭右，并且在腰头处锁扣眼，装订四件扣。

3. 拉链

拉链缝合于裤子前中心处，长度在约14～16cm，颜色应与面料色彩相一致。

4. 纽扣

直径为1cm的四件扣一套（用于腰口处）。

（二）面料、里料、辅料的准备

1. 面料

幅宽：144cm、150cm、165cm。

估算方法为：裤长－腰宽＋裤口折边＋起翘＋缝份＋裤长×缩率＝裤长＋5cm左右。

2. 里料

此款一般不需要里料。

3. 辅料

（1）薄黏合衬：幅宽为90cm或112cm，用于裤腰里。

（2）拉链：缝合于前裆缝的拉链，长度在18～20cm，颜色应与面料色彩相一致。

（3）纽扣：直径为1～1.5cm的四件扣一套（裤腰底襟）。

（三）喇叭裤结构制图

1. 制订喇叭裤成衣尺寸

成衣规格是160/68A，依据是我国使用的女装号型是GB/T1335.11-2008《服装号型女子》。基准测量部位以及参考尺寸，见表10-4。

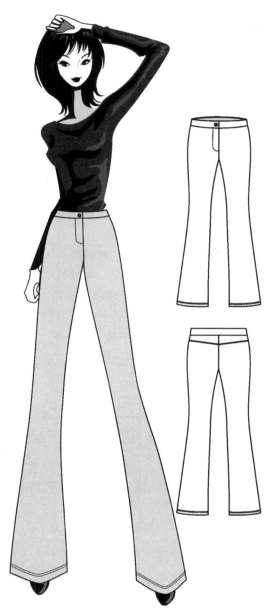

图10-15 女低腰喇叭裤效果图、款式图

表 10-4　女喇叭裤成衣规格　　　　　　　　　　　　　　　　单位：cm

名称 规格	裤长	（制图腰围）	腰围	臀围	脚口	中档	腰头宽
尺寸	100	70	81	94	48	40	3.5

2. 喇叭裤制图要点

喇叭裤可以用"正梯形"来描述，喇叭裤的轮廓造型的设计变化是通过移动中档线位置的高低以及增宽裤子裤口的大小来实现。建立喇叭裤的廓型：喇叭裤由于裤口加大，是三种基型裤中裤长最长的一种裤型，喇叭裤的裤长可以从宽口筒裤裤长一致，距地面2cm。由于裤长较长，在裤口线的设计上要满足足的基本形态，形成前短后长的状态。喇叭裤为无省结构设计，因此，要降低腰线，消减臀腰差。喇叭裤多为紧身设计，由于其臀部合体，使得腰臀差相对较小，在前裤片上将剩余的前腰省可以直接转移到侧缝消减形成无省结构形式，在后裤片上后腰省亦可保留或转移至育克中。

3. 喇叭裤制图步骤

喇叭裤属于裤型结构中典型的基本纸样，这里将根据图例分步骤进行制图说明。

（1）建立低腰喇叭裤的框架结构

① 裤子辅助线位置的确定。将裤子的按照原型法确定出来腰围辅助线、臀围辅助线、横档辅助线、中档辅助线、烫迹线、脚口辅助线，如图 10-16 所示。

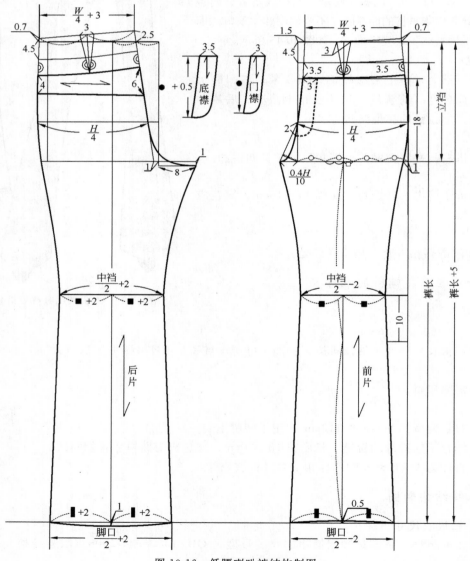

图 10-16　低腰喇叭裤结构制图

② 裤长辅助线（前侧缝辅助线）的确定。成品裤长(100cm) + 5cm = 105cm，如图 10-16 所示。

③ 脚口辅助线的确定。做水平线与裤长辅助线垂直相交，且与原型腰围辅助线保持平行。

④ 前中裆线的确定。按横裆线至裤口辅助线的 1/2 向上抬高 10cm，并且平行于脚口辅助线，确定前中裆线，如图 10-16 所示。

⑤ 前烫迹线的确定。将横裆线四等分，每等份用"○"表示。将靠近前中心 2/4 的一份再作三等分，用"□"表示，在靠近前侧缝线的□/3 做垂直于横裆线、臀围辅助线的垂直线并上交于腰围辅助线，下至裤口辅助线，该线即前后烫迹线，如图 10-16 所示。

⑥ 前臀围值的确定。臀围线上，取 $H/4 = 23.5cm$ 即可，如图 10-16 所示。

⑦ 前裆宽线的确定。从前中心线与横裆线的交点起作横裆线的延长线，延长线的宽度为 $0.4H/10 - 1cm \approx 4cm$，为前裆弯宽度。

⑧ 成品前腰围辅助线的确定。腰围辅助线与横裆深线的交点起向侧缝辅助线方向量取 18cm，由该点作平行线平行于臀围辅助线。

⑨ 后片裤长辅助线、腰围辅助线、脚口辅助线、立裆深线位置的确定。后片裤长辅助线、腰围辅助线、脚口辅助线、立裆深线的确定是与前片保持一致。

⑩ 后臀围线、后中裆线位置的确定。后臀围线、后中裆线位置的确定与前片保持一致。

⑪ 后臀围宽值的确定。臀围线上，以烫迹线不变的情况下，在后中心线与臀围线的交点在臀围线上取 $H/4 = 23.5cm$ 即可，如图 10-16 所示。

（2）建立低腰喇叭裤的结构制图步骤

① 前裆内偏量的确定。由前裆辅助线与腰围辅助线的交点起向侧缝方向偏进 1.5cm，将前裆斜线（前中心线）画圆顺。

② 前腰围尺寸的确定。由前中心线偏进 1.5cm 起，量取前腰围大 = $W/4$ + 省（3cm）= 20.5cm。

③ 前脚口尺寸、前脚口线的确定。在脚口辅助线上，按脚口 /2 - 2cm = 22cm，以前烫迹线为中点在两侧平分，以"▮"表示；由前烫迹线与脚口辅助线的交点向腰围线方向量取 0.5cm，最后将前脚口尺寸的内外缝点和 0.5cm 点连线，绘制出前脚口线，如图 10-16 所示。

④ 前中裆大尺寸的确定。在中裆辅助线上，按中裆 /2 - 2cm = 18cm，以前烫迹线为中点在两侧平分，以"■"表示。

⑤ 前裆弯弧线的确定。过前裆宽点作臀围线的垂直线，由该点和前裆直线延长线与横裆线交点连线，将改线段三等分，由前挡斜线与臀围线交点过靠近横裆线的 1/3 点至前裆宽点画圆顺，如图 10-16 所示。

⑥ 前侧缝弧线的确定。由侧缝线起翘 0.7cm 点至侧缝辅助线与臀围线的交点至前中裆大外缝点至脚口大外缝点连接画圆顺，即前侧缝弧线。

⑦ 前下裆弧线的确定。由前裆宽线与横裆线交点与横裆线交点至脚口大内缝点连接画圆顺，即前下裆弧线。

⑧ 成品前腰线的确定。由成品前腰围辅助线起做平行于前腰围辅助线的平行线 4.5cm，即成品前腰围线，如图 10-16 所示。

⑨ 成品前腰面的确定。由成品前腰线向原型腰围辅助线方向量取 3.5cm 宽作平行线，确定出成品前腰面，如图 10-16 所示。

⑩ 前侧缝弧线的确定。在前侧缝辅助线上消掉原型腰线至成品腰面宽的距离，即为前侧缝弧线，如图 10-16 所示。

⑪ 前省位置的确定。以烫迹线平分前省大 3cm，省长至成品前腰口线。

⑫ 前门襟位置的确定。在前裆内劈势线上，作 3cm 的门襟宽，门襟长为"●"（由臀围线与前直裆的交点处向下量取 2cm 作为门襟尖点的依据）；底襟在制作时要盖住门襟，因此长度比门襟长 0.5cm，宽度比门襟宽 0.5cm，如图 10-16 所示。

⑬ 原型后腰围尺寸的确定。过腰围辅助线将后裆斜线延长，确定后裆起翘量 2.5cm，由起翘点向腰围辅助线量取后腰围大 = $W/4$ + 省（3cm）= 20.5cm，确定出后腰围线。

⑭ 后脚口尺寸的确定。在脚口辅助线上，按脚口 /2 + 2cm = 26cm，以后烫迹线为中点在两侧平分，确定后脚口尺寸，以"▮ + 2"表示，由后烫迹线与脚口辅助线的交点向腰围线方向量取 1cm，最后将后脚口

尺寸的内外缝点和1cm点连线，绘制出后脚口线，如图10-16所示。

⑮ 后中裆大尺寸的确定。在中裆辅助线上，按中裆/2 + 2cm = 22cm，以后烫迹线为中点在两侧平分，以"■ + 2"表示，如图10-16所示。

⑯ 后裆弯弧线、落裆线的确定。在横裆线山，由横裆线与后中心辅助线的交点起作横裆线的延长线8cm，且由8cm点垂直向下1cm（后下裆线长减前下裆线长之差0.7～1cm）作平行于横裆线的平行线，在其基础上将后裆弯弧线画圆顺，如图10-16所示。

⑰ 后侧缝辅助弧线的确定。由原型腰围线与成品腰围线的交点至后中裆大外缝点至脚口大外缝点连接画圆顺。

⑱ 成品后腰线的确定。由成品后腰围辅助线起做平行于后腰围线的平行线4.5cm，即成品后腰围线，如图10-16所示。

⑲ 成品后腰面的确定。由成品后腰线向腰围辅助线方向量取3.5cm宽作平行线，确定出成品后腰面，如图10-16所示。

⑳ 后侧缝弧线的确定。在后侧缝辅助线上消掉腰线至成品腰面宽的距离，即为后侧缝弧线，如图10-16所示。

㉑ 后下裆弧线的确定。由后裆宽点至后中裆大内缝点至脚口大点连接画顺。

㉒ 后省位置的确定。将后腰辅助线平分二等分，以等分点平分后腰省大3cm，省长至后腰口线。

㉓ 后育克的确定。在后裤片上，在后侧缝弧线上由成品腰围线下脚口辅助线方向量取4cm（设计量），在后裆缝斜线上由成品腰围线向脚口方向量取6cm（设计量），连接两点确定出后育克大，如图10-16所示。

㉔ 门襟、里襟的确定。门襟长为"●"，宽为3cm，底襟长为"● + 0.5cm"，宽为7cm。

（四）低腰喇叭裤纸样的制作

基本造型纸样绘制之后，就要依据生产要求对纸样进行结构处理图的绘制，复核裤腰，完成结构处理图，如图10-17所示。最后修正纸样，修顺侧缝等，完成制图。

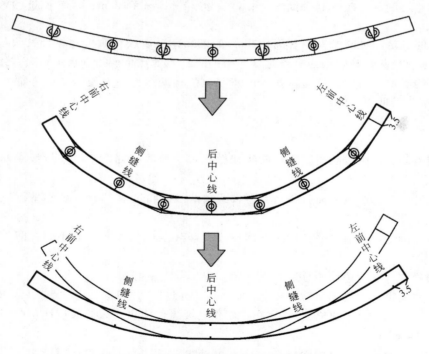

图10-17　低腰喇叭裤前后裤片结构处理图

成品腰面的结构处理。先将结构中前、后腰面宽部分的纸样剪下，再把前后腰省拼合转移，且在侧缝处将前后腰面宽拼接在一起构成曲面腰头结构，如图10-17所示。

曲线腰头在结构设计上需注意的问题是腰面曲度的调整和腰面长度的调整。以本款为例，前后片要合并省道后定出，前后腰复核后，腰的曲度较大，不易缝合，裁剪的时候也较废料。因此，可以将曲度变小，这样腰下口的尺寸会适当变小，曲线腰头腰的上口尺寸和腰的下口尺寸由于是弧线，在结构上要注意纱向的作用（容易变长），为使裤腰不出现上口大的现象，在制图时可以考虑将上口尺寸设计的小些。

四、女西裤实例分析

（一）女西裤款式说明

女西裤属于锥形裤，因其很强的实用性而在此单独详述。

女西裤一般是和西服配穿的春、初夏、秋、冬的下装，具有合体、庄重的特征。西裤主要在办公室及社交场合穿着，所以在要求舒适自然的前提下，在造型上比较注意与形体的协调。款式适宜年龄范围较广，由于人们的年龄、文化修养、生活习惯、性格爱好不同，可选择不同色泽的裤料。性格活泼的青年人可选用浅色面料；中老年人则可选用深颜色面料。裤子穿在身上应显现庄重大方的效果。

女西裤用料较广泛，天然纤维和化学纤维等面料均可。春、秋、初夏季节的选择此类面料可选用毛纺织品中的女士呢、毛凡尔丁、毛花呢、毛涤纶等品种，如图 10-18 所示。

1. 裤身构成

结构造型上，前裤片两（单）褶裥、后裤片双（单）省，侧缝直插袋，前开门，上拉链。

2. 裤里

根据款式的需求和裤子面料的厚薄以及透明度，对裤里的要求也不尽相同，春、初夏、秋季节一般不需要裤里；冬季可以加里子，一般裤里的长度长至膝盖。

3. 腰

绱腰头，右搭左，并且在腰头处锁扣眼，装纽扣。

4. 拉链

缝合于裤子前开门处，装拉链，长度比门襟长度短 2cm 左右，颜色与面料色彩相一致。

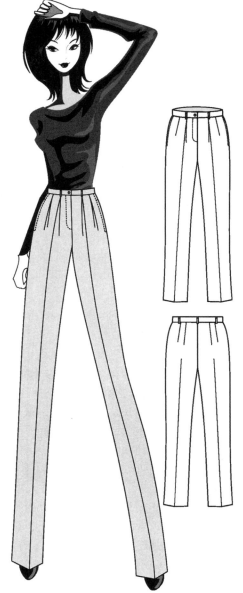

图 10-18 西裤效果图、款式图

（二）女西裤面料、里料、辅料的准备

1. 面料

幅宽：144cm、150cm、165cm。

估算方法为：裤长 - 腰宽 + 裤口折边 + 起翘 + 缝份 + 裤长×缩率 = 裤长 + 5cm 左右。

2. 里料

幅宽：140cm 或 150cm。

估算方法为：50cm 左右。

3. 辅料

① 黏合衬：幅宽为 90cm 或 112cm，用于裤腰里。

② 拉链：缝合于前裆缝的拉链，长度在 18～20cm，颜色应与面料色彩相一致。

③ 纽扣：直径为 1cm 的 1 个（裤腰底襟）。

（三）西裤结构制图

1. 制订女西裤成衣尺寸

成衣规格是 160/68A，依据是我国使用的女装号型是 GB/T1335.2—2008《服装号型女子》。基准测量部位以及参考尺寸见表 10-5。

表 10-5 女西裤成衣规格

单位：cm

规格 ＼ 名称	裤长	腰围	臀围	脚口	立裆	腰头宽
尺寸	100	70	100	42	26	3.5

2. 女西裤制图要点

西裤属于锥形结构，它的形状轮廓是以人体结构和体表外形为以据而设计的，其结构设计方法较多。西裤属适身形，它的特点是适身合体，裤的腰部仅贴人体、服部、臀部稍松，穿着后外形挺拔美观。本款西裤裤腰为装腰形直裤腰，前裤片腰口左右反折裥各两个，前袋的袋型为侧缝直袋，后裤片腰口收省各两个，前中心线开口处装拉链。

3. 西裤制图步骤

西裤结构裤子属于裤型结构中典型的基本纸样，这里将根据图例分步骤进行制图说明。

（1）建立西裤的框架结构

① 裤长辅助线（前侧缝辅助线）。成品裤长 - 腰头宽 3.5cm = 96.5cm，如图 10-19 所示。

② 上平线（腰围辅助线）。作水平线与裤长辅助线垂直相交，该线为腰线设计的依据线。

③ 下平线（脚口辅助线）。作水平线与裤长辅助线垂直相交，与上平线保持平行。

④ 前、后立裆长。从腰线向下量取立裆长 26cm 定出立裆长，并作水平线平行腰围辅助线。

⑤ 前、后臀围线。取立裆长的 1/3，由横裆线量上，如图 10-19 所示。

⑥ 前、后中裆线。按臀围线至下平线的 1/2 处再向上抬高 5cm，平行于下平线。

⑦ 前、后裆直线。在前臀围线上，以侧缝辅助线与臀围线的交点为起点，取 $H/4 - 1cm = 24cm$，做垂直于上平线的垂线，平行于下平线；在后臀围线上，以侧缝辅助线与臀围线的交点为起点，取 $H/4 + 1cm = 26cm$，作垂直于上平线的垂直线，如图 10-19 所示。

⑧ 前、后裆宽线。在横裆线上，以前裆直线为起点，向前裆方向取 $0.4H/10$，与前侧缝辅助线平行。在后裆线上，以后裆直线与横裆线的交点为起点，向后侧缝方向量取 1cm 点，由该点向内裆缝方向取 $H/10 - 1cm = 9cm$，如图 10-19 所示。

⑨ 前、后横裆大。与裤子原型板相同。

⑩ 前、后烫迹线。与裤子原型板相同。

⑪ 后裆缝斜线。在后裆线上，以后裆直线与横裆线的交点为起点，向后侧缝方向量取 1cm 与烫迹线及后腰围辅助线的交点向后中心线方向取 3cm 点连线，确定出后裆缝斜线，如图 10-19 所示。

（2）建立西裤的结构制图步骤

① 前裆内劈势。由前裆直线与上平线的交点向侧缝方向劈进 1cm，将前裆内斜线画圆顺。

② 前腰围尺寸。由前中心线劈势 1cm 起，量取前腰围大 = $W/4 - 1 + 裥(6.5) = 23cm$，由于本款西裤属于侧缝直缝口袋，为了方便工艺制作，故将褶裥设计加大，以使侧缝变为直缝。后腰围尺寸，如图 10-19 所示。

③ 前、后脚口尺寸。前脚口尺寸按脚口宽 - 2cm = 19cm，以前烫迹线为中点在两侧平分；后脚口尺寸按脚口宽 + 2cm = 23cm，以后烫迹线为中点在两侧平分，如图 10-19 所示。

④ 前、后中裆大。前中裆大为 22.5cm，是以前烫迹线为中点两侧平分取前脚口尺寸的 1/2 值 + 1.75cm；后中裆大为 26.5cm，是以后烫迹线为中点两侧平分取前中裆大 1/2 值 + 2cm，如图 10-19 所示。

⑤ 前侧缝弧线。由上平线与前腰围尺寸的交点与前中裆大点至脚口大点连接画顺，如图 10-19 所示。

⑥ 前下裆弧线。由前裆宽线与前中裆大点至脚口大点连接画顺，如图 10-19 所示。

⑦ 前褶裥定位。反裥大 3.5cm，以前烫迹线为界，向侧缝方向量取 0.7cm（褶裥倒向前中心方向）；前省 3cm，在前裥大点与侧缝线的中点两侧平分，裥长均为上平线至臀围线的 3/4，如图 10-19 所示。

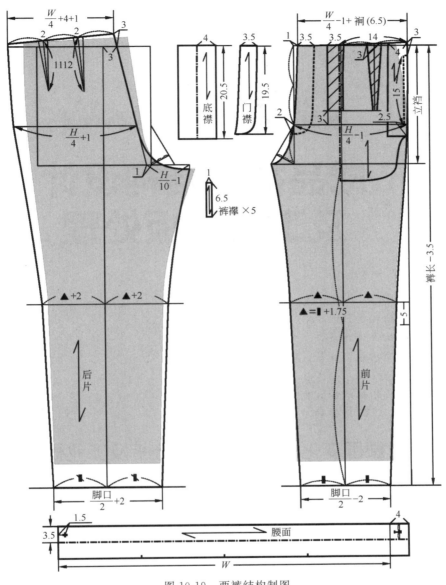

图 10-19　西裤结构制图

⑧ 侧缝直袋位。在前侧缝弧线上，由上平线与侧缝弧线的交点向下量取 3cm，作为侧缝直袋位的起点，量取 15cm，为袋口大，如图 10-19 所示。

⑨ 前门襟、底襟。在前裆内劈势线上，作 3.5cm 的门襟宽，由小裆尖向裆弯处量取 2cm 作为门襟尖点的依据。底襟宽 4cm，长为 20.5cm。

⑩ 后腰围线。由后裆缝斜线与上平线的交点垂直顺延后裆起翘量取 3cm，并作垂线 $W/4 + 1 + 省(4) = 22.5cm$，且与后腰围辅助线向上 0.7cm 辅助线连线，确定后腰节侧缝点，画出后腰围线，如图 10-19 所示。

⑪ 后侧缝弧线。由后腰节侧缝点与后中裆大点至脚口大点连接画顺，如图 10-19 所示。

⑫ 落裆线。将后下裆线向下 1cm 做平行于横裆线的直线。

⑬ 后下裆弧线。由落裆线点与后中裆大点至脚口大点连接画顺，如图 10-19 所示。

⑭ 后省定位。以后腰缝线三等分定位，省中线与腰缝直线垂直。省量大均是 2cm，省长分别是靠近后中心线的省长为 12cm 和靠近侧缝线的省长为 11cm，如图 10-19 所示。

⑮ 腰宽的确定。腰宽为 3.5cm，长为 $W + 搭门量(4cm) = 74cm$。由于腰面和腰里都是一体，将其双折，腰头宽为 7cm。在腰头处加上底襟宽度 4cm，即确定腰头的长度和宽度。

⑯ 裤襻的确定。裤襻的个数通常为 5 个，如果腰围尺寸较大可以设计为 7 个，宽为 1cm，长为 6.5cm；裤襻数量根据裤子的款式而定，如图 10-19 所示。

第十一章

成品裤子结构设计及工业样板处理

【学习目标】
1. 掌握高低腰裤型的结构设计方法。
2. 掌握褶裥裤型的结构设计方法。
3. 掌握组合线裤型的结构设计方法。

【能力目标】
1. 能正确运用裤型中的分割线和褶裥等设计元素。
2. 能根据人体体型特点进行裤型的结构制图。

第一节　腰围变化裤子设计实例分析及工业样板处理

一、低腰裤——前片无省筒裤

（一）前片无省筒裤款式说明

前片无省筒裤为消减臀腰差量要在筒型裤的基础上将腰身下落一定的量，是一种低腰的筒裤造型，是筒型裤的一种特殊形式。从外观造型上来看，其腰部较为紧贴、臀部以及上裆部位较为合体、左右对称、下肢修长、外形挺括、造型美观，穿着舒适。该款式为无裤襻设计，前面无褶裥和省道，后面设有两个功能性腰省，使其腰部更加地贴体舒适，造型简单时尚。

本款低腰筒裤适宜的年龄范围较广，由于人们的年龄、文化习惯以及个人爱好的不同，可选用不同色泽及材质的面料。活泼年轻的可选用色泽较为浅亮的面料，中老年则可选用略显成熟些的深色面料，所选用的面料应当要符合自己的气质，以能够凸显出自己的精气神为选择的前提，正确选购。女装低腰筒裤用料较为广泛，天然以及化学纤维均可。由于裤子的合体造型，选用微弹力面料，使着装者穿着更加舒适，如图11-1所示。

1. 裤身构成

结构造型上，前裤片无省道，后裤片设有单省，前中心线开合设计，装拉链。

2. 裤里

里料的选用要根据款式的要求、面料的薄厚以及颜色的透明度、鲜艳度等，也不尽相同，春、初夏、秋季一般不需要裤里；冬季可以加裤里，一般裤里长至膝盖即可。

3. 腰

绱腰头，右搭左，在腰头处锁扣眼，装纽扣。

4. 拉链

缝合于裤子前中心线处，其长度一般比门襟短1～2cm，颜色与面料一致。

5. 纽扣

直径为 1cm 的纽扣 1 个（缝制于腰口前门襟处）。

（二）前片无省筒型裤面料、里料、辅料的准备

1. 面料

幅宽：144cm、150cm、165cm。

估算方法为：裤长 + 15cm 左右。

2. 里料

幅宽：144cm、150cm。

估算方法为：一般裤里长至膝盖，长度约为 50～60cm。

3. 辅料

（1）厚黏合衬：幅宽 90cm 或 112cm，用于裤腰里。

（2）薄黏合衬：幅宽 90cm 或 120cm，用于零部件。

（3）拉链：缝合位于前裆缝处，长度为 15～18cm。

（4）纽扣：直径为 1cm 的纽扣 1 个，用于裤腰底襟。

（三）前片无省筒裤结构制图

1. 制订前片无省筒裤成衣规格尺寸

成衣规格是 160/68A，依据是我国使用的女装号型标准 GB/T 1335.2-2008《服装号型女子》基准测量部位以及参考尺寸，见表 11-1。

表 11-1　前片无省筒裤系列成衣规格表　　单位：cm

规格＼名称	裤长	（制图腰围）	腰围	臀围	脚口	股上长	股下长	腰宽
155/66A（S）	92	68	76	93	48	25.5	64	3
160/68A（M）	94	70	78	95	50	26	66	3
165/70A（L）	96	72	80	97	52	26.5	68	3
170/72A（XL）	98	74	82	99	54	27	70	3

2. 制图要点

采用原型法进行结构制图，本款服装设计的重点要按照款式的需求，考虑基本裤型需降低腰线位置，如图 11-2 所示。

3. 制图步骤

前片无省筒型裤是基本裤筒裤的一种特殊形式，故将在筒型裤的基本框架上进行结构图的绘制，这里将根据图例分布步骤进行制图详细说明。

（1）建立筒裤前片的框架结构

① 裤长辅助线（侧缝辅助线）。以裤长 + 2cm = 96cm 作为裤长辅助线，如图 11-2 所示。

② 上平线（腰围辅助线）。作水平线与裤长辅助线垂直相交，该线为腰线设计的依据线，如图 11-2 所示。

③ 下平线（脚口辅助线）。作水平线与裤长辅助线垂直相交，与上平线保持平行，如图 11-2 所示。

④ 股上长（立裆）。从腰围线向下取 26cm 为立裆长，并作水平线平行于腰围辅助线，为横裆辅助线，如图 11-2 所示。

⑤ 前臀围线。将股上长分为三等分，由靠近横裆辅助线的 1/3 点作臀围线，与上平线保持平行，如图 11-2 所示。

图 11-1　前片无省筒裤效果图、款式图

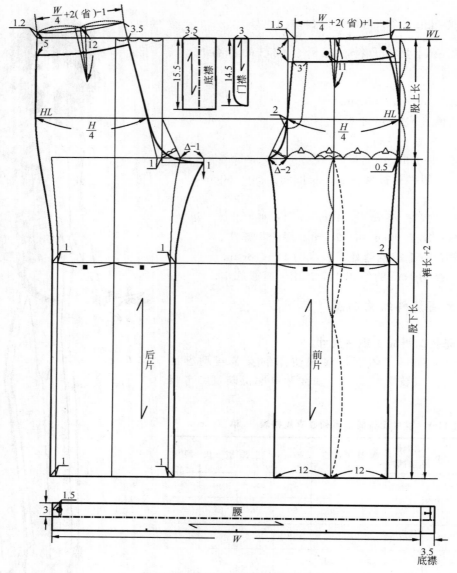

图 11-2 前片无省筒型裤结构图

⑥ 前中裆线。先将横裆线至脚口线平分两等分，再由此等分点向上交于横裆线，并三等分，取其距横裆线的第二等分点作平行于上平线、下平线的前中裆线，如图 11-2 所示。

⑦ 前臀围大。在臀围线上，以前侧缝辅助线与臀围线的交点为起点，取 $H/4 = 23.75cm$，确定前臀围大，如图 11-2 所示。

⑧ 前裆直线。通过前臀大点作垂直于上平线的垂线，确定出前裆直线线，并将前裆直线延长至横裆辅助线，如图 11-2 所示。

⑨ 前横裆大。在横裆线上，与侧缝辅助线的交点，向前裆直线方向量取 0.5cm 的点至前裆直线的距离为前横裆大，如图 11-2 所示。

⑩ 前裆宽线。在横裆线上，与前裆直线延长至交点为起点，向侧缝辅助线反方向取：横裆大/4 - 2cm ≈3.9，确定前裆宽线，如图 11-2 所示。

⑪ 前挺缝线（烫迹线）。在横裆辅助线上，先将前侧缝辅助线的交点与前裆直线的交点平分四等分，再将距前裆直线的第二等分平分为三等分，取其靠近前侧缝辅助线的一等分的点作平行于侧缝辅助线的直线交于上平线与下平线，如图 11-2 所示。

⑫ 新前腰围辅助线。在前侧缝辅助线上，由上平线向横裆辅助线方向量取 5cm，由该点作平行线平行于上平线，如图 11-2 所示。

（2）建立筒裤后片的框架结构

① 裤长辅助线（侧缝辅助线）。以裤长 + 2cm = 96cm 作为裤长辅助线，如图 11-2 所示。

② 上平线（腰围辅助线）。作水平线与裤长辅助线垂直相交，该线为腰线设计的依据线，如图 11-2 所示。

③ 下平线（脚口辅助线）。作水平线与裤长辅助线垂直相交，与上平线保持平行，如图 11-2 所示。

④ 股上长（立裆）。从腰围线向下量取立裆长 26cm，并作水平线平行于腰围辅助线，为横裆辅助线，如图 11-2 所示。

⑤ 后臀围线。将股上长分为三等分，由靠近横裆辅助线的 1/3 点作臀围线，与上平线保持平行。

⑥ 后中裆线。先将横裆线至脚口线平分两等分，再由此等分点向上交于横裆线，并三等分，取其距横裆线的第二等分点作平行于上平线、下平线的前中裆线，如图 11-2 所示。

⑦ 后臀围大。在臀围线上，以后侧缝辅助线与臀围线的交点为起点，取 $H/4 = 23.75$ cm，确定前臀围大，如图 11-2 所示。

⑧ 后裆直线。通过后臀大点作垂直于上平线的垂线，确定出后裆直线，并将后裆直线延长至横裆辅助线，如图 11-2 所示。

⑨ 后落裆线。在横裆线上，向下平线方向作距横裆线 0.7～1cm 的平行线，为后落裆线，如图 11-2 所示。

⑩ 后挺缝线（烫迹线）。采用原型制图，其挺缝线的位置，与前片重叠不变，如图 11-2 所示。

⑪ 后裆宽线。在后落裆线上，与后裆斜线相交的点为起点，向后侧缝辅助线反方向取横裆大 /4 − 1cm + 前横裆宽 + 1cm ≈ 9.8，确定后裆宽线，如图 11-2 所示。

⑫ 后裆斜线。为了符合人体体型特征，在上平线上，将后裆直线距挺缝线四等分，取其靠近挺缝线的一个等分点至后裆直线于臀围线的交点连线，向下平线方向延长至后落裆线上，如图 11-2 所示。

⑬ 新后腰围辅助线。由上平线向下量取 5cm，在后侧缝辅助线上，由上平线向横裆辅助线方向量取 5cm，由该点作平行线平行于横裆辅助线，如图 11-2 所示。

（3）建立筒裤的结构制图步骤

① 前裆劈势。由前裆直线与上平线交点向侧缝方向劈进 1.5cm 前裆斜线（前中心线）画顺，如图 11-2 所示。

② 前腰围尺寸。由前中心线至上平线的交点起，量取前腰围大 = $W/4 + 2$（省量）+ 1cm（前后互借），如图 11-2 所示。

③ 原前腰线。在上平线上由腰围大点取侧缝起翘量 1.2cm，与前中心线劈势 1.5cm 点连线，绘制出原前腰线，如图 11-2 所示。

④ 前脚口尺寸。在下平线上，取前脚口尺寸为脚口 /2 − 2cm = 24cm，如图 11-2 所示。

⑤ 前中裆大。在前中裆线上，由前侧缝辅助线向前挺缝线方向取 2cm 的点至前挺缝线为中裆大的一半，再以挺缝线为中点，左右两边对称，如图 11-2 所示。

⑥ 前裆弯弧线。将臀围线与前裆直线相交的点与前裆弯点连线，作横裆线与前裆直线的交点垂直于该线并将其三等分，由前中心线与臀围线的交点过靠近横裆线 2/3 的点至前裆宽点，并将其画圆顺，如图 11-2 所示。

⑦ 前侧缝辅助弧线。由前侧缝起翘 1.2cm 的点至臀围大点至横裆大 0.5cm 的点至前中裆大外侧缝点至脚口大外侧缝点画顺，即为原前侧缝辅助弧线，如图 11-2 所示。

⑧ 原前内侧缝弧线。由前裆宽点与横裆线交点至脚口大点内侧缝连接画圆顺，如图 11-2 所示。

⑨ 前侧缝弧线。在前侧缝辅助弧线上由原前腰线向脚口线方向去掉 5cm 后，为前侧缝弧线。

⑩ 前内缝弧线。由前裆宽点至前中裆大外侧缝点至脚口大连接画圆顺，如图 11-2 所示。

⑪ 原前省道位置的确定。在原前腰线上，以前片挺缝线为中点将省量平分，省长取 11cm，如图 11-2 所示。

⑫ 新前腰线。由新前腰围辅助线，作距原前腰围线 5cm 的新前腰围，并且平行于原前腰线，即为新前腰线，如图 11-2 所示。

⑬ 新前省道位置的确定。根据款式的需求，前片为无省道设计，故将新腰围线上的省大"●"转移至

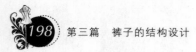

前侧缝，如图 11-2 所示。

⑭ 确定门襟位。在前裆内劈势线上，作 3cm 的门襟宽，由臀围线与前裆直线的交点向下量取 2cm 作为门襟尖点的依据，如图 11-2 所示。

⑮ 原后腰围尺寸。过上平线将后中心线延长，确定后裆起翘量 3.5cm，由上平线平行向上取 1.2cm（与前侧缝起翘相同）作水平线。由后中腰节起翘点向 1.2cm 水平线量取后腰围大 = $W/4 + 2$（省量）$- 1cm$（前后互借），确定出原后腰围线，如图 11-2 所示。

⑯ 后脚口尺寸。在下平线上，以前片原型为基础将内外侧缝各加 1cm 的点连线，即此线为后脚口线，如图 11-2 所示。

⑰ 后中裆大。在下平线上，以前片原型为基础将内外侧缝各加 1cm 的点连线，即此线为后中裆线，如图 11-2 所示。

⑱ 后裆弯弧线。以前片原型的基础线为基础，将由后中心线与臀围线的交点过靠近横裆线 1/3 的点至后裆宽点，并将其画圆顺，如图 11-2 所示。

⑲ 后侧缝辅助弧线。由上平线与原后腰围线的交点垂直向上取 1.2cm 的点至后中裆大外侧缝点至脚口大外侧缝点连接画圆顺，如图 11-2 所示。

⑳ 后侧缝弧线。在后侧缝辅助弧线上由原后腰围线向脚口线方向去掉 5cm 后，为后侧缝弧线，如图 11-2所示。

㉑ 后内缝弧线。由后裆宽点至后中裆大内侧缝点至脚口大连接画圆顺，如图 11-2 所示。

㉒ 后省位置的确定。将后腰围尺寸二等分，中点作为省的中线，省大为 2cm（设计量），省长取 12cm（设计量），如图 11-2 所示。

㉓ 新后腰线。由新后腰围辅助线，作距原后腰线 5cm 的新后腰围线，并且平行于原后腰线，如图 11-2 所示。

㉔ 确定裤腰。确定出腰长 $W +$ 搭门量（3.5cm），腰面宽为设计量 3cm，由于腰面和腰里都是一体，将其双折腰头宽为 6cm，如图 11-2 所示。

㉕ 标注拉链位置。在前裆弯上有前中心线交点向下取 2cm 作为拉链的止点，如图 11-2 所示。

㉖ 绘制门襟、底襟。裙子底襟长要覆盖住拉链，本款的底襟长为 14.5cm，宽为 3cm；底襟长为 15.5cm，将其双折宽为 7cm，底襟应当大于门襟，应该盖住门襟，因此底襟长度应比襟长 0.5cm，宽度比门襟宽 0.5cm，如图 11-2 所示。

（四）前片无省筒裤纸样的制作

修正纸样，完成结构处理图。基本造型纸样绘制之后，就要依据生产要求对纸样进行结构处理图的绘制，凡是有缝合的部位均需复核修正，如下裆缝线、侧缝等。

（五）前片无省筒裤工业样板的制作

修正纸样后，就要依据生产要求对纸样进行结构处理图的绘制，进行缝份加放，如图 11-3、图 11-4 所示，然后进行缝份加放完成全套的工业板设计。

完成前片无省筒裤的工业样板的制作，如图 11-5 所示。

（六）前片无省筒裤排料图

本款裤子的排料图只是单裁单量的排料示意图，在实际工作中要根据选料的幅宽合理排料，裁片中裤腰、门襟、底襟均为一片，要合理摆放，如图 11-6 所示。在工业化批量生产中单皮套裁排料更合理省料。

二、低腰裤——低腰紧身大喇叭裤结构设计

（一）低腰紧身大喇叭裤款式说明

喇叭裤的外形与锥型裤相反，呈梯形状。紧身喇叭裤着重表现人体臀部的丰满之美以及人体腿部装饰性

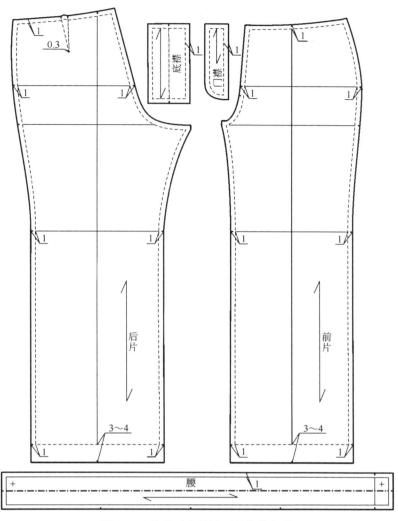

图 11-3　前片无省筒裤面板缝份加放

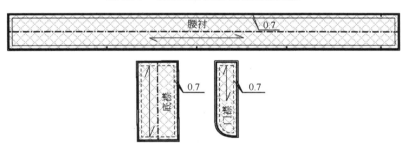

图 11-4　前片无省筒裤衬板缝份加放

的曲线美，同时，裤子的长度需要适当加长，应盖住脚背，因此，其裤口线也应该稍作处理，前裤口线略内凹，后裤口线略向外凸出，穿上之后使裤口呈现前短后长的斜线状，以符合腿部造型。

从本款的外观造型上来看，腰部、臀部以及中裆部位较为贴体，中裆至脚口部位呈现喇叭造型，如图11-7 所示。

本款服装面料的选择较为广泛，棉、亚麻、涤纶、锦纶、羊毛、腈纶、氨纶、莱卡等，可根据各自的喜好和习惯随意选购，例如中厚印花棉布、斜纹布料等具有弹性的面料均可。

1. 裤身构成

在结构造型上，其上裆较一般裤子略有减少，较短；臀围收紧；膝围变瘦，脚口较肥；前裤片腰口不收褶，设有插袋；后裤片腰口设有单省；前开门，装拉链。

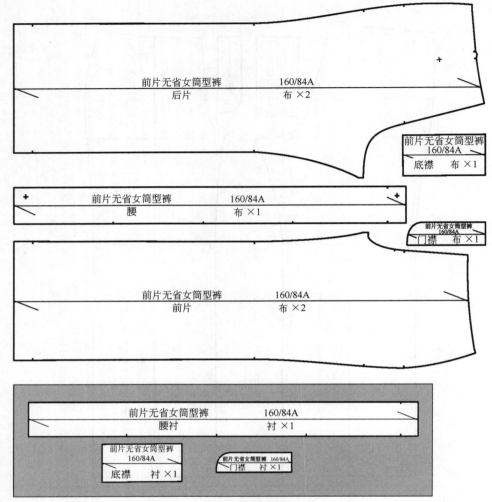

图 11-5 前片无省女筒裤工业板

2. 腰

绱腰头，右搭左，在腰头处锁扣眼，装纽扣。

3. 拉链

缝合于裤子前开门处，其长度一般比门襟短 1cm 左右，颜色与面料一致。

4. 纽扣

直径为 1cm 的二合扣一套，用于腰头处。

(二) 低腰紧身大喇叭裤面料、里料、辅料的准备

1. 面料

幅宽：144cm、150cm、165cm。

估算方法为：裤长 + 15cm 左右。

2. 辅料

① 薄黏合衬：幅宽 90cm 或 120cm，用于裤腰里子。

② 拉链：缝合位于前裆缝处，长度为 12cm，与面料的颜色保持一致。

③ 纽扣：直径为 1cm～1.5cm 的二合扣一套，用于裤腰底襟。

(三) 低腰紧身大喇叭裤结构制图

1. 制订低腰紧身大喇叭裤成衣规格尺寸

成衣规格是 160/68A，依据是我国使用的女装号型标准 GB/T1335.2-2008《服装号型女子》，基准测量

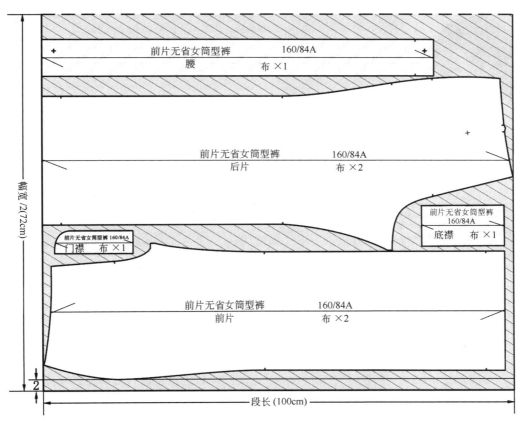

图 11-6　前片无省筒型裤排料图

部位以及参考尺寸，见表 11-2。

表 11-2　低腰紧身大喇叭裤系列成衣规格表　　　　　　　　单位：cm

名称 规格	制图裤长	裤长	制图腰围	腰围	臀围	制图立裆	中裆	脚口	腰宽
155/66A(S)	100	97	68	79.6	92	25.5	42	50	3
160/68A(M)	102	99	70	81.6	94	26	44	52	3
165/70A(L)	104	101	72	83.6	96	26.5	46	54	3
170/72A(XL)	106	103	74	85.6	98	27	48	56	3

2. 低腰紧身大喇叭裤制图要点

采用直接打板法进行结构制图。本款服装设计的重点有以下三个。

① 要按照款式的需求，在基本裤型基础上降低腰线位置，解决臀部与腰部之间所带来的差量。

② 其曲面腰线的处理。

③ 平插袋口袋位置的确立，同时按照款式设计对前裤片袋口处进行立体省的设计，本款的省没有结构意义，起到的是装饰美观的作用，如图 11-8 所示。

3. 低腰紧身大喇叭裤制图步骤

低腰紧身大喇叭裤是基本裤的一种常见形式，这里将根据图例分布步骤进行制图详细说明。

（1）建立低腰紧身大喇叭裤前片的框架结构

① 裤长辅助线（侧缝辅助线）。以裤长 + 3cm = 102cm，作为裤长辅助线。

② 上平线（腰围辅助线）。作水平线与裤长辅助线垂直相交，该线是腰线设计的依据线。

③ 下平线（脚口辅助线）。作水平线与裤长辅助线垂直相交，与上平线保持平行。

④ 前立裆长。从腰围线向下取 26cm 为立裆长，并作水平线平行于腰围辅助线，为横裆辅助线。

⑤ 前臀围线。将前立裆长三等分，由靠近横裆辅助线的 1/3 点作臀围线，与上平线保持平行。

⑥ 前中裆线。将臀围线至下平线三等分，再由 1/2 点向上平线方向量取 8cm，由该点作平行于上平线、下平线的中裆线。

⑦ 前臀围大。在臀围线上，以前侧缝辅助线与臀围线的交点为起点，取 $H/4 - 0.75cm = 22.75cm$，确定前臀围大。

⑧ 前裆直线。通过前臀围大点作垂直于上平线的垂线，确定出前裆直线，并将前裆直线延长至横裆辅助线。

⑨ 前裆宽线。在横裆辅助线上，与前裆直线延长至交点为起点，向前侧缝辅助线反方向取 $0.4H/10 = 3.76cm$，确定前裆宽线。

⑩ 前横裆大。在横裆辅助线上，与前侧缝辅助线的交点为起点，向前裆直线方向量取 0.5cm 的点，前裆宽线点至 0.5cm 的点距离为前横裆大。

⑪ 前挺缝线（烫迹线）。将前横裆大两等分，取其 1/2 的点作平行于侧缝辅助线的直线至上平线、下平线。

⑫ 新前腰围辅助线。在前侧缝辅助线上，由上平线向横裆辅助线方向量取 6cm 并由该点作平行线平行于上平线。

（2）建立低腰紧身大喇叭裤后片框架结构

① 裤长辅助线（侧缝辅助线）。以裤长 + 2cm = 102cm，作为裤长辅助线。

② 上平线（腰围辅助线）。作水平线与裤长辅助线垂直相交，该线为腰线设计的依据线。

③ 下平线（脚口辅助线）。作水平线与裤长辅助线垂直相交，与上平线保持平行。

④ 后立裆长。从腰围线向下量取后立裆长 26cm，并作平行于腰围辅助线，为横裆辅助线。

⑤ 后臀围线。将后立裆长三等分，由靠近横裆辅助线的 1/3 点作臀围线，与上平线保持平行。

⑥ 后中裆线。将臀围线至下平线二等分，再由 1/2 点向上平线方向量取 8cm，由该点作平行于上平线、下平线的中裆线。

图 11-7 低腰紧身大喇叭裤效果图、款式图

⑦ 后臀围大。在臀围线上，以后侧缝辅助线与臀围线的交点为起点，取 $H/4 + 0.75cm = 24.25cm$，确定后臀围大。

⑧ 后裆直线。通过后臀大点作垂直于上平线的垂线，确定出后裆直线，并将后裆直线延长至横裆辅助线。

⑨ 后落裆线。在横裆线上，向下平线方向作距横裆线 0.7～1cm 的平行线平行于横裆线，即为后落裆线。

⑩ 后裆斜线。为了符合人体体型特征，在后裆直线上，由后裆直线与臀围线的交点向上平线方向量取 15cm 的点，通过此点向后侧缝弧线方向作 3cm 的垂线，建立后裆斜线为 15:3 的比值，连接两点至上平线，并向下平线方向延长至后落裆线。

⑪ 后裆宽线。在后落裆线上，与后裆斜线相交的点为起点，向后侧缝辅助线反方向取 $H/10 - 1.5cm = 7.9cm$，确定后裆宽线。

⑫ 后挺缝线（烫迹线）。由后裆宽点作横裆线的辅助垂线，并将该点与侧缝辅助线与横裆辅助线的交点之间的距离二等分，由 1/2 的点向侧缝辅助线方向偏移 0.5cm，由该点作侧缝辅助线的平行线，即裤片的挺

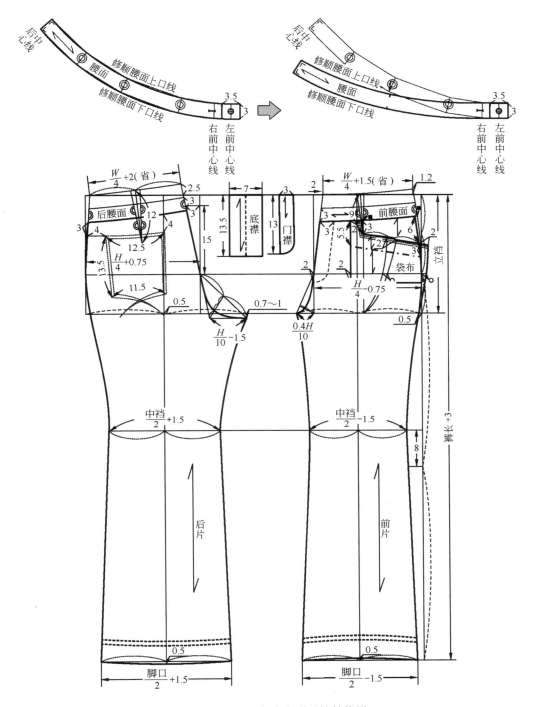

图 11-8　女低腰紧身大喇叭裤结构图

缝线。

　　⑬ 新后腰围辅助线。在后侧缝辅助线上，由上平线向横裆辅助线方向量取 6cm 并由该点作平行线平行于上平线。

　　（3）建立低腰紧身大喇叭裤的结构制图步骤

　　① 确定前裆内劈势，绘制前中心线。由前裆直线与上平线交点向侧缝方向劈进 2cm，由该点与前臀围线交点连线，绘制出前中心线，如图 11-8 所示。

　　② 确定前腰围尺寸。由前裆斜线劈进 2cm 的点起，量取前腰围大 = $W/4 + 1.5cm$（省）= 19cm。

　　③ 确定原前腰线。在上平线上由腰围大点取侧缝起翘量 1.2cm，与前裆斜线劈势 2cm 点连线，绘制出

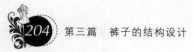

原前腰线。

④ 确定口尺寸。在下平线上，取前脚口尺寸为脚口/2 - 1.5cm = 24.5cm，以前挺缝线为中点左右两侧平分，由前挺缝线向上平线方向量取 0.5cm 的点，再将脚口尺寸内外侧缝点和 0.5cm 的点连接画顺，如图 11-8 所示。

⑤ 确定前中裆大。在前中裆线上，取前中裆大尺寸为中裆大/2 - 1.5cm = 20.5cm，以前挺缝线为中点左右两侧平分。

⑥ 确定前裆弯弧线。将臀围线与前裆直线相交的点与前裆弯点连线，作横裆线与前裆直线的交点垂直于该线并将其三等分，由前裆斜线与臀围线的交点过靠近横裆线 2/3 的点至前裆宽点，并将其画圆顺，如图 11-8 所示。

⑦ 确定原前侧缝辅助弧线。由前侧缝起翘 1.2cm 的点顺着臀围大点连线，通过至横裆大 1cm 的点、前中裆大外侧缝点、脚口大外侧缝点画顺，即为原前侧缝辅助弧线。

⑧ 确定前内缝弧线。由前裆宽点至前中裆大外侧缝点至脚口大连接画圆顺。

⑨ 前省道位置的确定。在原前腰围线上，与前挺缝线的交点为省大点，取省大 1.5cm，省长取 9cm，平分省大并垂直于原前腰围线。

⑩ 确定新前腰线。由新前腰围辅助线，向上平线方向量取 3cm 宽作平行线，并确定出成品前腰面。

⑪ 确定前侧缝弧线。在前侧缝辅助弧线上，去掉原前腰线至成品前腰面宽的距离，在新前腰线上，由原前侧缝辅助弧线与新前腰线的交点，向前中心线方向去掉剩余的省量"■"，确定出新的侧缝腰节点，由该点与横裆 0.5cm 点连线，绘制出前侧缝弧线。

⑫ 确定前平插袋位。在前省长线上，取省长与腰面下口线的交点向下量取 3cm 为口袋大点，前侧缝线与腰面下口线的交点想下量取 6cm，并将其两点连线，即为口袋大造型，如图 11-9 所示。

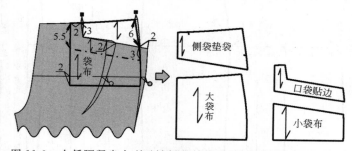

图 11-9 女低腰紧身大喇叭裤插袋结构处理图、插袋裁片分离板

⑬ 确定前口袋立体省，修正前侧缝线。本款的省没有结构意义，主要是装饰美观的作用，由前省尖作垂线交与臀围线，确定出前口袋立体省尖，将前平插袋线平分，取省大 2cm，由 1/2 点平分省大，按照款式设计分别与省尖点连圆顺省道弧线，绘制完成前口袋立体省，由延长前口袋大 2cm，重现绘制出新的前侧缝线。

⑭ 确定前平插袋口袋布。袋布大为由腰线袋口点向前中心线方向取 2cm 点，由该点作垂线过臀围线 2cm，由该点作水平线交与前侧缝弧线，绘制出口袋布，如图 11-9 所示。

⑮ 确定前门襟位。在前裆内劈势线上，作 3cm 的门襟宽，由臀围线与前裆直线的交点向下量取 2cm 作为门襟尖点的依据。

⑯ 确定原后腰围尺寸。过上平线将后裆斜线延长，确定后裆起翘 2.5cm，由起翘点向腰围辅助线量取后腰围大 = $W/4 + 2cm$(省) = 19.5cm，确定出原后腰围线。

⑰ 确定后脚口尺寸。在下平线上，取后腰口尺寸为脚口/2 + 1.5cm = 27.5cm，以后挺缝线为中点左右两侧平分，由后挺缝线向下量取 0.5cm 的点，再将脚口尺寸内外侧缝点和 0.5cm 的点连接画顺。即此线为后脚口线。

⑱ 确定后中裆大。在后中裆线上，取后中裆大尺寸为，中裆大/2 + 1.5cm = 23.5cm，以后挺缝线为中点左右两侧平分。

⑲ 确定后裆弯弧线。将后裆直线和后裆斜线的交点与后裆宽点连线，将此线二等分，取其中点与后裆斜线和落裆线的交点连线，并将此线三等分，过靠近后裆斜线和落裆线的等分点与臀围点、后裆宽点连线画

顺，即后裆弯弧线。

⑳ 确定后侧缝辅助弧线。由上平线与原后腰围线的交点至后中裆大外侧缝点至脚口大外侧缝点连接画圆顺。

㉑ 确定后侧缝弧线。在后侧缝辅助弧线上，去掉原后腰线至成品前腰面宽的距离，即为后侧缝弧线。

㉒ 确定后内缝弧线。由后裆宽点至后中裆大内侧缝点至脚口大点连接画圆顺。

㉓ 后省位置的确定。将原后腰围线平分二等分，取其中点作为省的中线并垂直与原后腰围线，省量为2cm，省长取12cm（设计量）。

㉔ 确定新后腰线。由新后腰围辅助线，向上平线方向量取3cm宽作平行线，并确定出成品后腰面，即为新后腰线。

㉕ 绘制门襟、底襟。作门襟宽3cm，门襟长13cm。底襟宽7cm，底襟长13.5cm。底襟应当大于门襟，应该盖住门襟，因此底襟长度应比门襟长0.5cm，宽度比门襟宽0.5cm，如图11-10所示。

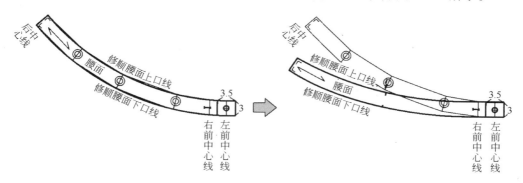

图 11-10 低腰紧身大喇叭裤曲线腰结构处理图

㉖ 确定绘制裤腰。作腰宽为3cm，长为 W + 搭门量（3.5cm）。沿着前后低腰线分别向上定出前、后曲腰宽，这样处理出来的腰比较符合人体曲线形态，曲线腰是直接在裤片上确定出来，因此与直线腰头略有所不同。

（四）低腰紧身大喇叭裤纸样的制作

基本造型完成后，修正纸样，完成结构处理图。依据生产要求对纸样进行结构处理图的绘制，凡是有缝合的部位均需复核修正，如裤口、腰口等，是其曲面腰线的处理是本款的一个重点，完成结构处理图，如图11-10所示。

曲线腰在设计上需要注意是腰头曲度的调整以及长度的调整。以本款为例，前片腰头是直接由裤片上定出，后片采取拼合省道后定出。前后腰复核后，腰头的弯曲度较大不宜缝合，裁剪时比较废料，因而需将腰头的弯曲度适度调小，这样腰下口尺寸会略微变小，曲线腰的上下口皆为弧线，因此，在结构处理上需要注意面料纱向所产生的作用，目的是裤腰不出现上大线小，与人体腰部不贴合的现象，因而在制图的过程中可将腰面上口线尺寸人为地设计的小一些，如图11-11所示。

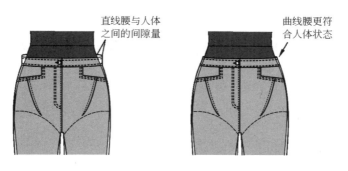

图 11-11 低腰紧身大喇叭裤腰部结构分析图

图 11-12 牛仔裤效果图、款式图

三、低腰裤——牛仔裤结构设计

(一) 牛仔裤款式说明

牛仔裤源于美国,用一种靛蓝色粗斜纹布裁制的直裆裤,裤腿窄,缩水后穿着紧包臀部。在初期,牛仔裤只是一种粗硬坚牢耐用的工作服装而已,经过纺、织、染工序的不断努力改进创新,牛仔裤由粗硬简单而变为织、色、款的多样化,深受青年男女的欢迎。牛仔裤上的很多设计都是独特的。早期,顾客们经常反映口袋因缝线磨损而脱落的问题。雅克·戴维斯发明了以金属铆钉来对男装工作裤后袋进行加固的方法。

经典的牛仔裤样式包括靛蓝色、纯棉斜纹布料、臀部紧贴的后育克设计、中低腰低裆设计、拷纽、缉明线等装饰设计,四袋款牛仔裤和五袋款牛仔裤、保证皮标以及后袋小旗标设计等,板型也从最早的直筒型发展出来了修身、小脚、小直筒、哈伦、休闲、商务、连体、复古、喇叭等种类。牛仔布后整理工艺是使牛仔布具有独特风格的关键工序,洗水质量和档次是决定一条牛仔裤档次的主要因素,通常高档的牛仔裤,洗水会做得相对复杂,手工较多,而且洗水设计会比较有特点。本款式的特点是直筒造型,臀部收紧,凸显出女性的臀部的曲线美,腹部收紧,穿着舒适,美丽大方,如图 11-12 所示。

牛仔布的面料有静蓝牛仔布、皱纹牛仔布、彩色牛仔布、花色牛仔布、弹性牛仔布等。弹性牛仔布是较新的品种,采用弹性牛仔布作牛仔裤,就是为了更出色地表现人体的线条美。

1. 裤身构成

前片腰口无褶裥,后片拼育克,前插侧缝月牙袋,后片贴袋,各部位缝缉双明线,前开门,上拉链。

2. 腰

绱腰头,左搭右,并且在腰头处锁扣眼,装订工字型纽扣。

3. 拉链

缝合于裤子前开门处,绱拉链,长度比门襟长度短 2cm 左右,颜色与面料色彩相一致。

(二) 面料、里料、辅料的准备

1. 面料

幅宽:144cm、150cm、165cm。

估算方法为:裤长 + 15cm 左右。

2. 辅料

① 薄黏合衬。幅宽为 90cm 或 120cm(零部件用),用于腰面、底摆、底襟部件和用于袋口处。

② 拉链。缝合于前裆缝的拉链,长度在 18~20cm,颜色应与面料色彩相一致。

③ 纽扣。直径为 1.5cm 的"工"字型纽扣一套,装饰铆扣 10 套。

(三) 牛仔裤结构制图

1. 制订牛仔裤成衣规格尺寸

成衣规格是 160 /68A,依据是我国使用的女装号型是 GB /T 1335.2-2008《服装号型女子》。基准测量部位以及参考尺寸如下表 11-3。

表 11-3 牛仔裤系列成衣规格表

单位：cm

规格＼名称	裤长	（制图腰围）	腰围	臀围	（制图立裆）	脚口	腰宽
155/66A（S）	93	68	70	92	24	34	3.5
160/68A（M）	95	70	72	94	25	36	3.5
165/70A（L）	97	72	74	96	26	38	3.5
170/72A（XL）	99	74	76	98	27	40	3.5

2. 牛仔裤制图要点

采用直接打板法进行结构制图。本款服装设计的重点有以下三个。

① 是要按照款式的需求，直接降低立裆深度，解决臀部与腰部之间所带来的差量。

② 是牛仔裤后腰育克的处理，早期时的牛仔裤面料大多用劳动布（又名坚固呢），腰部缝合工艺不好处理，将后腰省量转移至侧缝形成牛仔裤专有的后片分割线结构的款式特点。

③ 是平插袋口袋的结构设计方法，如图 11-13 所示。

3. 牛仔裤制图步骤

牛仔裤结构裤子属于裤型结构中典型的基本纸样，这里将根据图例分步骤进行制图说明。

（1）建立牛仔裤的框架结构

① 裤长辅助线（前、后侧缝辅助线）。成品裤长－腰头宽 3.5cm＝91.5cm，如图 11-13 所示。

② 上平线（腰围辅助线）。作水平线与裤长辅助线垂直相交，该线为腰线设计的依据线。

③ 下平线（脚口辅助线）。作水平线与裤长辅助线垂直相交，与上平线保持平行。

④ 前、后立裆长。从腰线向下量取立裆长－腰宽＝21.5cm 定出立裆长，并作水平线平行腰围辅助线，如图 11-13 所示。

⑤ 前、后臀围线。取立裆长的 1/3，由横裆线量上。

⑥ 前、后中裆线。按臀围线至下平线的 1/2 向上抬高 5cm，平行于上、下平线。

⑦ 前裆直线。在臀围线上，以侧缝辅助线与臀围线的交点为起点，取 $H/4-1cm＝22.5cm$，做垂直于上平线的垂线，平行于下平线，如图 11-13 所示。

⑧ 前裆宽线。在横裆线上，以前裆直线为起点，向前裆方向取 $0.4H/10-0.5cm＝3.26cm$，与前侧缝辅助线平行。

⑨ 前横裆大。在横裆线与前侧缝辅助线的交点处偏进 1cm，如图 11-13 所示。

⑩ 前烫迹线。作前裆大的 1/2 平行于侧缝辅助线的直线，如图 11-13 所示。

⑪ 后裆直线。在后臀围线上，以侧缝辅助线与臀围线的交点为起点，取 $H/4+1cm＝24.5cm$，作垂直于上平线的垂直线。

⑫ 后裆缝斜线。将后裆直线与臀围线的交点向上平线方向量取比值 15：4 作为后裆缝斜线的角度，并向下延长至后横裆线上。

⑬ 后裆宽线。在后横裆线上，以后裆缝斜线与后横裆线的交点为起点，取 $H/10-1cm＝8.4cm$。

⑭ 后烫迹线。在后裆线上，将侧缝辅助线与后横裆线的交点和量取后裆宽值之后的点平分，中点即后烫迹线，作平行于侧缝辅助线的垂线，如图 11-13 所示。

（2）建立牛仔裤的结构制图步骤

① 前裆内劈势。由前裆直线与上平线的交点向侧缝方向劈进 1cm，将前裆内斜线画圆顺，如图 11-13 所示。

② 前、后腰围尺寸。由前中心线劈势 1cm 起，量取前腰围大 $W/4+1＝19cm$。牛仔裤腰围分配与适身型西裤有所不同的原因：适身型的腰围分配为 $W/4±1cm$，紧身型的腰围分配则是 $W/4±（0.5～1）cm$。这是因为适身型腰口设裥、省，而紧身型不设前裥，如果按适体型腰围分配法则会出现前片腰口劈势过大，所以与后片腰围规格互借，使裤腰口劈势得以控制在适度的范围内。后腰围大的确定是由后裆缝斜线与上平线的交点顺延 4cm，并作垂线 $W/4+1＝19cm$，且与侧缝弧线垂直相交，如图 11-13 所示。

③ 前、后脚口尺寸。前脚口尺寸按脚口/2－2cm＝16cm，以前烫迹线为中点在两侧平分。后脚口尺寸按按脚口宽＋2cm＝20cm，以后烫迹线为中点在两侧平分，如图 11-13 所示。

④ 前、后中裆大尺寸。前中裆大尺寸：按前脚口尺寸/2"●"＋1.5＝9.5cm，以前烫迹线为中点向两

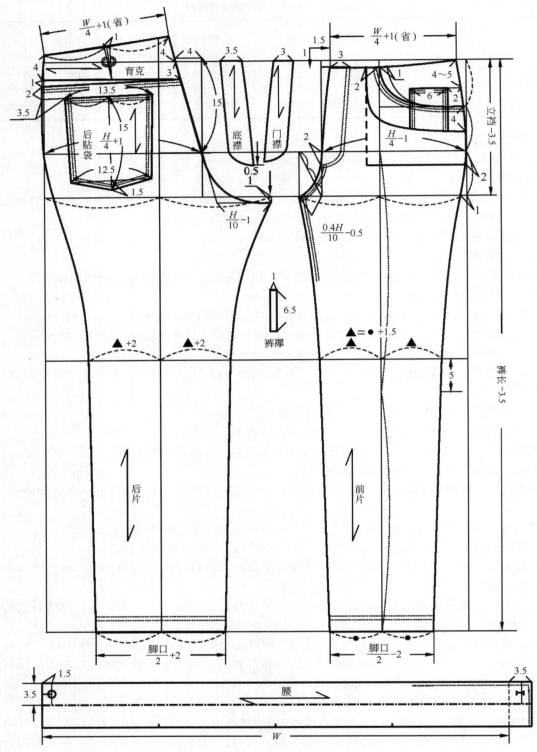

图 11-13 牛仔裤结构图

侧各取 9.5cm，确定出前中裆大尺寸。后中裆大尺寸：按前中裆大尺寸 /2 "▲" + 2 = 11.5cm，以后烫迹线为中点向两侧各取 11.5cm，确定出后中裆大尺寸，如图 11-13 所示。

⑤ 前侧缝弧线。由上平线与前腰围尺寸的交点与前横裆大偏进 1cm 点和前中裆大点至脚口大点连接画顺，如图 11-13 所示。

⑥ 前下裆弧线。由前裆宽线与横裆线交点和前中裆大点至脚口大点连接画顺。

⑦ 前平插袋定位。侧缝处深度是将上平线与侧缝线的交点和臀围线与侧缝线的交点这段距离等分，等

分点为侧缝深度；前腰围宽由于不收腰省，要在平插袋中加入1cm的省量，这样既有利于缩小前片臀腰差，减少前中心和侧缝的劈势量，也能使平插袋形成一定的窝势，更便于插手，如图11-13所示。

⑧前裤门襟、底襟。在前裆内劈势线上，作3cm的裤门襟宽，由臀围线与前直裆的交点处向下量取2cm作为门襟尖点的依据，底襟比门襟长0.5cm，宽0.5cm。

⑨后侧缝弧线。由上平线与后腰围大的交点与后中裆大点至脚口大点连接画顺。

⑩落裆线。将后下裆线长减前下裆线长（均指中裆以上段）之差1cm，做平行于横裆线的直线，如图11-13所示。

⑪后下裆弧线。由后落裆线与横裆线交点与后中裆大点至脚口大点连接画顺。

⑫后腰育克。后中心宽7cm，侧缝侧宽4cm。后腰育克为适合臀部使裤子贴合人体在侧缝线上中劈去1cm的省量，育克剪下后再把腰省量拼合掉，如图11-13所示。

⑬后省定位。以后腰缝线二等分定位。省中线与腰缝直线垂直。省大1cm，省长至后腰育克分割线，如图11-13所示。

⑭后贴袋。后贴袋的造型为上宽下窄，上口宽为13.5cm，底边宽12.5cm，底边放出尖角1.5cm。袋位的确定，袋口与后腰育克分割线平行2cm，距侧缝3.5cm，如图11-13所示。

⑮腰头宽。本款裤为直线型，腰面宽为设计量3.5cm，长为$W+3.5$（搭门量）$=75.5$cm。由于腰面和腰里都是一体，将其双折腰头宽为7cm，如图11-13所示。

（四）牛仔裤纸样的制作

基本造型完成后，修正纸样，完成结构处理图。依据生产要求对纸样进行结构处理图的绘制，凡是有缝合的部位均需复核修正，如裤口、腰口等，后腰育克、平插口袋的处理是本款的两个重点，完成结构处理图，如图11-14所示。

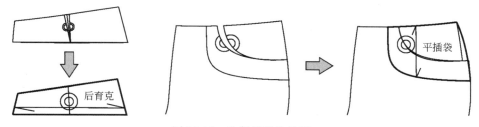

图11-14　牛仔裤裁片处理

（五）牛仔裤工业样板的制作

修正纸样后，就要依据生产要求对纸样进行结构处理图的绘制，进行缝份加放，如图11-15、图11-16所示。

完成女牛仔裤的工业样板的制作，如图11-17所示。

（六）牛仔裤排料图（示意图）

本款裤子的排料图只是单裁单量的排料示意图，在实际工作中要根据选料的幅宽合理排料，裁片中裤腰、门襟、裤襻、小口袋均为一片，要合理摆放，如图11-18所示。在工业化批量生产中单品套裁排料更合理省料。

四、高腰裤——高腰大褶裥哈伦裤

（一）高腰大褶裥哈伦裤款式说明

哈伦裤一直都是时尚人士最爱的裤款之一。哈伦裤可随意改变裤子裆部大小，有时也被称作胯裆裤（Hip pants）、掉裆裤或者是萝卜裤、垮裤（Hip pants）、锥形裤（Tapered pants）等，有的哈伦裤太过宽松，看起来像是嘻哈裤，有的哈伦裤为了增加臀部和裤口的视觉比例，夸张臀部尺寸并缩小裤口尺寸。哈伦裤的

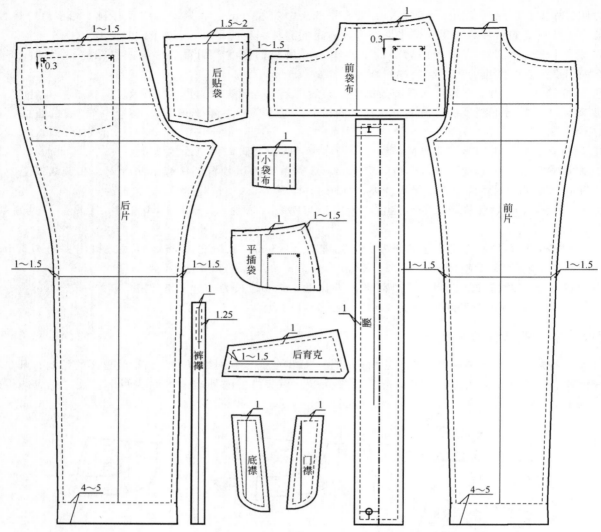

图 11-15　牛仔裤面板缝份加放

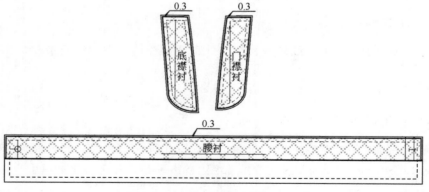

图 11-16　牛仔衬板缝份加放

特点是裤裆宽松且比较低，裤管比较窄。高腰大褶裥哈伦裤是当代青年女性朋友们所青睐的基本款式之一，款式的特点为裤长短，腰线上抬，臀部极其宽松，穿着起来较为休闲舒适、美丽、大方，如图 11-19 所示。

哈伦裤面料选择的范围较广，根据季节和个人喜好的不同可选用悬垂感较强的面料，也可以选择如涤棉混纺面料、带氨纶的弹性面料、拉架棉（莱卡棉）面料等。

1. 裤身构成

结构造型上，前裤片、后裤片均含有褶裥设计量，带裤襻，腰带。

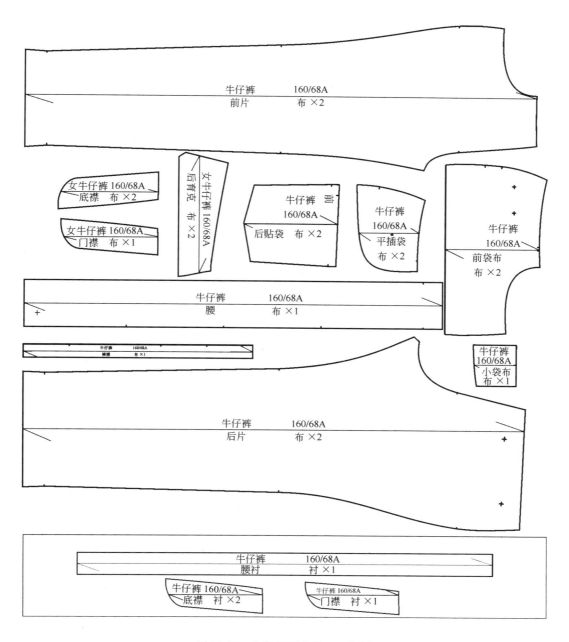

图 11-17　牛仔裤工业板——面板

2. 腰

根据款式的需要，配一条长 110cm 的腰带。

3. 拉链

缝合于裤子前裆缝，长度比门襟短 1cm 左右，颜色与面料一致。

4. 纽扣

直径为 1cm 的扣子 2 粒，用于前门襟处。

（二）高腰大褶裥哈伦裤面料、辅料的准备

1. 面料

幅宽：144cm、150cm、165cm。

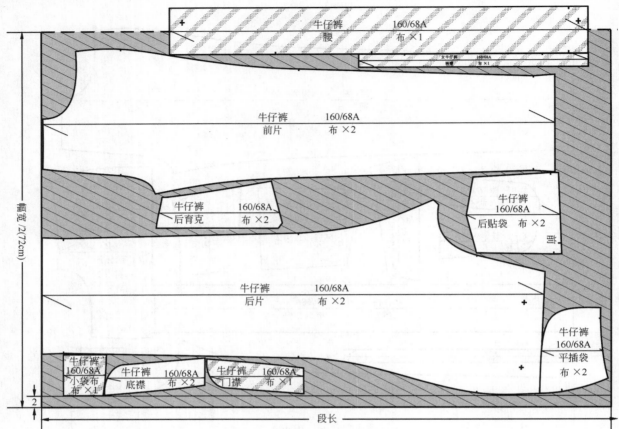

图 11-18 牛仔裤排料图

估算方法为：裤长 + 15cm 左右。

2. 辅料

① 薄黏合衬。幅宽 90cm 或 120cm（零部件用），用于底襟。

② 拉链。缝合于前裆缝处，长度为 26cm，颜色应当与面料的颜色保持一致。

③ 纽扣。直径为 1cm 的纽扣 2 粒，缝于裤腰底襟上。

（三）高腰大褶裥哈伦裤结构制图

1. 制订高腰大褶裥哈伦裤成衣规格尺寸

成衣规格是 160/68A，依据我国使用的女装号型标准 GB/T 1335.2-2008《服装号型女子》。基准测量部位以及参考尺寸，见表 11-4。

表 11-4 高腰大褶裥哈伦裤系列成衣规格表 单位：cm

规格 \ 名称	裤长	腰围	臀围	（制图立裆）	脚口
155/66A(S)	85	86	130	26.5	31.5
160/68A(M)	87	88	132	27	33.5
165/70A(L)	89	90	134	27.5	35.5
170/72A(XL)	91	92	136	28	37.5

2. 制图要点

采用原型法进行结构制图。本款是在锥形裤型的基础上加上褶的设计，款式设计的重点有以下三个。

① 高腰的结构设计。依据款式设计在原型的基础上将原型中的腰线平行抬升 8cm（设计量），由于本款款式不含腰头部分属连腰设计，需要注意的是高腰口的设计，要依据人体的状态将腰上口收量由腰围线

图 11-19 高腰大褶裥哈伦裤
效果图、款式图

的收量逐渐减小，高腰位的设计在腰的上口线上容易出现不服帖的现象，要调整好腰上口的尺寸。连腰设计腰口处需要设计贴边，贴边量 5cm（设计量）。

②　前、后裤片褶裥量设计。本款的前、后片褶量设计十分美观，在裤子的前、后裤片上设计的两个大的活褶，改变了裤子造型，使裤子由简单的锥形裤变为带立体褶的哈伦裤，本款的两个褶裥，其褶裥展开量均为 8cm（设计量），分别由侧缝向前、后中心线方向扣合。

③　由于本款服装较为的宽松，故人体裆部下面的自由区可适度放量，其应当与裤子的整体宽松度成正比。

本款的腰带设计与整体结构设计相呼应，不必完全系紧，起到装饰作用。同时，如果腰的上口线不合体时可用腰带来调节。

由于本款服装是采取原型制图，其结构较为简单，故不再进行步骤说明，具体结构的处理可参照本款结构图，如图 11-20 所示。

（四）高腰大褶裥哈伦裤纸样的制作

本裤褶裥的结构处理图如图 11-21 所示，腰口贴边结构处理图如图 11-22 所示。

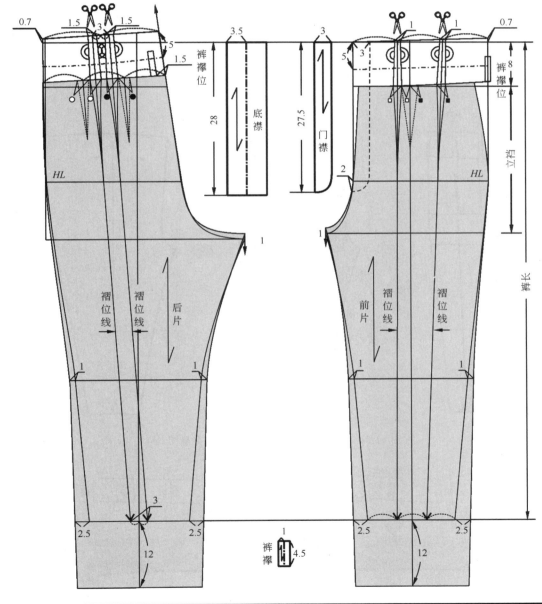

图 11-20　高腰大褶裥哈伦裤结构图

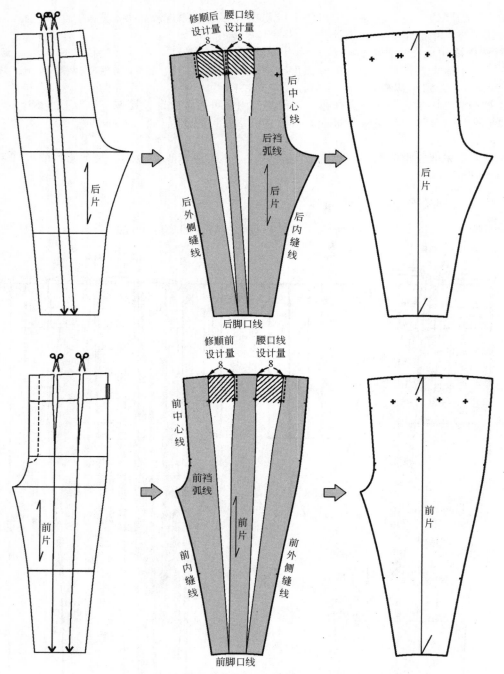

图 11-21 高腰大褶裥哈伦裤裤片结构处理图

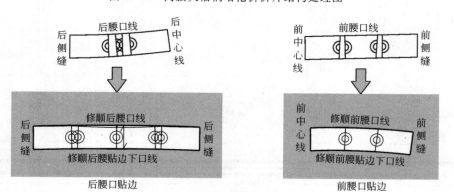

图 11-22 高腰大褶裥哈伦裤裤腰贴边结构处理图

第二节 褶裥裤子设计实例分析及工业样板处理

一、分割线与褶组合裙裤结构设计

（一）分割线与褶组合裙裤款式说明

裙裤，顾名思义，它是在基本裙子结构的基础上进行相应的结构变化而得到的一种新的裤子款式，是常见裤型之一。本款裙裤是裙子的风格与裤子的结构相结合的一种组合形式，低腰设计，从外观造型上来看，腰部、臀部较为合体，下摆自然散开，裙子前后片均有分割线设计，在裙子两侧下摆有荷叶边造型，似花瓣装的波浪褶，设计感十足，如图 11-23 所示。

根据季节的不同，裙裤面料可选用具有悬垂感的水洗棉、化纤、薄羊毛呢等材质的面料，裙裤面料的颜色不宜过浅，否则与上衣颜色不好进行搭配。

1. 裤身构成
本款裙裤的前裤片无省道和褶裥，后裤片设有单省，休闲侧插袋，开前面，装拉链。

2. 裤里
里料要根据款式的要求、面料的薄厚以及颜色的透明度、鲜艳度等来选择，春、初夏、秋季一般不需要裤里；冬季可以加裤里，一般裤里的长度小于裙裤长。

3. 腰
绱腰头，右搭左，在腰头处锁扣眼，装纽扣。

4. 拉链
缝合于裤子前开门处，其长度一般比门襟短 2cm 左右，颜色与面料一致。

5. 纽扣
直径为 1cm 的纽扣 1 个（缝制于腰口前门襟处）。

（二）分割线与褶组合裙裤面料、里料、辅料的准备

1. 面料
幅宽：144cm、150cm、165cm。

估算方法为：裤长 + 5cm～10cm（需要对花、对格子时需要适量追加）。

2. 里料
幅宽：140cm、150cm。

估算方法为：裤长 /2。

3. 辅料
① 厚黏合衬：幅宽 90cm 或 112cm，用于裤腰里。

② 薄黏合衬：幅宽 90cm 或 120cm，用于零部件，用于裤腰面和前、后裤片下摆、底襟等。

③ 拉链：缝合位于前裆缝处，长度为 12～13cm，颜色应当与面料的颜色保持一致。

④ 纽扣：直径为 1cm 的纽扣 1 个，用于裤腰底襟。

图 11-23 分割线与褶组合裙裤效果图、款式图

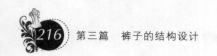

（三）分割线与褶组合裙裤结构制图

1. 制订分割线与褶组合裙裤成衣规格尺寸

成衣规格是 160/68A，依据是我国使用的女装号型标准 GB/T1335.2-2008《服装号型女子》。基准测量部位以及参考尺寸，见表 11-5。

表 11-5   分割线与褶组合裙裤系列成衣规格表   单位：cm

名称\规格	裤长	（制图腰围）	腰围	臀围	（制图立裆）	脚口	腰宽
155/66A（S）	56	68	78	96	25.5	82	2.5
160/68A（M）	58	70	80	98	26	84	2.5
165/70A（L）	60	72	82	100	26.5	86	2.5
170/72A（XL）	62	74	84	102	27	88	2.5

2. 制图要点

采用直接打板法进行结构制图。本款服装设计的重点要按照款式的需求，在裙裤的框架上降低腰线，解决臀部与腰部之间所带来的差量，按照款式设计对前后片进行分割线设计，本款的分割线没有结构意义，起到的是装饰作用；在裙裤的两侧的遮盖式三层波浪形褶的设计起到的是美观的效果，如图 11-24 所示。

3. 制图步骤

组合裙裤是裙子和裤子组合的一种特殊形式，故在裙裤的基本框架上进行结构图的绘制，这里将根据步骤进行制图详细说明。

（1）建立裙裤的框架结构

① 裤长辅助线（侧缝辅助线）。以裤长 + 2.5cm = 60.5cm，作为裤长辅助线，如图 11-24 所示。

② 上平线（腰围辅助线）。作水平线与裤长辅助线垂直相交，该线为腰线设计的依据线。

③ 下平线（脚口辅助线）。作水平线与裤长辅助线垂直相交，与上平线保持平行。

④ 前立裆长。从腰围线向下量取 26cm 为前立裆长，并作平行于腰围辅助线，为横裆辅助线。

⑤ 前臀围线。将前立裆长三等分，由靠近横裆辅助线的 1/3 点作臀围线，与上平线保持平行。

⑥ 前裆直线。作垂直于上平线的垂线至前臀围线，确定前裆直线，并将该线延长至下摆辅助线。

⑦ 前臀围大。在臀围线上，以前裆直线与臀围线的交点为起点，取 $H/4 - 1$cm = 23.5cm，确定前臀围大。

⑧ 前裆宽线。在横裆线上，以前裆直线为起点，向前裆方向取前臀围大 /2 - 2.5cm = 9.25cm。

⑨ 后立裆长。从腰线向下量取前立裆长并定出后立裆长，并作水平线平行于腰围辅助线为横裆辅助线。

⑩ 后臀围线。延长前臀围线至后片侧缝。

⑪ 后裆直线。作垂直于上平线的垂线至后臀围线。确定后裆直线，并将该线延长至下摆辅助线。

⑫ 后臀围大。在臀围线上，以后裆直线与臀围线的交点为起点，取 $H/4 + 1$cm = 25.5cm，确定后臀围大。

⑬ 后裆宽线。在后裆线上，以后裆直线为起点，向后裆方向了量取后臀围大 /2 = 12.75cm，如图 11-24 所示。

（2）建立裙裤结构制图步骤

① 确定前裆内劈势，绘制前中心线。由前裆直线与上平线交点向侧缝方向劈进 1cm，由该点与前臀围线交点连线，绘制出前中心线，如图 11-24 所示。

② 前腰围尺寸。在上平线上由进 1cm 的点，量取前腰围大 $W/4 - 1$cm（前后互借）+ 2.5cm（省）= 19cm。

③ 前腰口起翘。由前腰大点作腰口起翘 1cm。

④ 原前腰线。由前裆劈势 1cm 的点与前腰口起翘 1cm 的点连线，绘制出原前腰线。

⑤ 确定前裆弧线。由前裆直线与臀围线的交点与前裆宽线点连线，取该线的二等分点与前裆直线与横

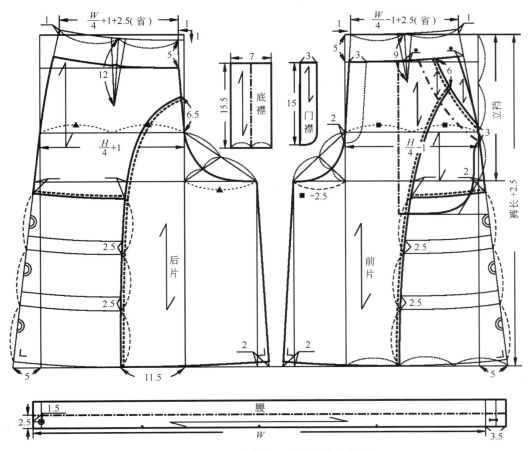

图 11-24 分割线与褶组合裙裤结构制图

裆辅助线的交点连线，取该等分的二等分点，分别与臀围线点和前裆宽线点连接并画圆顺，画出前裆弧线，如图 11-24 所示。

　　⑥ 确定前下裆线。由前裆直线与下摆辅助线的交点加放设计量 2cm，由前裆宽点至 2cm 脚口大点连接画圆顺。

　　⑦ 确定前侧缝线。将前侧缝加放 5cm（设计量），由原前腰口起翘点至臀围点至 5cm 脚口大点连线。在前侧缝弧线上由原前腰线向脚口线方向去掉 5cm 后，为新前侧缝弧线，如图 11-24 所示。

　　⑧ 确定前脚口线。用作直角线的方法将前下裆线和前侧缝线与下摆辅助线画顺，画出前脚口线。

　　⑨ 前省定位。将前腰线平分二等分，过中点垂直腰线的直线作为省的中线，取省大 2.5cm，省长 9cm。

　　⑩ 确定前腰线。作距原前腰围线 5cm 的新前腰围辅助线交于侧缝，并且平行于原前腰线，即为新前腰助辅线。在新前腰辅助线上，将原腰线所产生的剩余省量转移至侧缝，并将其画顺，即为前腰线。

　　⑪ 确定侧斜插袋位。在新腰线上，由侧缝线与前腰线的交点向前裆直线方向取 4cm，作为侧插袋位的起点，向脚口线方向量取 14.5cm（设计量）为袋口大（应该满足人体掌围的最大围度），并交于新侧缝线，确定出侧斜插袋位，如图 11-24 所示。

　　⑫ 确定侧斜插袋垫袋。在前腰线上由袋口点向前中心线方向取 3cm 点，在侧缝线上由袋口点向下摆方向取 3cm 点，两点连圆顺曲线，绘制出侧斜插袋垫袋大。

　　⑬ 绘制侧斜插袋口袋布。在前腰线上由袋口点向前中心线方向取 6.5cm 点，由该点作垂线，过前裆横线 6cm，确定出口袋深，由该点作水平线交与侧缝，在侧缝线上由侧斜插袋垫袋大点与口袋深 6cm 点连线圆顺曲线，绘制出袋布底线，如图 11-25 所示。

　　⑭ 确定门襟位。在前裆内劈势线上，作 3cm 的门襟宽，由臀围线与前裆直线的交点向下量取 2cm 作为门襟尖点的依据，如图 11-24 所示。

　　⑮ 确定后裆内劈势，绘制后中心线。由后裆直线与上平线交点向侧缝方向劈进 1cm，由该点与后臀围

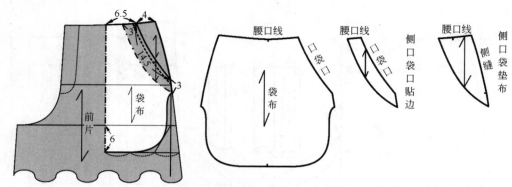

图 11-25 分割线与褶组合裙裤口袋结构制图

线交点连线，绘制出后中心线，如图 11-24 所示。

⑯ 确定后腰围尺寸。由后裆直线与上平线的交点向侧缝方向劈进 1cm 起，量取 $W/4 + 1cm$（前后互借）$+ 2.5cm$（省）$= 21cm$。

⑰ 后腰口起翘。由后腰围大作后腰口起翘 1cm。

⑱ 原后腰线。由后裆内劈势 1cm 的点与腰口起翘 1cm 的点连线，画出后腰线。

⑲ 后裆弧线。由后裆直线与臀围线的交点与后裆宽线点连线，取该线的二等分点与后裆直线与横裆辅助线的交点连线，取该等分的二等分点，分别与臀围线点和后裆宽线点连接并画顺，画出后裆弧线。

⑳ 后下裆线。由后裆直线与下摆辅助线的交点加放设计量 2cm，由后裆宽点至 2cm 脚口大点连接画顺。

㉑ 确定后侧缝线。将后侧缝加放 5cm（设计量），由原后腰口起翘点至臀围点至 5cm 脚口大点连线，在后侧缝弧线上由原后腰线向脚口线方向去掉 5cm 后，为新后侧缝弧线。

㉒ 确定后脚口线。用作直角线的方法将后下裆线和后侧缝线与下摆辅助线画顺，画出后脚口线。

㉓ 后省定位。将后腰线两等分，过中点垂直腰线的直线作为省的中线，取省大 2.5cm（设计量），省长 12cm（设计量）。

㉔ 确定后腰线。作距原后腰围线 5cm 的新后腰围线，交于侧缝，并且平行于原后腰围线，即为新后腰围线。

㉕ 绘制门襟、底襟。作门襟宽 3cm，门襟长 15cm。底襟宽 7cm，底襟长 15.5cm。底襟应当大于门襟，应该盖住门襟，因此底襟长度应比门襟长 0.5cm，宽度比门襟宽 0.5cm，如图 11-24 所示。

㉖ 绘制裤腰。取腰长 $W +$ 搭门量（3.5cm）$= 83.5cm$，腰面宽为设计量 2.5cm，由于腰面和腰里都是一体，将其双折腰头宽为 6cm，

㉗ 标注拉链位置。在前裆弯上有前中心线交点向下取 2cm 作为拉链的止点，如图 11-24 所示。

（3）裙裤装饰结构制图步骤

① 确定前、后裤片的分割线。在前裤片上，由斜插袋口线上由腰线向下取 6cm 点，将前裆直线与下摆线的交点与侧缝 5cm 放量点之间三等分，取靠近裤前下裆线的 1/3 点与袋口 6cm 点连线，绘制出前裤片分割线；在后裤片上，在后中心线上由臀围线交点向上取 6.5cm 点，在下摆线上由后裆直线与的交点向侧缝取 11.5cm 点，两点连圆顺曲线，绘制出后裤片分割线。

② 确定前、后裤片两侧遮盖式三层波浪形褶位。在前、后裤片分割线上，由分割线与横裆线的交点向下摆方向取 3cm 点，在前、后侧缝线上，由前、后侧缝线与横裆线的交点向下摆方向取 2cm 点，两点连线确定出前、后裤片波浪形第一条褶位线，在前、后裤片分割线和前、后侧缝线上将第一条褶位至下摆线之间三等分，分别将三等分点连线，分别绘制出前后片的第二条褶位线和第三条褶位线，由于本款遮盖式三层波浪形造型，下一层的上端要被上一层分别遮盖一定量。因此，除了上面一层外，其他两层的长度加长，分别被上层地遮盖量加进去。由第二条褶位线和第三条褶位线，向上各取 2.5cm 确定出两侧分割线一和分割线二，如图 11-24 所示。

③ 确定三层波浪形褶的结构。本款的三层波浪形褶结构需要分别确定出三层荷叶边的大小。第一层荷叶边为第一条褶位线至第二条褶位线间的距离；第二层荷叶边为两部分，一部分为第一条褶位线至分割线一的距离，一部分为分割线一至第三条褶位线的距离；第三层荷叶边为两部分，一部分为分割线一至分割线二

的距离，一部分为分割线二至下摆线的距离，如图11-24所示。

（四）女装裙裤纸样的制作

基本造型完成后，修正纸样，完成结构处理图。依据生产要求对纸样进行结构处理图的绘制，凡是有缝合的部位均需复核修正，如三层荷叶边，完成结构处理图。

① 首先分别将前后片三层荷叶边对位复合为三个裁片，按从上到下的顺序依次进行结构处理，如图11-26所示。

② 第一层荷叶边的处理。将复合好的第一层荷叶边的侧缝点固定，第二条褶位线进行10cm（设计量）切展放量处理，最后将其外轮廓画圆顺，如图11-26所示。

③ 第二层荷叶边的处理。将复合好的第二层荷叶边分离为两个裁片，遮盖的部分不需要结构处理，制作时使用里料；将需要处理的部分侧缝点固定，第三条褶位线进行10cm（设计量）切展放量处理，最后将其外轮廓画圆顺，如图11-26所示。

④ 第三层荷叶边的处理。将复合好的第三层荷叶边分离为两个裁片，遮盖的部分不需要结构处理，制作时使用里料；将需要处理的部分侧缝点固定，下摆线进行10cm（设计量）切展放量处理，最后将其外轮廓画圆顺，如图11-26所示。

二、无开合设计前腰对折系扣阔腿裤

（一）无开合设计前腰对折系扣阔腿裤款式说明

阔腿裤，顾名思义，从字面的意思理解就是裤子脚口较为宽阔的裤型称为阔腿裤。阔腿裤款式大方、有一种飘逸感，气质优雅，是女性们选择服装的重要标准。其可以遮盖女性不够完美的腿形，能够使穿着者变得更加自信，更具魅力。阔腿裤一直以来都是都市熟女的最爱，它总是把女人的优雅和温柔，帅气和知性完美结合，宽松的轮廓有着男裤的简洁大气，贴身的裁剪又突出了女性朋友们的优美曲线，如图11-27所示。

面料的选择可根据自己的喜好、习惯、条件，例如可选用高档丝光织锦缎、丝光棉等，一些具有悬垂感较好的面料。

1. 裤身构成

本款阔腿裤结构造型上，款式较为简单，后裤片设有两省，前裤片无省道但加放出满足臀围尺寸的腰围尺寸，整个裤子并无开合设计，直接穿套。

2. 腰

绱腰头，在前腰带上设计出系合眼和扣，直接扣合，在前片形成一个左搭右的大褶。

（二）面料、里料、辅料的准备

1. 面料

幅宽：144cm、150cm、165cm。

估算方法为：裤长＋5cm～10cm（需要对花对格子时需要适量追加）。

2. 辅料

① 薄黏合衬：幅宽90cm或120cm，用于零部件，用于裤腰面和前、后裤片下摆等。

② 纽扣：直径为1cm的纽扣1个，用于裤腰。

（三）无开合设计前腰对折系扣阔腿裤结构制图

1. 制订成衣规格尺寸

成衣规格是160/68A，依据是我国使用的女装号型标准GB/T1335.2—2008《服装号型女子》。基准测量部位以及参考尺寸，如表11-6所示。

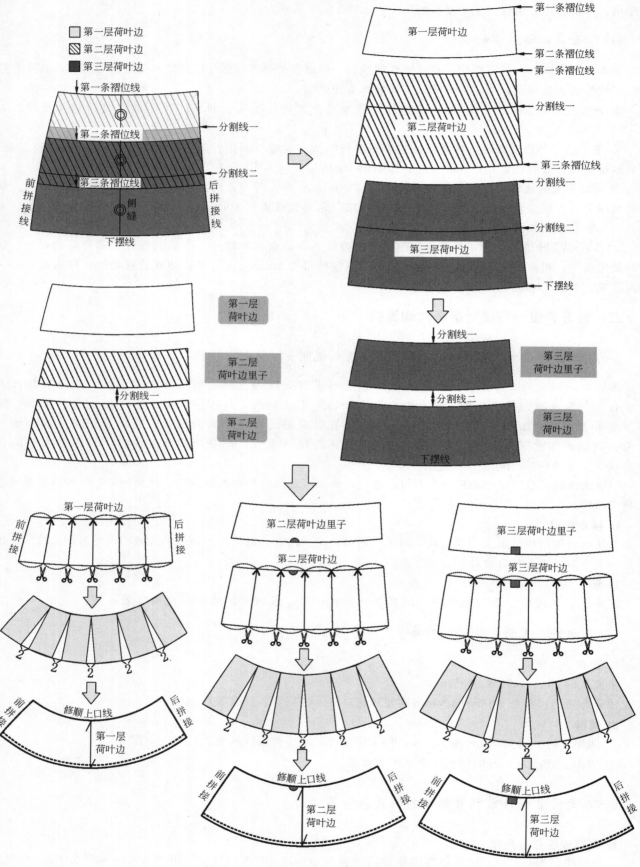

图 11-26 分割线与褶组合裙裤结构处理图

表 11-6　无开合设计前腰对折系扣阔腿裤系列成衣规格表

单位：cm

名称 规格	裤长	腰围	臀围	立裆	脚口	腰宽
155/66A(S)	92	94	110	25.5	52	3
160/68A(M)	94	96	112	26	54	3
165/70A(L)	96	98	114	26.5	56	3
170/72A(XL)	98	100	116	27	58	3

2. 制图要点

本款裤子的造型结构较为的简单，其结构的设计重点主要有三个。重点一是本款服装腰部较为宽松，故在原型的基础上将前、后片中裆部位外放 2cm 并垂直延长至脚口。重点二是根据款式图所示，需要达到款式图中腰部活褶效果，故将前片进行剪切加量，增大腰围尺寸，根据款式的流行度、合理的宽松度以及其腰部放量的最小围度应该满足人体正常穿着，应比基本的臀围大，综合这些因素来控制其翻搭量的大小。本款服装的前片结构处理图，如图 11-28 所示。重点三是由于本款服装腰部较为的宽松，故不需要设计功能性开合的设计。

3. 制图步骤

采用原型制图法对本款基本裤型进行结构的绘制，其结构较为简单，故不再进行步骤说明，具体结构的处理可参照本款结构图，如图 11-28 所示。

（四）无开合设计前腰对折系扣阔腿裤纸样的制作

服装的褶裥的结构处理图，如图 11-29 所示，设计的中点在于腰部前面褶部位的处理。

三、六分灯笼裤

（一）六分灯笼裤款式说明

本款式为脚口处绱有克夫的六分裤，六分裤的长度通常是指从腰线量至膝围线以下 10～20cm。此款裤子原本为英国陆军的装束，大约到了 20 世纪 20 年代的时候，就越来越受到高尔夫球爱好者的青睐并逐渐大众化。此后随着时代复古风的流行，市面上逐渐流行极长形的尼卡袜并将其组合，后称为袋状尼卡裤。这种裤子现在旅游、登山以及滑雪运动中穿着较为多，可以称得上是众多裤型当中最利于行走的一个样式。

本款式为绱克夫的六分裤，腰头为低腰，腹臀部部位较为的服帖合身，款式比较时尚，休闲，主要适合年轻人穿着，如图 11-30 所示。

面料的选用范围比较广，可根据流行趋势的基本样式，多用白色或者是选用自然色彩的棉、麻以及天然纤维风格等的面料来制作。

1. 裤身构成

结构造型上前、后裤片不设计腰省，腰头是以育克的形式前后腰面拼接而成，腰头装两粒纽扣。前后脚口抽碎褶绱克夫而成，并且在脚口后克夫片上绱一粒纽扣系合。前裤片有抽褶，前片两侧设有斜插袋，前开

图 11-27　无开合设计前腰对折系
扣阔腿裤效果图、款式图

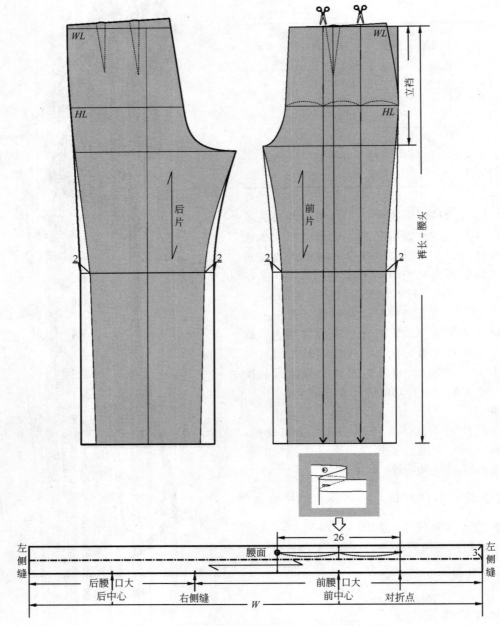

图 11-28 无开合设计前腰对折系扣阔腿裤结构图

门，装拉链。

2. 腰

绱腰头，右搭左，在腰头处锁扣眼，装纽扣。

3. 拉链

缝合于裤子前开门处，其长度一般比门襟短 1cm 左右，颜色与面料一致。

4. 纽扣

纽扣 4 粒，两粒用于腰口处，两粒用于裤口处。

（二）六分灯笼裤面料、里料、辅料的准备

1. 面料

幅宽：144cm、150cm、165cm。

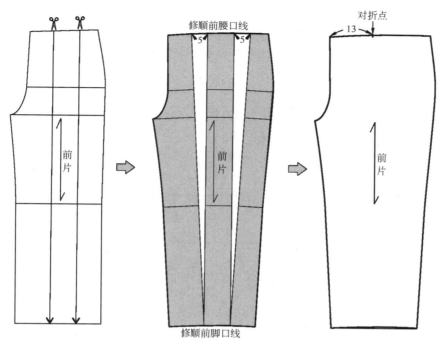

图 11-29　无开合设计前腰对折系扣阔腿裤前片结构处理图

估算方法：裤长 + 15cm 左右。

2. 辅料

① 薄黏合衬：幅宽 90cm 或 120cm，用于零部件、腰面、底摆

② 拉链：缝合位于前裆缝处，长度为 13cm。

③ 纽扣：直径为 1.5cm 的纽扣两粒用于裤腰低襟，两粒用于裤口。

（三）六分灯笼裤结构制图

1. 制订六分灯笼裤成衣规格尺寸

成衣规格是 160/68A，依据我国使用的女装号型标准 GB/T1335.2-2008《服装号型女子》基准测量部位以及参考尺寸，见表 11-7。

表 11-7　六分灯笼裤系列成衣规格表　　单位：cm

规格＼名称	裤长	腰围	臀围	（制图立裆）	脚口
155/66A(S)	69	69	105.5	25.5	32
160/68A(M)	71	70	107.5	26	33
165/70A(L)	73	72	109.5	26.5	34
170/72A(XL)	75	74	111.5	27	35

2. 制图要点

本款裤子的造型结构较为简单，其结构的设计重点主要有三个。重点一是前片褶裥的运用，能够充分增强其装饰性

图 11-30　六分裤灯笼裤效果图、款式图

作用，也使得穿着者穿上之后更加的舒适方便自如。重点二点为腰部曲线的设计，本款的腰部设计为低腰的宽腰面设计，要考虑人体体态的合适度。重点三为脚口克夫的运用。这点在本款裤型中的应用起到了画龙点睛的作用，裤口的收拢使裤子呈现灯笼裤的造型，如图 11-31 所示。

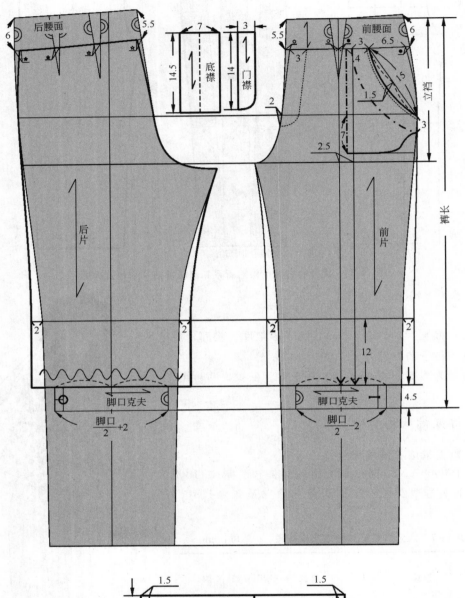

图 11-31　六分灯笼裤结构图

3. 制图步骤

采用原型打板法，在标准的原型中进行结构的变化。由于本款服装是采取原型制图，其结构较为简单，故不再进行步骤说明，具体结构的处理可参照本款结构图，如图 11-31 所示。

（四）六分灯笼裤纸样的制作

六分灯笼裤褶裥的结构处理如图 11-32 所示，腰口结构处理如图 11-33 所示。

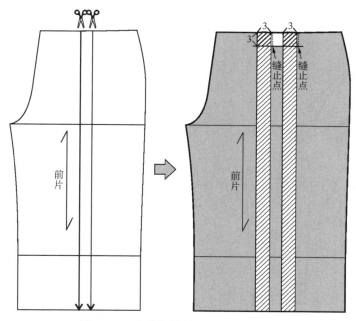

图 11-32　六分灯笼裤前片结构处理图

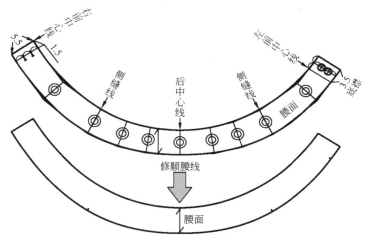

图 11-33　六分灯笼裤腰面结构处理图

第三节　组合裤子设计实例分析及工业样板处理

一、分割线与自然褶组合锥型裤结构设计

（一）分割线与自然褶组合锥型裤款式说明

　　锥型裤，顾名思义，就是裤管由臀围往脚口的过渡过程逐渐变窄的裤型，是人们日常穿着的基本裤型之一，深受女性朋友们的喜爱。

　　本款分割线与自然褶组合锥型裤是基本锥型裤所变化所得来的一种裤型，主要适合于年轻人穿着。其特点为腰头较低，很符合时代所流行的趋势，整体比较收身，选用弹力面料，臀围松量较少，能够很好地勾勒出女性的人体腿部曲线美，如图 11-34 所示。

　　本款女裤适宜选用弹力面料，根据穿着者的年龄、性格、习惯以及经济条件的不同可任意选购不同色泽和质感的面料。考虑到使本款裤型穿着在人体上能够呈女性修顺的特征，可用天然纤维和化学纤维的面料。例如弹性全棉面料、仿牛仔弹力面料、弹力灯芯绒面料、弹力仿平绒面料等，使着装者穿着更加舒适。

1. 裤身构成

在结构造型上，上裆较一般裤子略有减少，较短；臀围收紧；裤筒从臀围至脚口逐渐变窄；前、后裤片腰口不收省不做褶；前开门，装拉链。

2. 腰

绱腰头，右搭左，在腰头处锁扣眼，装纽扣。

3. 拉链

缝合于裤子前开门处，其长度一般比门襟短 1cm 左右，颜色与面料一致。

4. 纽扣

直径为 1cm 的扣子一套（用于腰口处）。

（二）分割线与自然褶组合锥型裤面料、里料、辅料的准备

1. 面料

幅宽：144cm、150cm、165cm。

基本估算方法：裤长－腰宽＋裤口折边＋起翘＋缝份＋裤长×缩率＝裤长＋5cm 左右。

2. 辅料

① 薄黏合衬：幅宽 90cm 或 120cm，用于裤腰里。

② 拉链：缝合位于前裆缝处，长度为 12.5cm，与面料的颜色保持一致。

③ 纽扣：直径为 1cm 的扣子一套（用于裤腰底襟）。

（三）分割线与自然褶组合锥型裤结构制图

准备好制图所需要的必备工具纸和笔，制图中的一些必要的符号应该严格按照国际公认的符号标记。

1. 制定成衣规格尺寸

成衣规格：160/68A，依据我国使用的女装号型标准 GB/T1335.2-2008《服装号型女子》基准测量部位以及参考尺寸，见表 11-8。

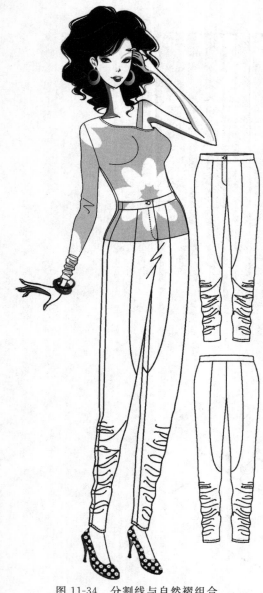

图 11-34 分割线与自然褶组合
锥型裤效果图、款式图

表 11-8　分割线与自然褶组合锥型裤系列成衣规格表　　　　　　单位：cm

名称 规格	裤长	（制图腰围）	腰围	臀围	（制图立裆）	脚口	腰宽
155/66A(S)	92	70	79.5	90	25.5	28	2.5
160/68A(M)	94	72	81.5	92	26	30	2.5
165/70A(L)	96	74	83.5	94	26.5	32	2.5
170/72A(XL)	98	76	85.5	96	27	34	2.5

2. 制图要点

采用直接打板法进行结构制图，本款是一款组合的锥形裤型设计，在锥形裤上有分割线和褶的设计，款式设计的重点有三个：重点一是要按照款式的需求，在基本裤型基础上降低腰线位置，解决臀部与腰部之间所带来的差量。重点二是其曲面腰线的处理。重点三裤腿两侧的碎褶设计。本款的前片分割线没有结构意义，起到的是装饰美观的作用，后片分割线解决了后腰省量，如图 11-35 所示。

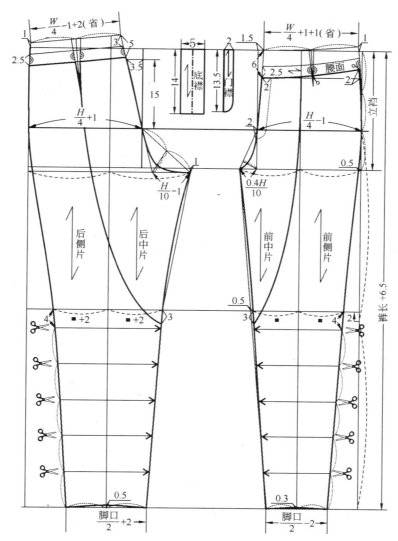

图 11-35　分割线与自然褶组合锥型裤结构图

3. 制图步骤

这里将根据图例分布步骤进行制图详细说明。

（1）建立分割线与自然褶组合锥型裤的框架结构

① 裤长辅助线（侧缝辅助线）。以裤长 + 2.5cm + 4cm（收褶量）= 100.5cm，作为裤长辅助线，如图 11-35所示。

② 上平线（腰围辅助线）。作水平线与裤长辅助线垂直相交，该线为腰线设计的依据线。

③ 下平线（脚口辅助线）。作水平线与裤长辅助线垂直相交，与上平线保持平行。

④ 前立裆长。从腰围线向下取 26cm 为立裆长，并作水平线平行于腰围辅助线，为横裆辅助线，如图 11-35 所示。

⑤ 前臀围线。将前立裆长三等分，由靠近横裆辅助线的 1/3 点作臀围线，与上平线保持平行。

⑥ 前中裆线。将臀围线至下平线二等分，由 1/2 点向上 2cm，作平行于上平线、下平线的中裆线。

⑦ 前臀围大。本款采用弹力面料，因此，在臀围的尺寸设计上加放的量较小，在臀围线上，以前侧缝辅助线与臀围线的交点为起点，取 $H/4 - 1cm = 22cm$，确定前臀围大，如图 11-35 所示。

⑧ 前裆直线。通过前臀围大点作垂直于上平线的垂线，确定出前裆直线，并将前裆直线延长至横裆辅助线。

⑨ 前裆宽线。在横裆辅助线上，与前裆直线延长至交点为起点，向前侧缝辅助线反方向取 $0.4H/10 = 3.68cm$，确定前裆宽线。

⑩ 前横裆大。在横裆辅助线上，与前侧缝辅助线的交点为起点，向前裆直线方向量取 0.5cm 的点，前裆宽线点至 0.5cm 的点距离为前横裆大，如图 11-35 所示。

⑪ 前挺缝线（烫迹线）。在横裆线上，取横裆线与侧缝辅助线的交点和前横裆大点连线，并过其 1/2 点作平行于侧缝辅助线的直线至上平线、下平线。

⑫ 新前腰围辅助线。在前侧缝辅助线上，由上平线向横裆辅助线方向量取 6cm 并由该点作平行线平行于上平线，如图 11-35 所示。

⑬ 后立裆长。从腰围线向下量取后立裆长 26cm，并作平行于腰围辅助线，为横裆辅助线。

⑭ 后臀围线。将后立裆长三等分，由靠近横裆辅助线的 1/3 点作臀围线，与上平线保持平行。

⑮ 后中裆线。将臀围线至下平线二等分，由 1/2 点向上 2cm，作平行于上平线、下平线的中裆线，如图 11-35 所示。

⑯ 后臀围大。在臀围线上，以后侧缝辅助线与臀围线的交点为起点，取 $H/4 + 1cm = 24cm$，确定后臀围大。

⑰ 后裆直线。通过后臀大点作垂直于上平线的垂线，确定出后裆直线，并将后裆直线延长至横裆辅助线。

⑱ 后落裆线。在横裆线上，向下平线方向作距横裆线 1cm 的平行线平行于横裆线，即为后落裆线，如图 11-35 所示。

⑲ 后裆斜线。为了符合人体体型特征，在后裆直线上，由后裆直线与臀围线的交点向上平线方向量取 15cm 的点，通过此点向后侧缝弧线方向作 3.5cm 的垂线，建立后裆斜线为 15∶3.5 的比值，连接两点至上平线，并向下平线方向延长至后落裆线，如图 11-35 所示。

⑳ 后裆宽线。在后落裆线上，与后裆斜线相交的点为起点，向后侧缝辅助线反方向取 $H/10 - 1cm = 8.2cm$，确定后裆宽线。

㉑ 后挺缝线（烫迹线）。在横裆线上，取横裆线与侧缝辅助线的交点和后横裆大点连线，并过其 1/2 点作平行于侧缝辅助线的直线至上平线、下平线。

㉒ 新后腰围辅助线。在后侧缝辅助线上，由上平线向横裆辅助线方向量取 5cm 并由该点作平行线平行于上平线。

（2）建立分割线与自然褶组合锥型裤的结构制图步骤

① 确定前裆内劈势，绘制前中心线。由前裆直线与上平线交点向侧缝方向劈进 1.5cm，由该点与前臀围线交点连线，绘制出前中心线，如图 11-35 所示。

② 确定前腰围大。由前裆斜线劈进 1.5cm 的点起，量取前腰围大 = $W/4 + 1cm + 1cm(省) = 20cm$。

③ 原前腰线。在上平线上由腰围大点，取侧缝起翘量 1cm 与前裆斜线劈势 1cm 点连线，绘制出原前腰线，如图 11-35 所示。

④ 前脚口尺寸。在下平线上，取前脚口尺寸为脚口 $/2 - 2cm = 13cm$，以前挺缝线为中点左右两侧平分，为使裤口线圆顺，将后脚口线在后挺缝线抬升 0.3cm，并修顺，即此线为前脚口线。

⑤ 确定前中裆大。在前中裆线上，由中裆大定位线与前中裆线的交点向侧缝线方向取 0.5cm 点，确定该点至挺缝线的距离为"■"即为前中裆大的 1/2 值，再在前中裆线由前挺缝线向侧缝方向量取相同值，确定出前中裆大。

⑥ 确定前裆弯弧线。将臀围线与前裆直线相交的点与前裆弯点连线，作横裆线与前裆直线的交点垂直于该线并将其三等分，由前裆斜线与臀围线的交点过靠近横裆线 2/3 的点至前裆宽点，并将其画圆顺。

⑦ 原前侧缝辅助弧线。由前侧缝起翘 1cm 的点至臀围大点至横裆大 0.5cm 的点至前中裆大外侧缝点至脚口大外侧缝点画顺，即为原前侧缝辅助弧线。

⑧ 原前内侧缝弧线。由前裆宽点与横裆线交点至脚口大点内侧缝连接画圆顺。

⑨ 确定前侧缝弧线。在前侧缝辅助弧线上，去掉原前腰线至成品前腰面宽的距离，即为前侧缝弧线，如图 11-35 所示。

⑩ 确定前内缝弧线。由前裆宽点至前中裆大外侧缝点至脚口大连接画圆顺。

⑪ 确定新前腰线。由新前腰围辅助线，向上平线方向量取 2.5cm 宽作平行线（在新腰围辅助线的侧缝

处上抬 2cm 定为新前腰线的侧缝起翘点）并确定出成品前腰面。

⑫ 前省道位置的确定。在原前腰围线上，与前挺缝线的交点为省大点，取省大 1cm，省长取 9cm，平分省大并垂直于原前腰围线，根据款式的需要。在前腰口下口线上，将此省移至侧缝消减掉，并修正好前侧缝弧线，如图 11-35 所示。

⑬ 确定前门襟位。在前裆内劈势线上，作 2cm 的门襟宽，由臀围线与前裆直线的交点向下量取 2cm 作为门襟尖点的依据，如图 11-35 所示。

⑭ 原后腰围大。过上平线将后裆斜线延长，确定后裆起翘 3cm，由起翘点向腰围辅助线量取后腰围大 = $W/4 - 1cm + 2cm$（省）= 19cm，确定出原后腰围线。

⑮ 后脚口尺寸。在下平线上，取后腰口尺寸为脚口 /2 + 2cm = 17cm，以后挺缝线为中点左右两侧平分，为使裤口线圆顺，将后脚口线在后挺缝线抬升 0.5cm，并修顺，即此线为后脚口线。

⑯ 后中裆大。在后中裆线上，按前中裆大的 1/2 + 2cm 为后中裆大的 1/2，即"■" + 2cm。

⑰ 后裆弯弧线。将后裆直线和后裆斜线的交点与后裆宽点连线，将此线二等分，取其中点与后裆斜线和落裆线的交点连线，并将此线三等分，过靠近后裆斜线和落裆线的第一等分点与臀围点、后裆宽点连线画顺，即后裆弯弧线，如图 11-35 所示。

⑱ 后侧缝辅助弧线。由上平线与原后腰围线的交点至后中裆大外侧缝点至脚口大外侧缝点连接画圆顺。

⑲ 后侧缝弧线。在后侧缝辅助弧线上，去掉原后腰线至成品前腰面宽的距离，即为后侧缝弧线。

⑳ 后内缝弧线。由后裆宽点至后中裆大内侧缝点至脚口大点连接画圆顺。

㉑ 新后腰线。由新后腰围辅助线，向上平线方向量取 2.5cm 宽作平行线，并确定出成品后腰面，即为新后腰线。

㉒ 后省位置的确定。将原后腰围两等分，取其中点作为省的中线并垂直与原后腰围线，省大为 2cm，省长取 10cm，如图 11-35 所示。

㉓ 绘制裤腰。作腰宽为 2.5cm，长为 W + 搭门量（3.5cm）。沿着前后低腰线分别向上定出前、后曲腰宽，这样处理出来的腰比较符合人体曲线形态，曲线腰是直接在裤片上确定出来，因此与直线腰头略有不同，如图 11-35 所示。

㉔ 绘制门襟、底襟。作门襟宽 3cm，门襟长 13.5cm。底襟宽 5，底襟长 14.5cm。底襟应当大于门襟，应该盖住门襟，因此底襟长度应比门襟长 0.5cm，宽度比门襟宽 0.5cm，如图 11-35 所示。

（3）分割线与自然褶组合锥型裤上的分割线、褶的结构制图步骤

① 确定前、后裤片的分割线。在前裤片上，确定前腰线与挺缝线的交点，将前内缝弧线与前中裆大的交点在前内缝弧线上向脚口线方向取 3cm 点，两点连线，按款式图设计绘制出前裤片分割线。在后裤片上，在后腰线上确定省边的两个点，将后内缝弧线与后中裆大的交点在后内缝弧线上向脚口线方向取 3cm 点，将 3cm 点分别与腰线上的两个省边点连圆顺曲线，去掉后腰的省量，按款式图设计绘制出后裤片分割线。

② 确定前、后裤片两侧碎褶褶位。在前、后裤片上，分别由中裆大和侧缝线的交点，在侧缝线上向脚口线方向取 4cm 点，将该点距脚口线之间的距离五等分，分别向裤内缝线作水平切展线，如图 11-35 所示。

（四）分割线与自然褶组合锥型裤纸样的制作

基本造型完成后，修正纸样，完成结构处理图。依据生产要求对纸样进行结构处理图的绘制，凡是有缝合的部位均需复核修正，如裤口、腰口等。

1. 曲面腰线的处理

曲面腰线的处理是本款的一个重点，将前后腰面由结构图中分离出来，整合合并，绘制出新的曲线腰面。在工业生产处理上，由于腰头拼接处理后弯曲度过大，因而不利于工业的裁片处理以及由于曲度大带来的面料纱向斜度过大导致腰头易变形等不良影响，故人为地将其弯曲度修顺弄平缓些，如图 11-36 所示。

2. 裤片碎褶的处理

碎褶的处理是本款的另一个重点，在前、后裤片上按照切展线分别对裤片进行切展处理，本款的碎褶设计量为 20cm，褶量的大小要根据面料的厚度，越厚的面料其褶量越小；在侧缝线上用橡筋收拢，橡筋的使用要依据其弹性伸长率来计算，如图 11-37 所示。

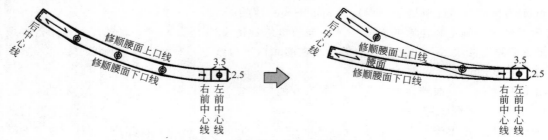

图 11-36　分割线与自然褶组合锥型裤曲线腰结构处理图

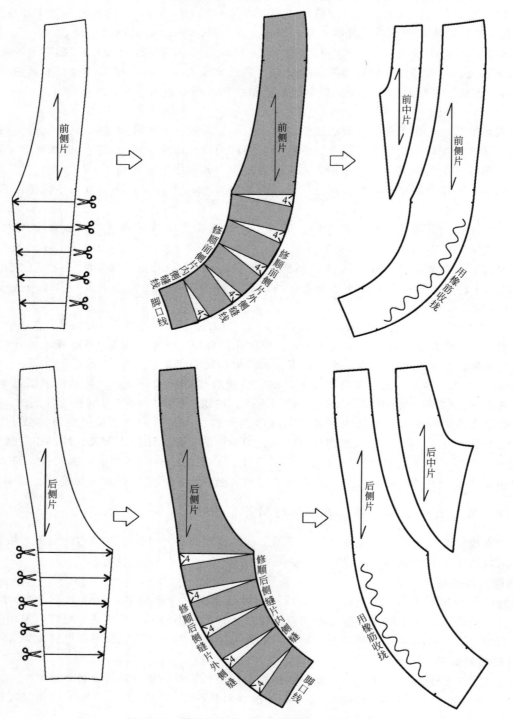

图 11-37　低腰紧身锥型裤裤片碎褶结构处理图

二、腰部分割线牛仔裤结构设计

（一）腰部分割线牛仔裤款式说明

本款牛仔裤为变化款造型，在传统牛仔裤造型上结合流行元素，低腰直筒、修身，可配搭靴裤，整体造型更显自然流畅，能够有效地修饰腿部线条，如图11-38所示。

本款牛仔裤服装所涵盖的范围较广，各季节以及不同年龄段的人皆适宜穿着。面料的一般选择选用天然纤维的斜纹牛仔布或弹力牛仔布。

1. 裤身构成

本款裤子结构造型上无省道无褶裥，设有前平插袋，前片上部有腰下片分割，前片侧缝有侧小片分割。后裤片拼合育克，设有后贴袋，开前门，装拉链。

2. 腰

绱腰头，右搭左，在腰头处锁扣眼，装钉工字型纽扣。

3. 拉链

缝合于裤子前开门处，其长度一般比门襟短1cm左右，颜色与面料一致。

（二）腰部分割线牛仔裤面料、里料、辅料的准备

1. 面料

幅宽：144cm、150cm、165cm。

基本估算方法：裤长＋15cm左右。

2. 辅料

① 薄黏合衬：幅宽90cm或120cm，用于零部件、腰面、底摆、底襟、袋口。

② 拉链。缝合位于前裆缝处，长度为15cm。

③ 纽扣。直径为1.5cm的"工"字扣一套（用于牛仔裤底襟），装饰性铆扣十套（用于牛仔裤袋）。

（三）腰部分割线牛仔裤结构制图

图11-38 腰部分割线牛仔裤效果图、款式图

准备好制图所需要的必备工具纸和笔，制图中的一些必要的符号应该严格按照国际公认的符号标记。

1. 制定腰部分割线牛仔裤成衣规格尺寸

成衣规格：160/68A，依据我国使用的女装号型标准GB/T 1335.2-2008《服装号型女子》基准测量部位以及参考尺寸，见表11-9。

表11-9 腰部分割线牛仔裤系列成衣规格表　　　　单位：cm

名称\规格	裤长	腰围	臀围	立裆	脚口	腰宽
155/66A(S)	94	70	92	25	38	4
160/68A(M)	96	72	94	25.5	40	4
165/70A(L)	98	74	96	26	42	4
170/72A(XL)	100	76	98	26.5	44	4

2. 制图要点

腰部分割线牛仔裤在各裤型当中，属于最为典型的一个基本纸样结构。采用直接打板法，根据图例分布

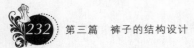

步骤进行制图详细说明，如图 11-39 所示。

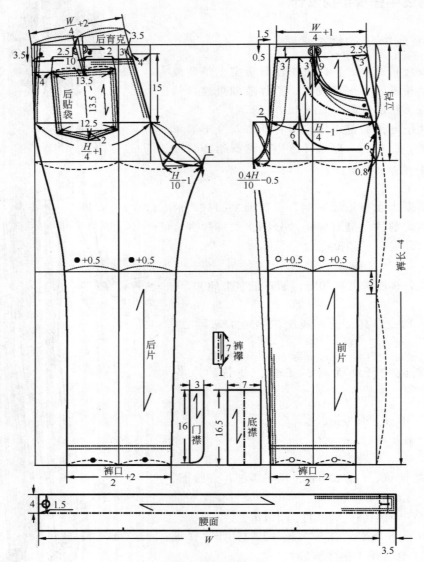

图 11-39　腰部分割线牛仔裤结构制图

3. 制图步骤

（1）建立腰部分割线牛仔裤的框架结构

① 裤长辅助线（前侧缝辅助线）。以成品裤长－腰头宽（4cm）＝92cm，作为裤长辅助线，如图 11-39 所示。

② 上平线（腰围辅助线）。作水平线与裤长辅助线垂直相交，该线为腰线设计的依据线。

③ 下平线（脚口辅助线）。作水平线与裤长辅助线垂直相交，与上平线保持平行。

④ 立裆长。从腰围线向下取 25.5cm 为前立裆长，并作水平线平行于腰围辅助线，确定横裆辅助线，如图 11-39 所示。

⑤ 前、后臀围线。将前立裆长三等分，由靠近横裆辅助线的 1/3 点作臀围线，与上平线保持平行。

⑥ 中裆线。先将臀围线至下平线二等分，再由 1/2 点向上平线方向量取 5cm，由该点作平行于上平线、下平线的前、后中裆线。

⑦ 前臀围大。在臀围线上，以前侧缝辅助线与臀围线的交点为起点，取 $H/4 - 1\text{cm} = 22.5\text{cm}$，确定前臀围大；后臀围大。在臀围线上，以后侧缝辅助线与臀围线的交点为起点，取 $H/4 + 1\text{cm} = 24.5\text{cm}$，确定后臀围大，如图 11-39 所示。

⑧ 前裆直线。通过前臀围大点作垂直于上平线的垂线确定出前裆直线，并将前裆直线延长至横裆辅

助线。

⑨ 前裆宽线。在横裆辅助线上，以前裆直线延长线的交点为起点，向前侧缝辅助线反方向取 0.4H /10 - 0.5 = 3.26cm（调节数），确定前裆宽线，如图 11-39 所示。

⑩ 前横裆大。在横裆辅助线上，与前侧缝辅助线的交点为起点向前前裆直线方向量取 0.8cm，前裆宽线点至 0.8cm 的点距离为前横裆大。

⑪ 前挺缝线（烫迹线）。将前横裆大两等分，取其 1/2 的点作平行于侧缝辅助线的直线至上平线、下平线，如图 11-39 所示。

⑫ 后裆直线。通过后臀大点作垂直于上平线的垂线确定出后裆直线，并将后裆直线延长至横裆辅助线。

⑬ 后落裆线。在横裆线上，向下平线方向作距横裆线 1cm 的平行线平行于横裆线，即为后落裆线。

⑭ 后裆斜线。为了符合人体体型特征，在后裆直线上，由后裆直线与臀围线的交点向上平线方向量取 15cm 的点，通过此点向后侧缝弧线方向作 4cm 的垂线，建立后裆斜线为 15：4 的比值，连接两点至上平线，并向下平线方向延长至后落裆线，如图 11-39 所示。

⑮ 后裆宽线。在后落裆线上，与后裆斜线相交的点为起点，向后侧缝辅助线反方向取 H /10 - 1cm = 8.4cm，确定后裆宽线。

⑯ 后挺缝线（烫迹线）。由后裆宽点作横裆线的辅助垂线，并将该点与侧缝辅助线与横裆辅助线的交点之间的距离平分两等分，取 1/2 的点作侧缝辅助线的平行线，即裤片的挺缝线。

（2）建立腰部分割线牛仔裤的结构制图步骤

① 前裆劈势。由前裆直线与上平线的交点向侧缝方向劈进 1.5cm，将前裆斜线（前中心线）画顺，如图 11-39 所示。

② 前腰围尺寸。由前中心线劈势 0.5cm 的点起，量取前腰围大 = W /4 + 1cm（省）= 19cm，确定出前腰围线。牛仔裤腰围尺寸的分配与适身型的西裤略有不同的原因：适身型的腰围尺寸分配为，W /4 ± 1cm，紧身型的腰围尺寸分配为，W /4 ± 0.5cm～1cm。出现这样的原因是因为适身型的腰口设褶裥或者是省，而紧身型不设前褶裥，倘若按照适身型的腰围尺寸分配则会出现前腰口劈势过大，所以为了解决这样的弊病，采取前后腰围尺寸互借的办法，使得裤口尺寸得以有效的控制，如图 11-39 所示。

③ 前脚口尺寸。在下平线上，取前脚口尺寸为脚口 /2 - 2cm = 18cm，以前挺缝线为中点左右两侧平分"○"，绘制出前脚口尺寸。

④ 前中裆大。本款为直筒造型，取前脚口大的 1/2 "○"，在前中裆大的辅助线上由挺缝线向两侧取"○ + 0.5cm"，确定出前中裆大。

⑤ 前裆弯弧线。过前裆宽点作臀围线的垂线，由该点和前裆直线的延长线与横裆线的交点连线，并将该线段三等分，由前裆斜线与臀围线的交点过靠近横裆线 1/3 的点至前裆宽点画圆顺，如图 11-39 所示。

⑥ 前侧缝弧线。由上平线与前腰围线的交点连接至臀围大点至横裆大 0.8cm 的点至前中裆大外缝点至脚口大外缝点画圆顺，即为前侧缝弧线。

⑦ 前内缝弧线。由前裆宽点至前中裆大外侧缝点至脚口大内缝点连接画圆顺。

⑧ 前省道位置的确定。在前腰围线上，与前挺缝线的相交的点为省大点，取省大 1cm，省长取 9cm，作省长平分省大并垂直于前腰围线，如图 11-39 所示。

⑨ 前腰下片。在前侧缝线上，由腰围线向线向下量取 2.5cm 的点并作平行于前腰围线的前腰下片的下口线，交于前裆斜线。

⑩ 前侧片分割线。在前腰下口线上，由前腰下口线上于前侧缝线的交点想前裆直线方向量取 3cm，在前侧缝线上由前侧缝线与横裆线的交点为起点想上平线方向量取 6cm（设计量）的点与之前 3cm 的点连线，并将其画顺，该线是与前侧片分割线，如图 11-39 所示。

⑪ 确定前省位、前插袋、垫袋、袋布的位置。前腰为无省设计，故把省量设计在插袋中，加入 1cm 的省量。

插袋的确定：在前侧片分割线上，由前腰下片下口线与前侧片分割线的交向点向下量取 9.5cm，该点为前插袋袋口深点；由前挺缝线与前腰上口线的交点向侧缝方向取 1cm 省量大，将省边点分别与 9.5cm 的袋口深点连圆顺弧线，前腰下口线至 9.5cm 的袋口深点连圆顺弧线为前插袋袋口线。

前插袋垫袋的确定：在前腰下口线上由前插袋袋口点向前中心线方向取 3cm 点，在由前侧片分割线的

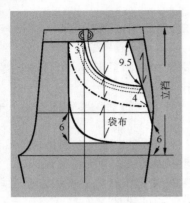

图 11-40 腰部分割线牛仔
裤插袋结构制图

9.5cm 袋口大点向下摆方向取 4cm 点，将按照袋口的曲度绘制圆顺的垫袋弧线，绘制出垫袋大。

袋布的确定：在前腰下口线上由前插袋袋口点向前中心线方向取 3cm 点向下摆方向作垂线，垂线过臀围线 6cm，作该点垂线至侧缝线，绘制出袋布大，如图 11-40 所示。

⑫ 确定门襟位。在前裆内劈势线上，作 3cm 的门襟宽，由臀围线与前裆直线的交点向下量取 2cm 作为门襟尖点的依据，如图 11-39 所示。

⑬ 后腰围尺寸。过上平线将后裆斜线延长，确定后裆起翘 3.5cm，由起翘点向腰围辅助线量取后腰围大 = $W/4 + 2cm$(省) = 20cm，确定出后腰围线，如图 11-39 所示。

⑭ 后脚口尺寸。在下平线上，取后腰口尺寸为脚口 /2 + 2cm = 22cm，以后挺缝线为中点左右两侧平分，绘制出后脚口尺寸，如图 11-39 所示。

⑮ 后中裆大。取后脚口大的 1/2 "●"，在后中裆大的辅助线上由挺缝线向二侧取 "● + 0.5cm"，确定出后中裆大。

⑯ 后裆弯弧线。将后裆直线和后裆斜线的交点与后裆宽点连线，将此线二等分，取其中点与后裆斜线和落裆线的交点连线，并将此线三等分，过靠近后裆斜线和落裆线的一等分点与臀围点、后裆宽点连线画圆顺，即后裆弯弧线，如图 11-39 所示。

⑰ 后侧缝弧线。由上平线与后腰围线的交点至后中裆大外缝点至脚口大外缝点连接画顺，即为后侧缝弧线。

⑱ 后内缝弧线。由后裆宽点至后中裆大内侧缝点至脚口大点连接画圆顺。

⑲ 后省位置的确定。将后腰围线平分两等分，取其中点作为省的中线并垂直与后腰围线，省大为 2cm，省长取 10cm，如图 11-39 所示。

⑳ 后腰育克。后中心线长为 6.5cm，后侧缝宽为 3.5cm，如图 11-39 所示。

㉑ 后贴袋。按款式图绘制，造型为上宽下窄。上口宽为 13.5cm。底边宽 12cm，底边放出尖角为 2cm。

㉒ 确定裤腰。确定出腰长 W + 搭门量 （3.5cm）。腰面宽为设计量 4cm，由于腰面和腰里都是一体，将其双折腰头宽为 8cm，如图 11-39 所示。

㉓ 绘制门襟、底襟。作门襟宽 3cm，门襟长 16cm；底襟宽 7，底襟长 16.5cm。底襟应当大于门襟，应该盖住门襟，因此底襟长度应比门襟长 0.5cm，宽度比门襟宽 0.5cm，如图 11-39 所示。

㉔ 确定裤襻。裤襻 5 个，长为 7cm，宽为 1cm。

（四）腰部分割线牛仔裤纸样的制作

基本造型完成后，修正纸样，完成结构处理图。依据生产要求对纸样进行结构处理图的绘制，凡是有缝合的部位均需复核修正，如前、后育克、侧口袋、垫袋等，如图 11-41 所示。

三、带立体贴袋休闲筒裤结构设计

（一）带立体贴袋休闲筒裤款式说明

休闲裤风格多样，款式百搭，本款服装是在筒型裤的基础上进行分割线结构变化设计，故在绘制本款裤型之前应当充分掌握筒型裤的基本特点。本款的立体贴袋为风琴袋，风琴袋通常是指袋边沿装有类似手风琴风箱伸缩形状的口袋，如图 11-42 所示。

本款裤型的口袋较多，功能性较强，服装适宜穿着的人群范围面较广。面料应当选用透气好、吸湿强、牢固耐磨的中厚型面料，例如牛仔布、斜纹棉布、卡其，也有亚麻、棉布质地的休闲裤等。

1. 裤身构成

结构造型上，前裤片为无省道无褶裥带曲线和垂线分割线款式设计，后裤片同样有一条通腰的分割曲线，后育克设计；口袋设计为前侧插明贴口袋、后风琴袋、侧风琴袋；裤襻；系扣前门襟设计，装腰头。

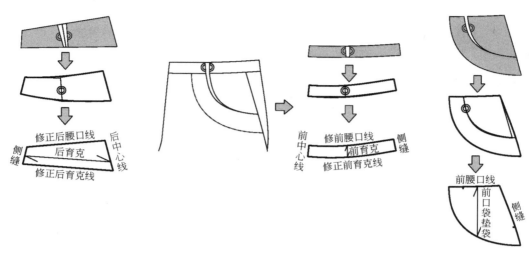

图 11-41　腰部分割线牛仔裤裁片结构处理图

2. 腰

绱腰头，右搭左，在腰头处锁扣眼，装纽扣。

（二）带立体贴袋休闲筒裤面料、里料、辅料的准备

1. 面料

幅宽：144cm、150cm、165cm。

基本估算方法：裤长＋15cm 左右。

2. 辅料

① 薄黏合衬。幅宽 90cm 或 120cm，用于腰面和零部件，如底襟、门襟、袋盖、袋口。

② 纽扣。直径为 1cm 的二合扣 4 个，门襟处 3 个、腰头处 1 个；直径为 1.5cm 的二合扣 4 个，用于袋盖处。

（三）带立体贴袋休闲筒裤结构制图

1. 制定带立体贴袋休闲筒裤成衣尺寸

成衣规格：160/68A，依据我国使用的女装号型标准 GB/T1335.2-2008《服装号型女子》基准测量部位以及参考尺寸，见表 11-10。

表 11-10　带立体贴袋休闲筒裤系列成衣规格表　　　　　　　　　　　　单位：cm

名称 规格	裤长	腰围	臀围	立裆	脚口	腰宽
155/66A（S）	97	69	94	25.5	40	3
160/68A（M）	99	71	96	26	42	3
165/70A（L）	101	73	98	26.5	44	3
170/72A（XL）	103	75	100	27	46	3

2. 制图要点

采用原型打板法进行结构制图。本款是一款组合的筒裤裤型设计，本款裤子的结构设计比较复杂，在筒裤基础上前、后裤片均有分割线和明贴口袋设计，款式设计的重点有二个：重点一是要按照款式的需求，将前、后裤片分割线按照造型比例合理的设置，本款的前片分割线没有结构意义，起到的是装饰美观的作用，后片分割线解决了后腰省量。重点二是明贴口袋的设计，本款的后口袋和侧口袋均为立体造型的风琴口袋造型，在结构设计上要根据款式需求进行处理。

3. 制图步骤

这里将根据图例分步骤进行制图说明，如图 11-43 所示。

图 11-42　带立体贴袋休闲筒裤效果图、款式图

（1）建立带立体贴袋休闲筒裤的框架结构

① 裤长辅助线（侧缝辅助线）。以裤长 − 3cm = 96cm，作为裤长辅助线，如图 11-43 所示。

② 上平线（腰围辅助线）。作水平线与裤长辅助线垂直相交，该线为腰线设计的依据线。

③ 下平线（脚口辅助线）。作水平线与裤长辅助线垂直相交，与上平线保持平行。

④ 立裆。从腰围线向下取 26cm 为立裆，并作水平线平行于腰围辅助线，为横裆辅助线。

⑤ 前、后臀围线。将立裆三等分，由靠近横裆辅助线的 1/3 点作臀围线，与上平线保持平行，如图 11-43 所示。

⑥ 前、后中裆线。先将横裆线至脚口线二等分，再由此等分点向上取 4cm 并过此点作平行于横裆线的中裆线。

⑦ 前、后臀围大。前臀围大，在臀围线上，以前侧缝辅助线与臀围线的交点为起点，取 $H/4 − 1cm = 23cm$，确定前臀围大；后臀围大，在臀围线上，以后侧缝辅助线与臀围线的交点为起点，取 $H/4 + 1cm = 25cm$，确定后臀围大。

⑧ 前、后裆直线。前裆直线，通过前臀大点作垂直于上平线的垂线，确定出前裆直线，并将前裆直线延长至横裆辅助线；后裆直线，通过后臀大点作垂直于上平线的垂线，确定出后裆直线，并将后裆直线延长至横裆辅助线，如图 11-43 所示。

⑨ 前横裆大。在横裆线上，与侧缝辅助线的交点，向前裆直线方向量取 1cm 左右（以修顺外侧缝线为目的）的点至前裆直线的距离为前横裆大。

⑩ 前裆宽线。在横裆线上，与前裆直线延长至交点为起点，向侧缝辅助线反方向取臀大 /4 − 2 "△ − 2"，确定前裆宽线，如图 11-43 所示。

⑪ 前挺缝线（烫迹线）。在横裆辅助线上，先将语前侧缝辅助线的交点和与前裆直线的交点四等分，再将距前裆直线的第二等分三等分，取其靠近前侧缝辅助线的一等分的点作平行于侧缝辅助线的直线交于上平线与下平线，如图 11-43 所示。

⑫ 后落裆线。在横裆线上，向下平线方向作距横裆线 0.7～1cm 的平行线，为后落裆线。

⑬ 后挺缝线（烫迹线）。采用原型制图，其挺缝线的位置，与前片重叠不变。

⑭ 后裆宽线。在后落裆线上，与后裆斜线相交的点为起点，向后侧缝辅助线反方向取：前横裆大 + "△ − 1cm"，确定后裆宽线，如图 11-43 所示。

⑮ 后裆斜线。为了符合人体体型特征，在上平线上，将后裆直线距挺缝线四等分，取其靠近挺缝线的一个等分点至后裆直线于臀围线的交点连线，向下平线方向延长至后落裆线上，如图 11-43 所示。

（2）建立女装带立体贴袋休闲筒裤的结构制图步骤

① 前裆劈势。由前裆直线与上平线交点向侧缝方向劈进 1.5cm 前裆斜线（前中心线）画顺。

② 前腰围尺寸。由前中心线至上平线的交点起，量取前腰围大 = $W/4 + 1cm$（前后互借）。

③ 前腰线。在上平线上由腰围大点取侧缝起翘量 1.2cm，与前中心线劈势 1.5cm 点连线，绘制出前腰线，如图 11-43 所示。

④ 前脚口尺寸。在下平线上，取前脚口尺寸为脚口 /2 − 1cm = 20cm。

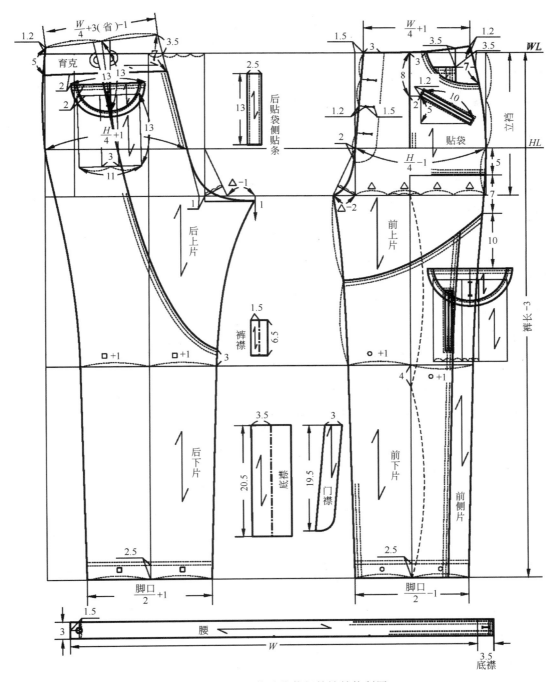

图 11-43 带立体贴袋休闲筒裤结构制图

⑤ 前中裆大。在前中裆线上，以挺缝线为中心，两侧平分均取"〇+1cm"，如图 11-43 所示。

⑥ 前裆弯弧线。将臀围线与前裆直线相交的点与前裆弯点连线，作横裆线与前裆直线的交点垂直于该线并将其三等分，由前中心线与臀围线的交点过靠近横裆线 2/3 的点至前裆宽点，并将其画圆顺，如图 11-43 所示。

⑦ 前侧缝弧线。由前侧缝起翘 1.2cm 的点至臀围大点至横裆大外侧缝点至前中裆大外侧缝点至脚口大外侧缝点画顺，即为原前侧缝弧线，如图 11-43 所示。

⑧ 前内缝弧线。由前裆宽点至前中裆大外侧缝点至脚口大连接画圆顺。

⑨ 平贴袋、垫袋、表袋位置的确定。平贴袋深度的确定：如结构图所示，在裤长辅助线上，与臀围线的交点向下平线方向量取 5cm，并过此点作平行于上平线的袋深辅助线交于前挺缝线。具体各部位数值，如图 11-44 所示。根据款式图所示，前裤片左右两侧贴袋各有不同，可根据款式需求进行相应的结构处理，如

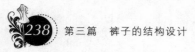
图 11-45 所示。

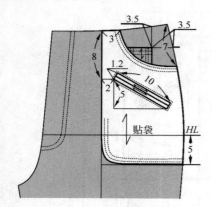

图 11-44 前贴袋结构制图

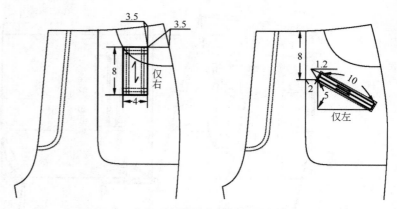

图 11-45 左右两侧前贴袋特殊部位的结构制图

⑩ 前上片与前下片分割。根据款式图所示，在前外侧缝线上，由前贴袋深向下取 7cm 的点，并过此点交于前中裆大至前横裆大点连线的内侧缝线的中点，并将此分割线画圆顺。

⑪ 后、侧风琴袋。如图 11-43 所示，具体各部位数据以符合款式为基础。

⑫ 前下片与前侧片分割。根据款式图所示，将侧风琴袋相应地三等分（其分割位置应当与款式图所示位置基本上要相同），取其相应的等分量作平行于侧缝线的分割线。

⑬ 前门襟位的确定。在前裆内劈势线上，作 3cm 的门襟宽，由臀围线与前裆直线的交点向下量取 2cm 作为门襟尖点的依据。

⑭ 后腰围尺寸。过上平线将后中心线延长，确定后裆起翘 3.5cm，由起翘点向腰围辅助线量取后腰围大 = $W/4 + 3cm$（省）$- 1cm$（前后互借），确定出后腰围线，如图 11-43 所示，

⑮ 后脚口尺寸。在下平线上，取后脚口尺寸为脚口 $/2 + 1cm = 22cm$。

⑯ 后中裆大。在后中裆线上，以挺缝线为中心，两侧平分均取 "□ $+ 1cm$"。

⑰ 后裆弯弧线。以前片原型的基础线为基础，将由后中心线与臀围线的交点过靠近横裆线 1/3 的点至后裆宽点，并将其画圆顺，如图 11-43 所示，

⑱ 后侧缝弧线。由上平线与后裤长辅助线的交点垂直向上取 1.2cm 的点至后中裆大外侧缝点至脚口大外侧缝点连接并画圆顺。

⑲ 后内缝弧线。由后裆宽点至后中裆大内侧缝点至脚口大连接并画圆顺。

⑳ 后省位置的确定。将后腰围尺寸二等分，中点作为省的中线，省大为 3cm，省长取 13cm，如图 11-43 所示。

㉑ 育克的确定。上片与后下片的分割。在内侧缝线上，由中裆线向上量取 3cm 的点，并过此点连接至后腰省的省尖，并将其修顺，如图 11-43 所示。

㉒ 腰宽确定。作腰宽 3cm，长为 $W +$ 搭门宽（3.5cm）$= 74.5cm$，如图 11-43 所示。

㉓ 绘制门襟、底襟。作门襟宽 3cm，门襟长 19.5cm；底襟宽 7，底襟长 20cm。底襟应当大于门襟，应该盖住门襟，因此底襟长度应比门襟长 0.5cm，宽度比门襟宽 0.5cm，如图 11-43 所示。

㉔ 确定裤襻。裤襻 6 个，长为 6.5cm，宽为 1.5cm。

（四）带立体贴袋休闲筒裤纸样的制作

基本造型完成后，修正纸样，完成结构处理图。依据生产要求对纸样进行结构处理图的绘制，凡是有缝合的部位均需复核修正，如裤口、腰口等，本款的结构处理是立体贴袋褶的处理和后腰育克的处理。

1. 立体贴袋褶的处理

本款立体贴袋袋盖边为绲边圆角设计，袋布上有一个明褶裥设计，口袋两侧为贴条设计，形成立体贴袋造型，如图 11-46 所示。

2. 后腰育克的处理

后腰育克结构处理，如图 11-47 所示。

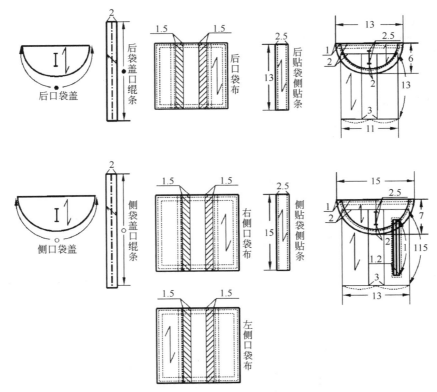

图 11-46　带立体贴袋休闲筒裤口袋结构处理图

四、休闲缩褶筒裤结构设计

（一）休闲缩褶筒裤款式说明

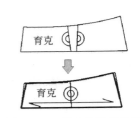

图 11-47　带立体贴袋休闲筒裤后育克的结构处理

本款服装的设计点是在基本筒型裤框架结构的基础上，进行相应的缩褶结构处理，使其既具有一般裤型的共性又富有现代设计元素，在特定部位裁片分割的处理还有一些不同装饰物的运用，裤口是用装饰线将裤筒内外侧缝进行抽褶捆固。这些设计既美观又舒适，不仅起到了装饰的作用，又满足了裤子的功能设计，很符合现代女性朋友们的审美习惯，如图 11-48 所示。

本款服装所涵盖的范围较广，各季节皆适宜穿着。面料选择因季节而异，一般选用天然纤维的较厚的斜纹粗布等面料。

1. 裤身构成

结构造型上，前裤片无省道无褶裥，有前裤腰、前中片、前下片、侧小片、装饰拉链。后裤片无省道无褶裥，有后裤腰、后育克片、后中片、后下片、后贴袋、三个大裤襻两个小裤襻。开前门，装拉链。

2. 腰

绱腰头，右搭左，在腰头处锁扣眼，装纽扣。

3. 拉链

门襟拉链，缝合于裤子前开门处，其长度一般比门襟短 1cm 左右，颜色与面料一致；裤襻装饰拉链和前裤片装饰拉链，颜色可根据设计搭配选择。

（二）休闲缩褶筒裤面料、里料、辅料的准备

1. 面料

幅宽：144cm、150cm、165cm。

基本估算方法：裤长 + 15cm 左右。

图 11-48 休闲缩褶筒裤效果图、款式图

2. 辅料

① 薄黏合衬。幅宽 90cm 或 120cm，用于零部件、腰面、底摆、底襟、袋口。

② 拉链。缝合位于前裆缝处，长度为 13.5cm；裤襻装饰拉链 3 条，长度为 7cm；前裤片装饰拉链 2 条，长度为 40cm 左右。

③ 纽扣。直径为 1cm 的四合扣一套用于腰头处。

（三）休闲缩褶筒裤结构制图

准备好制图工具和制图纸，制图线与制图符号按照统一要求正确绘制。

1. 制定休闲缩褶筒裤成衣尺寸

成衣规格：160/68A，依据我国使用的女装号型标准 GB/T1335.2-2008《服装号型女子》基准测量部位以及参考尺寸，见表 11-11。

表 11-11　休闲缩褶筒裤系列成衣规格表

单位：cm

名称\规格	裤长	腰围	臀围	（制图立裆）	脚口	腰宽
155/66A(S)	94	68	93	25.5	34	5
160/68A(M)	96	70	95	26	36	5
165/70A(L)	98	72	97	26.5	38	5
170/72A(XL)	100	74	99	27	40	5

2. 制图要点

采用原型打板法进行结构制图。本款是一款组合的筒裤裤型设计，本款裤子的结构设计比较复杂，在筒裤基础上前、后裤片均有分割线和缩褶设计，款式设计的重点有三个。重点一是分割线的处理，要按照款式的需求，将前、后裤片分割线按照造型比例合理的设置，本款的前片分割线较为多，前侧缝的分割线起到是装饰美观作用。前、后裤腿的水平分割线将裤腿分成两部分。后片腰部分割线解决了后腰省量。重点二是褶的处理，本款的褶有两部分，裤腿的水平分割线，将裤腿分为上下两部部分，上半部分的侧缝褶起到是装饰美观作用，下半部分通过侧缝收绳的抽褶处理使裤腿收到需要的长度，该部分的缩褶处理可增大腿部的运动量，使腿部的活动更加舒适。重点三是后明贴口袋的设计，本款的后口袋为立体造型，在结构设计上通过省道使口袋呈现立体效果。

3. 制图步骤

采用原型进行结构制图，这里将根据图例分步骤进行制图说明，如结构图 11-49 所示。

（1）建立休闲缩褶筒裤的框架结构

① 裤长辅助线（侧缝辅助线）。以裤长 96cm，作为裤长辅助线，如图 11-49 所示。

② 上平线（腰围辅助线）。作水平线与裤长辅助线垂直相交，该线为腰线设计的依据线。

③ 下平线（脚口辅助线）。作水平线与裤长辅助线垂直相交，与上平线保持平行。

④ 立裆。从腰围线向下取 26cm 为立裆，并作水平线平行于腰围辅助线，为横裆辅助线。

⑤ 前、后臀围线。将立裆三等分，由靠近横裆辅助线的 1/3 点作臀围线，与上平线保持平行，如图 11-49 所示。

⑥ 前、后中裆线。先将横裆线至脚口线平分二等分，再由此等分点向上取 4cm 并过此点作平行于横裆

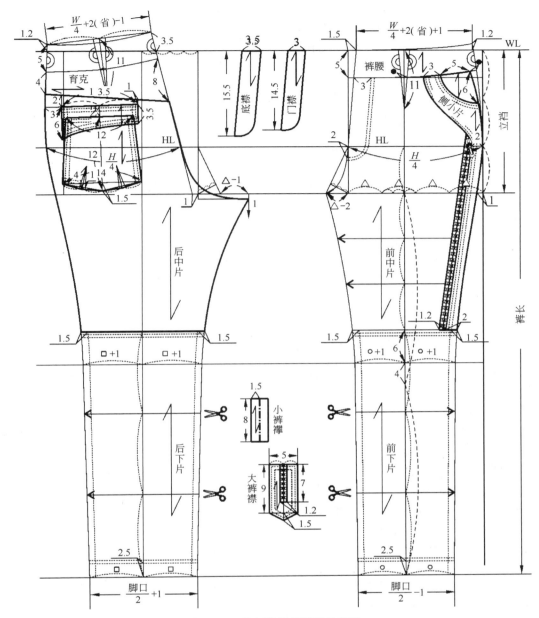

图 11-49　休闲缩褶筒裤结构制图

线的中裆线，如图 11-49 所示。

⑦ 前、后臀围大。在臀围线上，以前侧缝辅助线与臀围线的交点为起点，取 $H/4 = 23.75\mathrm{cm}$，确定前臀围大。在臀围线上，以后侧缝辅助线与臀围线的交点为起点，取 $H/4 = 23.75\mathrm{cm}$，确定后臀围大，如图 11-49 所示。

⑧ 前、后裆直线。前裆直线通过前臀大点作垂直于上平线的垂线，确定出前裆直线线，并将前裆直线延长至横裆辅助线；后裆直线通过后臀大点作垂直于上平线的垂线，确定出后裆直线，并将后裆直线延长至横裆辅助线，如图 11-49 所示。

⑨ 前横裆大。在横裆线上，与侧缝辅助线的交点，向前裆直线方向量取 1cm 的点至前裆直线的距离为前横裆大，如图 11-49 所示。

⑩ 后落裆线。在横裆线上，向下平线方向作距横裆线 0.7～1cm 的平行线，为后落裆线。

⑪ 前、后裆宽线。在横裆线上，与前裆直线延长至交点为起点，向侧缝辅助线反方向取臀大 /4-2，确定前裆宽线。后裆宽线在后落裆线上，与后裆斜线相交的点为起点，向后侧缝辅助线反方向取前臀大 /4 - 1cm + 前横裆宽 + 1cm，确定后裆宽线，如图 11-49 所示。

⑫ 烫迹线。在横裆辅助线上，先将与前侧缝辅助线的交点和与前裆直线的交点四等分，再将距前裆直线的第二等分三等分，取其靠近前侧缝辅助线的一等分的点作平行于侧缝辅助线的直线交于上平线与下平线，确定出前挺缝线；后挺缝线（烫迹线）采用原型制图，其挺缝线的位置，与前片重叠不变，如图 11-49 所示。

⑬ 后裆斜线。为了符合人体体型特征，在上平线上，将后裆直线距挺缝线四等分，取其靠近挺缝线的一个等分点至后裆直线于臀围线的交点连线，向下平线方向延长至后落裆线上，如图 11-49 所示。

（2）建立休闲缩褶筒裤的结构制图步骤

① 前裆劈势。由前裆直线与上平线交点向侧缝方向劈进 1.5cm 前裆斜线（前中心线）画圆顺，如图 11-49所示。

② 前腰围尺寸。由前中心线至上平线的交点起，量取前腰围大 = $W/4 + 2cm$（省）$+ 1cm$（前后互借），如图 11-49 所示。

③ 前腰线。在上平线上由腰围大点取侧缝起翘量 1.2cm，与前中心线劈势 1.5cm 点连线，绘制出腰线。

④ 前脚口尺寸。在下平线上，取前脚口尺寸为脚口 $/2 - 1cm = 17cm$。

⑤ 前中裆大。在前中裆线上，以挺缝线为中心，两侧平分均取"○ + 1cm"。

⑥ 前裆弯弧线。将臀围线与前裆直线相交的点与前裆弯点连线，作横裆线与前裆直线的交点垂直于该线并将其三等分，由前中心线与臀围线的交点过靠近横裆线 2/3 的点至前裆宽点，并将其画圆顺，如图 11-49 所示。

⑦ 前侧缝弧线。由前侧缝起翘 1.2cm 的点，至臀围大点至横裆大 1cm 的点，至前中裆大外侧缝点，至脚口大外侧缝点画顺，即为原前侧缝弧线。

⑧ 前内缝弧线。由前裆宽点至前中裆大外侧缝点至脚口大连接画圆顺，如图 11-49 所示。

⑨ 前腰面下口线。在前当直线上，作距前腰围线 5cm 的腰面下口围，并且平行于前腰线，即为腰面下口线，如图 11-49 所示。

⑩ 前省道位置的确定。根据款式的需求，前片为无省道设计，故将腰面下口线上的省大"●"转移至前侧缝。

⑪ 确定前门襟位。在前裆内劈势线上，作 3cm 的门襟宽，由臀围线与前裆直线的交点向下量取 2cm 作为门襟尖点的依据，如图 11-49 所示。

⑫ 后腰围尺寸。过上平线将后中心线延长，确定后裆起翘 3.5cm，由起翘点向腰围辅助线量取后腰围大 = $W/42cm$（省）$- 1cm$（前后互借），确定出后腰围线，如图 11-49 所示。

⑬ 后脚口尺寸。在下平线上，取后脚口尺寸为脚口 $/2 + 1cm = 19cm$，如图 11-49 所示。

⑭ 后中裆大。在后中裆线上，以挺缝线为中心，两侧平分均取"□ + 1cm"，如图 11-49 所示。

⑮ 后裆弯弧线。以前片原型的基础线为基础，将由后中心线与臀围线的交点过靠近横裆线 1/3 的点至后裆宽点，并将其画圆顺，如图 11-49 所示。

⑯ 后侧缝弧线。由上平线与后裤长辅助线的交点垂直向上取 1.2cm 的点至后中裆大外侧缝点至脚口大外侧缝点连接画圆顺，如图 11-49 所示。

⑰ 后内缝弧线。由后裆宽点至后中裆大内侧缝点至脚口大连接画圆顺。

⑱ 后省位置的确定。将后腰围尺寸二等分，中点作为省的中线，省大为"▲"，省长取 11cm（设计量），如图 11-49 所示。

⑲ 后腰下口线。在裤长辅助线上，由后侧缝 1.2cm 起翘点向下量取 5cm，并过此点作平行于后腰围线，即后腰下口线。

⑳ 前、后片分割线的确定。第一，由前、后片中裆线向上 6cm 确定出前后裤片的水平分割线。第二，前裤片侧缝分割线由前裤片水平分割线和侧缝线的交点向前内缝方向取 2cm 点，由臀围线上和侧缝线的交点向前中心线方向取 2cm 点，由前腰面下口线与侧缝线的交点向前中心线方向取 8cm 点，将三点按照款式图设计连线，绘制出前裤片侧缝分割线，该分割线直线部分装装饰拉链，拉链宽 1.2cm，绘制出前中片。由前腰面下口线与侧缝线的交点向前中心线方向取 5cm 点，在侧缝线上由前腰面下口线与侧缝线的交点向裤口方向取 6cm 点，两点连线，绘制出前上片。第三，后裤片侧缝分割线由后腰下口线与侧缝线交点向裤口方向取 4cm 点，由后腰下口线与后裆斜线交点向前裆弯弧线方向取 8cm 点，两点连线确定出后腰育克分割

线，如图 11-49 所示。

㉑ 后贴袋的确定。后贴袋盖位的确定。设计袋盖长 13.5cm，袋盖为非对称的异形设计，靠近侧缝的袋盖宽 6cm，另一边宽 3.5cm；袋盖一端距侧缝 3cm，距后腰育克分割线 2cm，另一端距后腰育克分割线 1cm。后贴袋布的确定。后贴袋布的袋口距袋盖 2cm，袋口宽 12cm，袋长 12cm，后贴袋布下口为宝剑头造型，宝剑头长 1.5cm，宝剑头设计为立体效果，设计有两个省道，省长 4cm，宽 1cm，如图 11-49 所示。

㉒ 裤襻的确定。本款的裤襻有 5 个，3 个为带拉链的装饰宽襻设计，装饰裤襻宽 5cm，长 9cm，宝剑头长 1.5cm，装饰拉链长 7cm，宽 1.2cm；两个为普通裤襻，长 8cm 宽 1.5cm，如图 11-49 所示。

㉓ 绘制门襟、底襟。作门襟宽 3cm，门襟长 14.5cm；底襟宽 3.5，底襟长 15.5cm，如图 11-49 所示。

（四）休闲缩褶筒裤纸样的制作

基本造型完成后，修正纸样，完成结构处理图。依据生产要求对纸样进行结构处理图的绘制，凡是有缝合的部位均需复核修正，如裤口、腰口等。本款的结构处理有五个部位。第一部位为后腰育克的处理，第二部位后腰的处理，第三部位为前中片裁片结构处理，第四部位为前下片、后下片裁片结构处理，第五部位为后下片裁片结构处理。

1. 后腰育克、腰的结构处理

将后腰育克省合并，完成后腰育克结构处理，如图 11-50 所示。

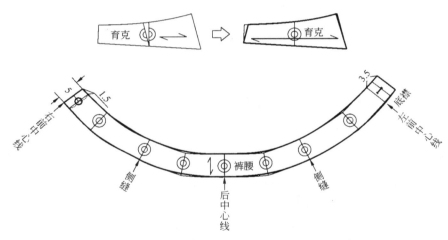

图 11-50　女装休闲缩褶筒裤育克、腰头结构处理图

将前、后腰片由裤片中分离出来复核合并，完成腰的结构处理，如图 11-50 所示。

2. 前中片、前下片、后下片裁片结构处理图

将前中片分离出来切展放量，褶量的大小为设计量，要根据款式需求和面料的厚度进行设计，完成前中片结构处理，如图 11-51 所示。

将前、后裤下片由裤片中分离出来切展放量，褶量的大小为设计量，要根据款式需求和面料的厚度进行设计，完成前下片、后下片裁片结构处理，如图 11-51 所示。

五、低腰紧身铅笔裤结构设计

（一）低腰紧身铅笔裤款式说明

铅笔裤起源于欧洲，也常被称为小脚裤，其裤管纤细，也有窄管裤之称。这种裤型的特点是超低腰剪裁，可以对臀、腿部塑型，让臀部紧贴、腿线纤长，裤脚很瘦，整个裤子基本贴着腿。该类裤型从 20 世纪 50 年代至今仍然十分流行，与铅笔裤最能搭配的是紧身上衣，如今铅笔裤已经成为潮流达人们的橱柜必备款，可以打造各种风格得造型，以适应经常出席各种场合。

本款裤型低腰、包腹、收臀，能够充分勾勒出女性的曲线美，使穿着者不仅看上去高挑出众，而且时尚

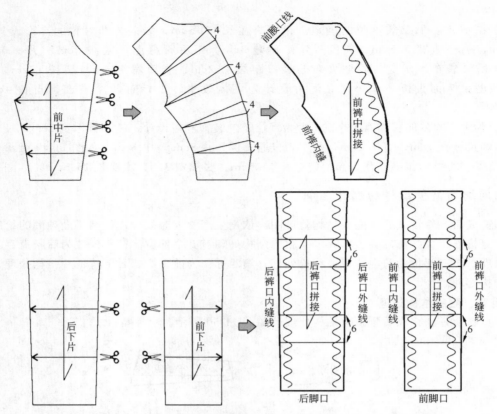

图 11-51　女装休闲缩褶筒裤前中片、前下片、后下片裁片结构处理图

大方，近年市场上较为流行，深受青年女性朋友们的喜爱，如图 11-52 所示。

根据人们的年龄、文化修养、生活习惯以及性格爱好等，本款裤型的面料选用的范围较为广泛，例如可选用较有弹性的斜纹或者是树皮纹的牛仔面料，以及粗斜纹布、中厚印花棉布、亚麻、化纤弹力面料等，均可使用。

1. 裤身构成

前裤片、后裤片、前侧片、后育克、后贴袋、前月牙插袋、门襟、底襟、裤腰、裤襻。从臀围至下摆略显锥型，腰部装腰头，前后无省，裤前中处装拉链。

2. 腰

绱腰头，右搭左，在腰头处锁扣眼，装纽扣。

3. 拉链

缝合于裤子前开门处，其长度一般比门襟短 1cm 左右，颜色与面料一致。

（二）低腰紧身铅笔裤面料、里料、辅料的准备

1. 面料

幅宽：144cm、150cm、165cm。

基本估算方法：裤长 + 15cm 左右。

2. 辅料

① 薄黏合衬。幅宽 90cm 或 120cm，用于零部件、裤腰、底摆、底襟、袋口。

② 厚黏合衬。幅宽 90cm 或 112cm，用于裤腰里。

③ 拉链。缝合位于前裆缝处，长度为 12cm。

④ 纽扣。直径为 1.2cm 的纽扣 1 个（用于裤腰底襟）。

（三）低腰紧身铅笔裤结构制图

1. 制订低腰紧身铅笔裤成衣尺寸

成衣规格是 160 /68A，依据是我国使用的女装号型标准 GB /T 1335.2—2008《服装号型女子》。基准测量部位以及参考尺寸，见表 11-12。

表 11-12 低腰紧身铅笔裤系列成衣规格表

单位：cm

名称 规格	裤长	（腰围）	腰围	臀围	（制图 立裆）	中裆	脚口	腰宽
155/66A（S）	95.5	68	72	89	25	36	30	3
160/68A（M）	97.5	70	74	91	25.5	38	32	3
165/70A（L）	99.5	72	76	93	26	40	34	3
170/72A（XL）	101.5	74	78	95	26.5	42	36	3

2. 制图要点

采用直接打板法进行结构制图，通过先绘制好前片，然后通过前片的母版绘制出后片。

本款裤子的结构设计比较简单，在基本锥型裤的基础上，将裁片加以分割处理使其达到如本款款式图中的效果。本款式设计的重点有以下三点。

① 低腰设计。这是近些年来市面上比较流行的元素之一，其能够充分的彰显出现代都市女性的成熟、性感、魅力，低腰的处理能够很好地解决臀腰差过大所引起的结构问题，并且由于腰线的降低，故将裤腰设计成曲线，这样能够更好地贴合人体。

② 分割线的处理，按照本款款式的要求，将裤型的各大裁片分割线按照造型比例合理地加以设置，使其能够准确体现出设计者的意图，并且这些分割线的设置起到是装饰美观作用，可以说是本款服装的一大亮点。

③ 挺缝线（烫迹线）的偏移处理，挺缝线的偏移是本款服装所要讲解的重点之一，从人体美学上来分析，由于人体大腿的内侧肌肉比较发达，故因适当给予其些松量。因此，在绘制裤子的横裆过程中应适当将裤子前、后片的挺缝线人为地往外侧缝适当偏移。从整体服装的造型美观上来分析，由于裤子前、后片挺缝线的偏移使得外侧缝与臀围相交处更加平顺，在碰到臀腰差过大的

图 11-52 低腰紧身铅笔裤效果图、款式图

情况下，挺缝线的偏移会使得侧缝不会鼓起"包"的弊病（注意：这些都是需要在较紧身的裤型当中考虑的，越宽松的裤子，这些影响的因素就越小，故裤子前、后片挺缝线偏移量的大小与整个裤子的宽松度成正比）。

3. 制图步骤

低腰紧身铅笔裤在裁剪上的臀腰差解决办法，这里将根据图例分步骤进行制图说明，如图 11-53 所示。

（1）低腰紧身铅笔裤的框架结构

① 裤长辅助线（侧缝辅助线）。以裤长 97.5cm + 2.5cm = 100cm，作为裤长辅助线。

② 上平线（腰围辅助线）。作水平线与裤长辅助线垂直相交，该线为腰线设计的依据线。

③ 下平线（脚口辅助线）。作水平线与裤长辅助线垂直相交，与上平线保持平行。

④ 立裆。从腰围线向下取 26cm 为立裆，并作水平线平行于腰围辅助线，为横裆辅助线。

⑤ 前、后臀围线。将立裆三等分，由靠近横裆辅助线的 1/3 点作臀围线，与上平线保持平行，如图 11-53所示。

⑥ 前、后中裆线。先将臀围线至脚口线两等分，再由此等分点向上取 3cm 并过此点作平行于横裆线的中裆线。

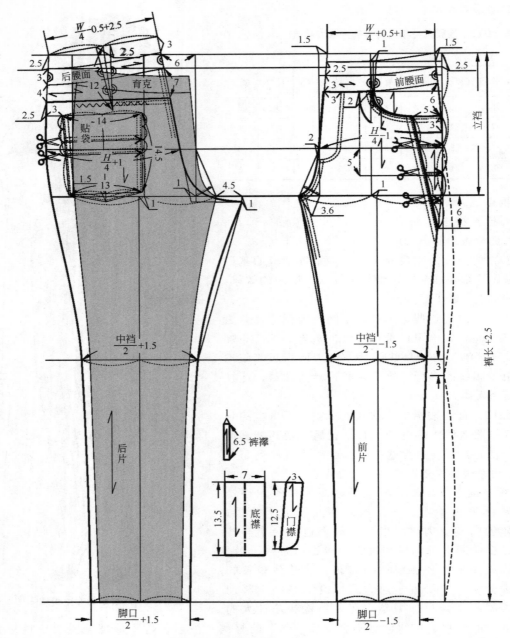

图 11-53　低腰紧身铅笔裤结构制图

⑦ 前、后臀围大。在臀围线上，以前侧缝辅助线与臀围线的交点为起点，取 $H/4-1cm=21.75cm$，确定前臀围大；在臀围线上，以后侧缝辅助线与臀围线的交点为起点，取 $H/4+1cm=23.75cm$，确定后臀围大，如图 11-53 所示。

⑧ 前、后裆直线。前裆直线通过前臀大点作垂直于上平线的垂线，确定出前裆直线线，并将前裆直线延长至横裆辅助线。后裆直线通过后臀大点作垂直于上平线的垂线，确定出后裆直线，并将后裆直线延长至横裆辅助线。

⑨ 后落裆线。在横裆线上，向下平线方向作距横裆线 0.7～1cm 的平行线，为后落裆线。

⑩ 前、后裆宽线。在横裆线上，取前裆宽 3.6cm 线。后裆宽线在后落裆线上，取前裆宽 3.6cm + 4.5cm + 1cm = 9.1cm，确定后裆宽线。

⑪ 前挺缝线（烫迹线）。在横裆辅助线上，先将与前侧缝辅助线的交点和与前裆直线的交点二等分，再将其中点向侧缝方向偏移 1cm，过此点作平行于裤长辅助线的前挺缝线交于下平线。后挺缝线（烫迹线），在绘制好前片的基础上，其挺缝线的位置，与前片重叠不变，如图 11-53 所示。

⑫ 后裆斜线。为了符合人体体型特征，在上平线上，由后中心线与腰围辅助线向后侧缝线方向量取 6cm，和后中心线与后落裆线的交点向后侧缝方向量取 1cm 点相连接，如图 11-53 所示。

（2）建立低腰紧身铅笔裤的结构制图步骤

① 前裆劈势。由前裆直线与上平线交点向侧缝方向劈进 1.5cm 前裆斜线（前中心线）画圆顺。

② 前腰围尺寸。由前中心线至上平线的交点起，量取前腰围大 = $W/4 + 0.5$cm（前后互借）+ 1cm(省)，如图 11-53 所示。

③ 前中心辅助线。在前直裆线上与上平线的交点向侧缝方向取劈势 1.5cm，将此点与前直裆线和臀围线的交点连线，此线为前中心辅助线。

④ 前裤腰上口辅助线。在裤长辅助线上，由与上平线的交点向下取 2.5cm，过此点作平行于上平线的前裤腰上口辅助线。

⑤ 前裤腰上口线。在前裤腰上口辅助线上，由腰围大点取侧缝起翘量 1.5cm 与前中心辅助线和前裤腰上口辅助线交点连线，并将其画顺，即为前裤腰上口线。

⑥ 前脚口尺寸。在下平线上，取前脚口尺寸为脚口 /2 - 1.5cm = 14.5cm，如图 11-53 所示。

⑦ 前中裆大。在前中裆线上，取中裆 /2 - 1.5cm，以挺缝线为中心，两侧平分均。

⑧ 前裆弯弧线。将臀围线与前裆直线相交的点与前裆弯点连线，作横裆线与前裆直线的交点垂直于该线并将其三等分，由前中心线与臀围线的交点过靠近横裆线 2/3 的点至前裆宽点，并将其画圆顺，如图 11-53所示。

⑨ 前外侧缝弧线。由前外侧缝起翘点至臀围大点至横裆大外侧点至前中裆大外侧缝点至脚口大外侧缝点画顺，即为前外侧缝弧线。

⑩ 前内缝弧线。由前裆宽点至前中裆大外侧缝点至脚口大连接画圆顺。

⑪ 前裤腰下口线。在前中心辅助线上，由前裤腰上口线与前中心辅助线的交点向下取 2.5cm，并过此地作平行于裤腰上口线的弧线并交于侧缝，即为前裤腰下口线，如图 11-53 所示。

⑫ 前省道位置的确定。根据款式的需求，前片为无省道设计，故将裤腰下口线上的 1cm 省以月牙的形式转移至前插袋，如图 11-53 所示。

⑬ 确定前门襟位。在前裆内劈势线上，作 3cm 的门襟宽，由臀围线与前裆直线的交点向下量取 2cm 作为门襟尖点的依据。

⑭ 后腰围尺寸。过裤腰上口辅助线，将后中心线延长确定后裆起翘 3cm，由起翘点向后腰围辅助线量取后腰围大 = $W/4 - 0.5$cm（前后互借）+ 2.5cm(省)，如图 11-53 所示。

⑮ 后脚口尺寸。在下平线上，取后脚口尺寸为脚口 /2 + 1.5cm = 17.5cm。

⑯ 后中裆大。在后中裆线上，取中裆 /2 + 1.5cm，以挺缝线为中心，两侧平分均。

⑰ 后裆弯弧线。以前片原型的基础线为基础，将由后中心线与臀围线的交点过靠近横裆线 1/3 的点至后裆宽点，并将其画圆顺。

⑱ 后外侧缝弧线。由后外侧缝起翘点至臀围大点至横裆大外侧点至后中裆大外侧缝点至脚口大外侧缝点画顺，即为后外侧缝弧线，如图 11-53 所示。

⑲ 后内缝弧线。由后裆宽点至后中裆大内侧缝点至脚口大连接画圆顺。

⑳ 后省位置的确定。将后腰围尺寸二等分，中点作为省的中线，省大为 2.5，省长取 12cm（设计量）。

㉑ 后腰下口线。后裤腰下口线。在后中心辅助线上，由后裤腰上口线与后中心辅助线的交点向下取 2.5cm，并过此地作平行于裤腰上口线的弧线并交于侧缝，即为后裤腰下口线。

㉒ 裤片分割线的确定。在前裤片外侧缝线上，由横裆线向下取 6cm 点，在前插袋袋口大线上，与外侧缝的交向前直裆线方向量取 5cm 点，将此两点直线连接，即前裤片的前片与前侧片的分割线。由后腰下口线与侧缝线交点向裤口方向取 4cm 点，由后腰下口线与后裆斜线交点向前裆弯弧线方向取 7cm 点，两点连线确定出后腰育克分割线，如图 11-53 所示。

㉓ 后贴袋的确定。在侧缝线上，与育克下口线的交点想先取 2.5cm，并过此点作平行于育克下口线的后贴袋辅助线。在后贴袋辅助线，与侧缝的交点向内取 3cm 点，并由此点取口袋口大 14cm，过

袋口大点作袋口深 14.5cm，确定贴袋下口宽 13cm，后贴袋下口为宝剑头造型，宝剑头长 1.5cm，如图 11-53 所示。

　㉔ 裤襻的确定。本款的裤襻有 5 个，裤襻宽 1cm，长 6.5cm。

　㉕ 绘制门襟、底襟。作门襟宽 3cm，门襟长 12.5cm；底襟宽 3.5cm，底襟长 13.5cm。

（四）低腰紧身铅笔裤纸样的制作

基本造型完成后，修正纸样，完成结构处理图。依据生产要求对纸样进行结构处理图的绘制，凡是有缝合的部位均需复核修正，如裤口、腰口等，本款的结构处理有五个部位，第一部位为曲线腰的处理，第二部位为育克的处理，第三部位为前侧片的处理，第四部位为后贴袋的处理，第五部位为前月牙插袋的处理。

1. 后腰育克、腰的结构处理

① 将后腰育克省合并，完成后腰育克结构处理，如图 11-54 所示。

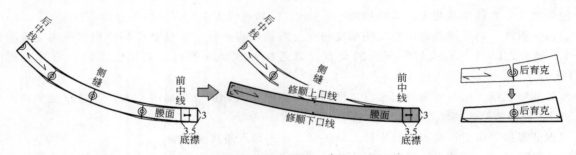

图 11-54　低腰紧身铅笔裤育克、腰头结构处理图

② 将前、后腰片由裤片中分离出来复核合并，完成腰的结构处理，如图 11-54 所示。

2. 前侧片的结构处理

将前侧片分离出来切展放量，褶量的大小为设计量，要根据款式需求和面料的厚度进行设计，完成前中片结构处理，如图 11-55 所示。

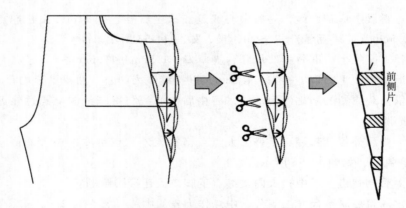

图 11-55　低腰紧身铅笔裤前侧片结构处理图

3. 后贴袋的结构处理

将前后贴袋裁片从结构图中分离出来进行切展放量，褶量的大小为设计量，要根据款式需求和面料的厚度进行设计，完成前中片结构处理，如图 11-56 所示。

4. 前月牙插袋的结构处理

将前插袋所涉及的各裁片部分从结构图中分离出来进行裁片的结构处理，前月牙插袋各部位的具体参数可参照本款服装的结构图 11-57。

前月牙插袋的裁片结构处理图以及本款插袋的各裁片的分解，如图 11-57 所示。

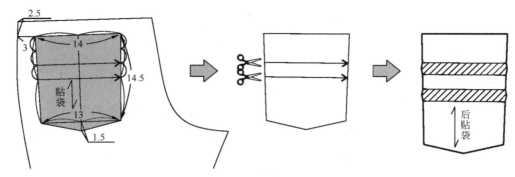

图 11-56　低腰紧身铅笔裤后贴袋裁片结构处理图

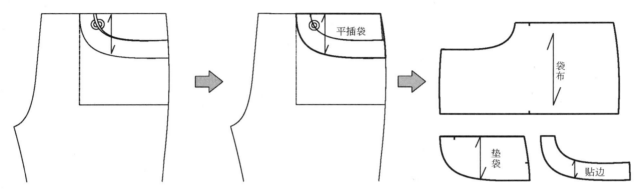

图 11-57　低腰紧身铅笔裤前月牙插袋裁片处理图

六、弧形省萝卜裤

(一) 弧形省萝卜裤款式说明

本款裤型属于萝卜裤，从腰部到臀部合体，臀部以下慢慢变肥，在膝部上下的位置肥度达到最大，然后在脚口处收紧。前后育克的设计，起到收腹提臀的效果，本款最大的特点是前、后片中弧形省的设计，不仅使裤型富有变化，而且还可以起到修饰腿型的效果。在穿着上，可以与 T 恤衫、短外套等搭配，如图 11-58 所示。

在面料的选择上，可以选用棉麻布、混纺面料等，根据需要的不同可以选用不同风格的面料。

1. 裤身构成

前片有前育克，前侧设有平插袋，在侧缝上袋口的位置有向前内缝收的弧形省，并在弧形省上又设置了竖省。后片同样有后育克，也有向后内缝回收的弧形省，并且装后贴袋。前开门，装拉链。

2. 裤腰

绱腰头，右搭左，并且在腰头处锁扣眼，装钉纽扣。

3. 拉链

缝合于裤子前开门处，长度比门襟短 1.5cm 左右，颜色应与面料的颜色一致。

(二) 弧形省萝卜裤面辅料的准备

1. 面料

幅宽：144cm、150cm、165cm。

估算方法为：裤长－腰头宽＋裤口折边＋起翘＋缝份＋裤长×缩率＝裤长＋5cm 左右。

2. 辅料

① 薄黏合衬。幅宽为 90cm 或 120cm（零部件用），用于裤腰面、底襟部件和袋口处。

② 拉链。缝合于裤子前开门处，长度比门襟短 1.5cm 左右，颜色应与面料的颜色一致。

图 11-58 弧形省萝卜裤的款式图、效果图

③ 纽扣。直径为 1cm 的纽扣 1 个。

（三）弧形省萝卜裤的结构制图

准备好制图工具和作图用纸，制图线和符号要按照第一章的制图说明正确画出。

1. 制订弧形省萝卜裤成衣尺寸

成衣规格是 160/68A，依据是我国使用的女装号型标准 GB/T 1335.2—2008《服装号型女子》。基准测量部位以及参考尺寸，如表 11-13 所示。

表 11-13 弧形省萝卜裤系列成衣规格表

单位：cm

名称 规格	裤长	腰围	臀围	（制图 立裆）	脚口	腰宽
155/66A(S)	96	72	93	25.5	36	3
160/68A(M)	98	74	96	26	38	3
165/70A(L)	100	76	97	26.5	40	3
170/72A(XL)	102	78	99	27	42	3

2. 制图要点

采用比例制图法进行结构制图。本款是一款省道结构的肥腿裤型设计，本款裤子与普通锥形裤的"倒梯形"不一样，其腰部至臀围较为合体，在膝部上下的位置肥度达到最大，然后在脚口处收紧，形成了类似"正梯形"的造型效果。款式设计的重点是前、后裤片中省的处理，本款的省比较特殊，通过省的设计使裤片呈现立体的造型效果。本款裤子前片由前侧缝至前内裆缝方向有一个弧形省，在弧形省与挺缝线的交点靠近侧缝方向至脚口线的中的方向有一个竖向省；裤子后片由后育克线至后内裆缝方向有一个弧形省，根据省的剪切与展开原理来处理前、后片中省的形状。本款的后口袋一侧设计出一个省，通过省道使口袋呈现立体效果，这里根据图例分步骤进行说明。

3. 制图步骤

（1）建立裤子的框架结构

① 裤长辅助线（侧缝辅助线）。作竖向直线其长度为裤片长＝95cm（不包括腰头）。

② 上平线（腰围辅助线）。作水平线与裤长辅助线的上端点垂直相交，该线为腰线设计的依据线。

③ 下平线（脚口辅助线）。作水平线与裤长辅助线的下端点垂直相交并与上平线平行，该线是脚口设计的依据线。

④ 前、后立裆长。由腰围辅助线与裤长辅助线的交点处在裤长辅助线上向下量取 26cm，确定出立裆长，并作水平线平行于腰围辅助线从而确定出横裆线，如图 11-59 所示。

⑤ 臀围线。将前立裆长三等分，由靠近横裆线的 1/3 点作臀围线，并与腰围辅助线保持平行。

⑥ 中裆线。先将臀围线至下平线之间的线段二等分，并由中点向上平线方向量取 8cm，由该点作平行于上平线，从而确定出中裆线。

⑦ 前、后臀围大。由臀围线与前侧缝辅助线的交点处在臀围线上量取 $H/4 - 0.5cm = 23.5cm$，确定出前臀围大；由臀围线与后侧缝辅助线的交点处在臀围线上量取 $H/4 + 1cm = 26cm$，确定出后臀围大，如图 11-59 所示。

⑧ 前、后裆直线。经过前臀围大点作垂直于上平线的垂线确定出前裆直线，并延长至横裆线，确定出

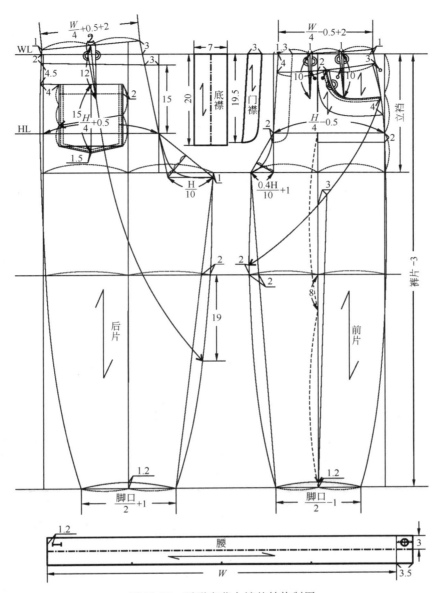

图 11-59　弧形省萝卜裤的结构制图

前裆直线；经过后臀围大点作垂直于上平线的垂线确定出后裆直线，并延长至横裆线，确定出后裆直线。

⑨　后裆斜线。由后裆直线与臀围线的交点处垂直向上量取 15cm 确定出一点，并由此点向侧缝方向水平量取 3cm 确定出另一点，将此点与臀围线和后裆直线的交点连接并与上平线、横裆线相交。

⑩　前、后裆宽线。由前裆直线的延长线与横裆线的交点处在横裆线上向前侧缝的反方向量取 $0.4H/10 + 1cm = 4.84cm$，从而确定出前裆宽线；由后裆斜线与横裆线的交点处在横裆线上向后侧缝的反方向量取 $H/10 = 9.6cm$，从而确定出后裆宽线，如图 11-59 所示。

⑪　前、后挺缝线。将前横裆大二等分，过其中点作平行于侧缝辅助线的直线并与上平线、下平线相交，确定前挺缝线；将后横裆大二等分，过其中点作平行于侧缝辅助线的直线并与上平线、下平线相交，确定后挺缝线，如图 11-59 所示。

（2）建立裤子的结构制图步骤

①　前裆劈势。由前裆直线与上平线的交点处在上平线上向前侧缝方向量取 1cm 并将前裆斜线画顺，如图 11-59 所示。

②　前裆弯弧线。将臀围线和前裆斜线的交点与前裆宽点连成直线，然后经过前裆直线与横裆线的交点作该线段的垂线，再将垂线三等分，由前裆斜线和臀围线的交点经过该垂线上靠近横裆线的 1/3 点至前裆宽

点连成圆顺的曲线从而确定出前裆弯弧线。

③ 前腰围尺寸。由前裆斜线与上平线的交点处向前侧缝方向量取前腰围大 $W/4 - 0.5 + 2(省) = 74cm / 4 - 0.5cm + 2cm = 20cm$，并由前腰围大点垂直向上起翘的 $1cm$ 点，前中心线与上平线的交点连接圆顺从而确定出腰线的形状，如图 11-59 所示。

④ 前脚口尺寸。在下平线上，取前脚口尺寸为脚口 $/2 + 1 = 18cm$，以挺缝线与脚口线的交点为中点在两侧将其平分。在中点处向上量取 $1.2cm$ 并与脚口宽的内、外缝点连接圆顺确定出脚口线的形状。

⑤ 前内缝线。将前裆宽点与脚口大的内缝点连成直线，再由该直线与前中裆线的交点处向外量取 $2cm$ 确定出点一，最后由前裆宽点经过点一并与脚口大的内缝点连成圆顺的曲线从而确定出前内缝线。

⑥ 前中裆大。在前中裆线上，量取点一与前中裆线和挺缝线交点之间的距离，以挺缝线与中裆线的交点为中点在两侧将其平分从而确定出前中裆大。

⑦ 前侧缝线。由前腰围线的起翘点经过前臀围大点、前中裆大外缝点至脚口大的外缝点连接圆顺从而确定出前侧缝线。

⑧ 前腰省的确定。将前腰尺寸三等分，分别确定省中心的位置，省中线与前腰围线保持垂直，省大为 $1cm$，省长为 $10cm$，如图 11-59 所示。

⑨ 前育克。由前裆斜线与上平线的交点处在前裆斜线上向下量取 $4cm$ 确定出育克一侧的宽度，然后由前腰线与侧缝线的交点处在前侧缝线上向下量取 $3cm$，确定出育克另一侧的宽度，再根据腰线的形状将这两点连接圆顺。

⑩ 前片平插袋、垫袋。将育克线二等分，然后将中点与育克线和前侧缝线的交点处下落的 $7.5cm$ 的点连接圆顺从而确定出平插袋的形状。前片由育克截取的剩余的省一部分要加到平插袋中，这样使平插袋形成一定的窝势，便于插手。另一部分在侧缝处将其削减掉。垫袋位置的确定：平插袋的袋口深在前侧缝上向下量取 $4cm$ 为垫袋的深度，由育克线的二等分点向挺缝线方向量取 $2cm$ 确定垫袋的宽度。由垫袋宽点作垂线至臀围线上，然后与侧缝线水平连接圆顺从而确定出表袋的形状，如图 11-59 所示。

⑪ 前片弧形省位线与竖向省位线的确定。由平插袋的袋口深点与前内缝线与中裆线的交点处向上的 $2cm$ 点，连接圆顺，从而确定出弧形省位线的形状，然后由该弧线与挺缝线的交点处在挺缝线上向上量取 $3cm$ 确定出一点，并将该点与脚口宽的 $1/2$ 点连成直线从而确定出竖向省位线的形状，如图 11-59 所示。

⑫ 前门襟位确定。由前裆斜线与上平线的交点处在腰线上向侧缝方向量取 $3cm$，确定出门襟的宽度，由前裆斜线与臀围线的交点处在前裆斜线上向上量取 $2cm$，确定出门襟止点。最后根据前裆斜线的形状将门襟宽点和门襟止点连接圆顺。

⑬ 后腰围尺寸。由上平线与后裆斜线的交点处向上延长 $3cm$ 确定出后裆起翘量，并由起翘点向腰围辅助线量取后腰围大 $W/4 + 0.5 + 2(省) = 21cm$，并且保证侧缝处的起翘量为 $1cm$，从而确定出后腰线，如图 11-59 所示。

⑭ 后脚口尺寸。在下平线上，取后脚口尺寸为：脚口 $/2 + 1 = 20cm$，以挺缝线与下平线的交点为中点在两侧将其平分。并由中点处向上量取 $1.2cm$ 然后与脚口宽的内、外缝点连接圆顺从而确定出后脚口线的形状。

⑮ 后内缝线。将后裆宽点与脚口宽的内缝点连成直线，再由该直线与后中裆线的交点处向外量取 $2cm$ 确定出一点，最后由后裆宽点经过该点并与脚口宽的内缝点连成圆顺的曲线从而确定出后内缝线，如图 11-59所示。

⑯ 后中裆大。在后中裆线上，量取后内缝线至挺缝线的水平距离，以挺缝线与中裆线的交点为中点在两侧将其平分，从而确定出后中裆大。

⑰ 后侧缝线。由后腰线的起翘点经过后臀围大点、后中裆宽点至脚口宽的外缝点连接圆顺，从而确定出后侧缝线。

⑱ 后省位置的确定。将后腰围尺寸二等分，确定省中心的位置，省中线与后腰围线保持垂直，省大为 $2cm$，省长为 $12cm$，如图 11-59 所示。

⑲ 后育克的确定。由上平线与后侧缝线的交点处在后侧缝上向下量取 $2cm$，确定出后育克的一点，然后将该点与后裆斜线和上平线的交点处在后裆斜线上下落的 $3cm$ 点，连接圆顺，从而确定出后育克的形状，如图 11-59 所示。

⑳ 后片弧形省位线的确定，由中裆线与后内缝线的交点处垂直向下量取 $19cm$，并在内缝线上确定出一

点，然后将该点与省尖连接圆顺确定出弧形省位线的形状，如图 11-59 所示。

㉑ 后片贴袋。由育克线与后侧缝线的交点处在后侧缝上向下量取 4.5cm，确定出一点，经过该点水平量取 4cm 确定出贴袋的一点，然后经过该点确定出贴袋的宽度 13.5cm，并通过袋宽的中点垂直向下量取 15cm 确定出贴袋的长度，然后由袋长点向上量取 1.5cm 并通过该点作袋宽线的平行线从而确定出贴袋的形状，如图 11-59 所示。

㉒ 后片贴袋省位的确定。将贴袋的两侧分别二等分、三等分，并将 1/2 点与靠近贴袋下端的 1/3 点连接确定出省位的确定。

㉓ 腰宽确定。作腰宽 3cm，长为 $W +$ 搭门宽$(3.5cm) = 77.5cm$。

㉔ 绘制门襟、底襟。作门襟宽 3cm，门襟长 19.5cm；底襟宽 7，底襟长 20cm，底襟应当大于门襟，应该盖住门襟，因此底襟长度应比门襟长 0.5cm，宽度比门襟宽 0.5cm，如图 11-59 所示。

（四）带立体贴袋休闲筒裤纸样的制作

基本造型完成后，修正纸样，完成结构处理图。依据生产要求对纸样进行结构处理图的绘制，凡是有缝合的部位均需复核修正，如裤口，腰口等，本款的结构处理有五部分。

1. 前片省位的处理

前片省有两个，一个是弧形省、另一个是竖向省。

弧形省的确定：由弧线与侧缝线的交点处剪切至前内缝线上，以前内缝线与弧线的交点为固定点将弧线展开设计量 4cm，确定出省的大小，然后通过其中点与前内缝线和弧线的交点连接圆顺，从而确定出省中线的位置，并由前内缝线与弧线的交点处在省中线上向上量取 8.5cm 确定出省尖的位置，然后与省的两端连接圆顺确定出弧形省的形状，如图 11-60 所示。

竖向省的确定：由弧形省与竖线的交点处剪切至脚口宽的中点上，然后以脚口宽的中点为固定点将竖线向外展开设计量 4cm，确定出省的大小，然后通过省大的中点与脚口宽的 1/2 点连接圆顺，确定出省的中线，并在省的中线与脚口线的交点处向上量取 23.5cm，确定出省尖的位置，然后与省的两端连接从而确定出省的形状，如图 11-60 所示。

2. 后片省位的处理

先将育克线截取的剩余的省转移到分割线中，并将分割线修正圆顺，然后以后内缝线与分割线的交点处为固定点，将靠近后侧缝线的分割线向外展开一定的量从而使两条分割线与育克线交点之间的距离为省的大小设计量 4cm，然后由省大的中点与后内缝线和分割线的交点处连接，确定出省的中线，并由中线与内缝线的交点处在中线上向上量取 12.5cm，确定出省尖并与省大的两端连接圆顺从而确定出后片弧形省的形状，如图 11-61 所示。

3. 前、后腰育克的处理

分别将前后片的中线固定，依次合并前、后育克中的省，并将合并后的外轮廓线修正圆顺，如图 11-62 所示。

4. 前片平插袋的结构处理

将图中的阴影部分与平插袋的袋口线合并，然后再将育克线及侧缝线处修正圆顺，如图 11-63 所示。

5. 后片贴袋省的处理

本款立体贴袋设计，袋布的一侧有一个省的设计，沿贴袋长度上的 1/2 点剪切至斜线上的另一点，并以该点为固定点，将斜线展开设计量 2cm，确定出省的大小，然后以省的中点与斜线和贴袋长度的交点连接确定出省的中线，并由省的中线与贴袋长的交点处在省中线上向上量取 4cm 确定出省尖的位置，然后与省的两端连接从而确定出省的形状，当省合并后，形成立体贴袋造型，如图 11-64 所示。

七、较宽松组合哈伦裤结构设计

（一）较宽松组合松哈伦裤款式说明

本款裤子属于较宽松式的哈伦裤，在款式造型上属于上松下紧的状态。从腰部到臀部较宽松，然后由臀部到脚口慢慢收紧，无侧缝线。本款裤型的袋布分割片不仅具有装饰性，还具有功能性，并且巧妙地将袋布蕴含其中，另外在前片曲线分割线上的独特的口袋造型，立体感十足。后片中分割线的设计使裤子更具流畅感，膝部的收褶设计，更贴合膝部曲线，方便活动；收窄裤脚的设计，彰显时尚感觉。在搭配上，可以与 T

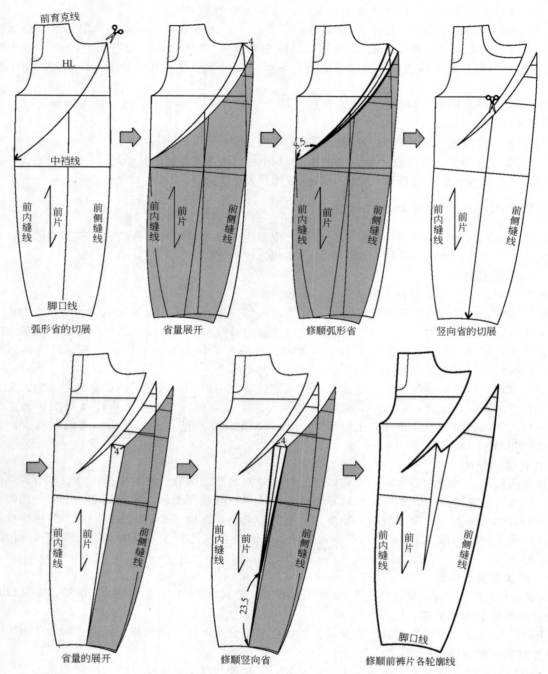

图 11-60 弧形省萝卜裤的结构制图

恤衫、夹克衫、牛仔外套搭配穿着，尽显时尚休闲味道，如图 11-65 所示。

在面料的选择上，可以选用棉、麻、涤纶、牛仔、棉混纺织物等，可以根据需要选择不同风格的面料。

1. 裤身构成

在结构造型上，前片有曲线分割线，并且口袋蕴含在分割线中，后片有横向和竖向的曲线分割线并且膝部收褶，前后片臀部以上的拼合片中包含了袋布的设计，另外在拼合片上设置了立体的装饰边，后片装有袋盖的贴袋。前开门，装拉链。

2. 裤腰

绱腰头，左搭右，并且在腰头处锁扣眼，装钉纽扣。

3. 裤襻

前片 2 个裤襻，后片 3 个裤襻。

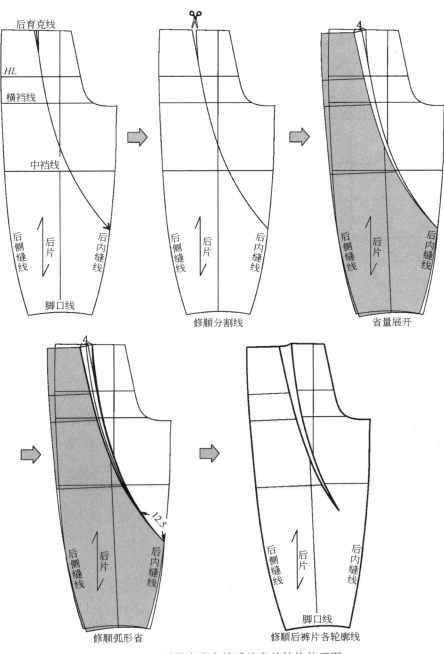

图 11-61 弧形省萝卜裤后片省的结构处理图

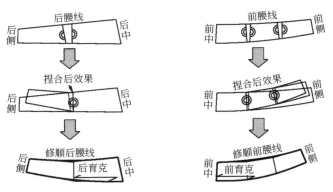

图 11-62 弧形省萝卜裤前后育克的结构处理图

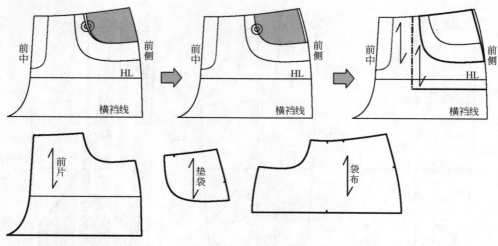

图 11-63 弧形省萝卜裤平插袋结构处理图

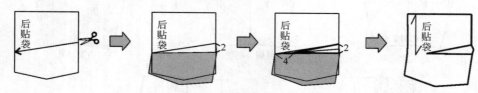

图 11-64 弧形省萝卜裤后贴袋的结构处理图

4. 拉链

缝合于裤子前开门处，长度比一般门襟短 1cm 左右，颜色应与面料的颜色一致。

图 11-65 较宽松组合哈伦裤
款式图、效果图

（二）较宽松组合哈伦裤面料、里料、辅料的准备

1. 面料

幅宽：144cm、150cm、165cm。

基本估算方法为：裤长 + 15cm 左右。

2. 辅料

① 薄黏合衬。幅宽为 90cm 或 120cm，用于零部件、腰面、底摆、底襟、袋口。

② 拉链。缝合于裤子前裆缝处，长度为 12.5cm，颜色应与面料的色彩保持一致。

③ 纽扣。直径为 1cm 的四合扣一套用于腰头处。

（三）较宽松组合哈伦裤的结构制图

准备好制图工具和制图纸，制图线与制图符号按照统一要求正确绘制。

1. 制定较宽松组合哈伦裤成衣尺寸

成衣规格：160 /68A，依据我国使用的女装号型标准 GB/T 1335.2—2008《服装号型女子》基准测量部位以及参考尺寸，见表 11-14 所示。

2. 制图要点

在结构制图时，采用比例制图法进行绘制，本款裤型属于较宽松式的哈伦裤，从腰部到臀部较宽松，然后由臀部到脚口慢慢收紧。本款裤型看似简单，但是在款式设计的细节处理上非常巧妙，简单而不平凡。

表 11-14　较宽松组合哈伦裤系列成衣规格表　　　　　　　　　　单位：cm

名称 规格	裤长	（制图腰围）	腰围	臀围	（制图立裆）	脚口	腰宽
155/66A（S）	94	74	76.5	98	27.5	32	3
160/68A（M）	96	76	78.5	100	28	34	3
165/70A（L）	98	78	80.5	102	28.5	36	3
170/72A（XL）	100	80	82.5	104	29	38	3

其款式设计的重点以下有五个。重点一是侧缝线的结构处理。由于本款裤型无侧缝线，因此在前后片的侧缝线设计时应尽量偏于直线便于拼合，可以通过调节前后裆的倾斜度或腰部加放的省量大小来控制侧缝线的形态，从而方便结构处理上的操作。重点二是分割线的设计与处理。分割线的设计是按照款式造型的需要按照合理的比例进行设置的。本款裤型前裤片曲线分割线的设计起到装饰美观的作用，能够很好地修饰人体的大腿部分，起到内敛显瘦的效果。后裤片竖向分割线的设计兼具功能性与装饰性，不仅分解掉了一部分后腰省量，而且还起到修饰腿型的效果。重点三是袋布分割片的设计。本款裤型将口袋巧妙的蕴含在前后拼合片中，不仅包含了口袋的功能，而且在拼合片的后片中也分解掉了一部分的后腰省量。重点四是膝部收省的结构设计。本款裤型在膝部进行了收省的结构设计，从而使裤型更加完美，贴合于人体的膝部的曲线，使运动更加方便。可以通过两种方式来实现结构上的处理：一是在膝部直接增加褶裥量，通过褶裥的捏合达到预期的效果；二是在膝部直接收省，并且在脚口处增加省量。

3. 制图步骤

本款裤型采用比例制图法绘制，这里根据图例分步骤进行说明。如图 11-66 所示。

（1）建立较宽松组合哈伦裤的框架结构

① 裤长辅助线（前侧缝辅助线）。作竖向直线其长度为裤长 = 96cm，如图 11-66 所示。

② 上平线（腰围辅助线）。作水平线与裤长辅助线的上端点垂直相交，该线为腰线设计的依据线。

③ 下平线（脚口辅助线）。作水平线与裤长辅助线的下端点垂直相交并与上平线平行，该线是脚口设计的依据线。

④ 立裆长。由腰围辅助线与裤长辅助线的交点处在裤长辅助线上向下量取 28cm，确定出前立裆长，并作水平线平行于腰围辅助线从而确定出横裆线。

⑤ 臀围线。将前立裆长三等分，由靠近横裆线的 1/3 点作臀围线，并与腰围辅助线保持平行。

⑥ 中裆线。先将臀围线至下平线之间的线段二等分，并由中点向上平线方向量取 5cm，由该点作平行于上平线从而确定出前中裆线。

⑦ 前、后臀围大。由臀围线与前侧缝辅助线的交点处在臀围线上量取 $H/4 - 1\text{cm} = 24\text{cm}$，确定出前臀围大。由臀围线与后侧缝辅助线的交点处在臀围线上量取 $H/4 + 1\text{cm} = 26\text{cm}$，确定出后臀围大，如图 11-66 所示。

⑧ 前、后裆直线。经过前臀围大点作垂直于上平线的垂线确定出前裆直线，并延长至横裆线。经过后臀围大点作垂直于上平线的垂线确定出后裆直线，并延长至横裆线。

⑨ 后裆斜线。由后裆直线与臀围线的交点处垂直向上量取 15cm 确定出一点，并由此点向侧缝方向水平量取 3cm 确定出另一点，将此点与臀围线和后裆直线的交点连接并与横裆线相交。

⑩ 前、后裆宽线。由前裆直线的延长线与横裆线的交点处在横裆线上向前侧缝的反方向量取 $0.4H/10 = 4\text{cm}$，从而确定出前裆宽线。由后裆斜线与横裆线的交点处在横裆线上向后侧缝的反方向量取 $H/10 - 1 = 9\text{cm}$，从而确定出后裆宽线，如图 11-66 所示。

⑪ 前、后挺缝线。将前横裆大二等分，过其中点作平行于侧缝辅助线的直线并与上平线、下平线相交。后挺缝线，将后横裆大二等分，过其中点作平行于侧缝辅助线的直线并与上平线、下平线相交，如图 11-66 所示。

（2）建立较宽松组合哈伦裤的结构制图步骤

① 前裆劈势。由前裆直线与上平线的交点处在上平线上向前侧缝方向量取 2cm 并将前裆斜线画顺。

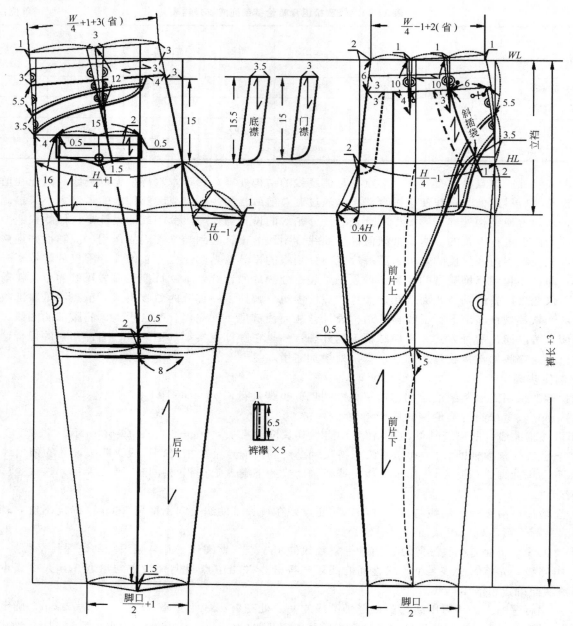

图 11-66　较宽松组合哈伦裤结构制图

② 前裆弯弧线。将臀围线与前裆斜线的交点与前裆宽点连成直线，然后经过前裆直线与横裆线的交点作该线段的垂线，并将该垂线三等分，由前裆斜线和臀围线的交点经过该垂线上靠近横裆线的 1/3 点并至前裆宽点连成圆顺的曲线从而确定出前裆弯弧线，如图 11-66 所示。

③ 前腰围尺寸。由前裆斜线与上平线的交点处向前侧缝方向量取前腰围大 $W/4-1+2$（省）＝76cm/4－1cm＋3cm＝21cm，并由前腰围大点取侧缝起翘量1cm，与前中心线劈势2cm点连接圆顺并绘制出前腰线。

④ 前脚口尺寸。在下平线上，取前脚口尺寸为脚口/2－1＝16cm，以挺缝线与脚口线的交点为中点在两侧将其平分，如图 11-66 所示。

⑤ 前内缝线。将前裆宽点与脚口宽的内缝点连成直线，再由该直线与前中档线的交点处向前侧缝方向量取 0.5cm 确定出点一，最后由前裆宽点经过该点并与脚口宽的内缝点连成圆顺的曲线从而确定出前内缝线。

⑥ 前中档大。在前中档线上，量取点一与前中档线和挺缝线的交点之间的距离，以挺缝线与中档线的

交点为中点在两侧将其平分从而确定出前中裆大。

⑦ 前侧缝线。由前腰线的起翘点经过前臀围大点、前中裆大外缝点至脚口大的外缝点连接圆顺从而确定出前侧缝线，如图 11-66 所示。

⑧ 前腰省的确定。将前腰尺寸三等分分别确定省中线的位置，并且省中线与前腰线保持垂直，省大各为 1cm，省长各为 10cm，如图 11-66 所示。

⑨ 前腰面。由前中心线劈势 2cm 点处为点一，在前裆斜线上向下量取 6cm 确定出前腰面下口线的点二，并经过此点作前腰线的平行线并与前侧缝线交于点三，然后再由点二点三分别向上量取 3cm 并作与腰面下口线平行的曲线，从而确定出腰面的上口线。

⑩ 确定前门襟位置。在前裆内劈势线上，作 3cm 的门襟宽，由臀围线与前裆直线的交点向下量取 2cm 作为门襟尖点的依据。

⑪ 前片腰口线的确定。将前裙片剩余省"○ + ●"在前侧缝线分解掉，并与侧缝臀围连成圆顺新侧缝曲线，如图 11-66 所示。

⑫ 后腰围尺寸。由上平线与后裆斜线的交点处向上延长 3cm 确定出后裆起翘量，并由起翘点向腰围辅助线量取后腰围大，$W/4 + 1 + 3$（省）$= 23cm$，并且保证侧缝处的起翘量为 1cm，从而确定出后腰线。

⑬ 后脚口尺寸。在下平线上，取后脚口尺寸为脚口 $/2 + 1 = 18cm$，以挺缝线与下平线的交点为中点在两侧将其平分。

⑭ 后侧缝线。由后腰线的起翘点经过后臀围大点、至脚口大的外缝点连接圆顺从而确定出后侧缝线。

⑮ 后中裆大。在后中裆线上，量取后侧缝线至挺缝线的水平距离，以挺缝线与中裆线的交点为中点，在两侧将其平分，从而确定出后中裆大。

⑯ 后内缝线。由后裆宽点经过后中裆大内缝点至脚口大的内缝点连接圆顺，从而确定出后内缝线，如图 11-66 所示。

⑰ 后省位置的确定。将后腰围二等分，确定省中线的位置，并且省中线与后腰线保持垂直，省大为 3cm，省长为 12cm。

⑱ 后腰面的确定。由上平线与后侧缝线的交点处在后侧缝线上向下量取 3cm，确定出后腰面上口线的点四，经过此点作后腰线的平行线并与后裆斜线交于点五，再作距后腰面上口线 3cm 的腰面下口围并且与上口线保持平行从而确定出后腰面的形状，如图 11-66 所示。

⑲ 后片竖向分割线。由后腰头截取的剩余省的一端经过中裆大的中点至脚口宽的中点连接圆顺，然后再通过省的另一端与该曲线连接圆顺。

⑳ 后片膝部省的确定。由中裆线处分别向上、向下各量取 2cm 确定出省的位置，其中省大分别为 0.5cm，省长为后侧缝线与省中线的交点至挺缝线和省中线向后内缝方向水平量取的 8cm 处，如图 11-66 所示。

㉑ 前、后分割线的确定。第一，前片曲线分割线的确定。由前片腰口线与侧缝的交点在侧缝线上向臀围线方向取 5.5cm，与前内缝线和中裆线的交点按款式设计连成圆顺的曲线形状，如图 11-66 所示。第二，前口袋分割线的确定。由前挺缝线与前腰面下口线的交点处在腰面下口线上向前裆斜线方向量取 4cm，确定出一点，经过此点垂直向下量至横裆线并作水平线，然后与腰面下口线与前侧缝线的交点向下 5.5cm 的点连成圆顺的曲线。第三，后横向分割线的确定。由后侧缝线与后腰面下口线的交点处向下量取 5.5cm，确定出后分割片的一点，经过此点与腰面下口线上由后裆斜线处收进的 4cm 点连成圆顺的曲线的形状，如图 11-66 所示。

㉒ 前、后装饰边的确定。第一，前片装饰边。由前口袋分割片与侧缝线的交点处在侧缝线上量取 3.5cm，确定出装饰边的宽度，然后由此点与前片曲线分割线和口袋分割线的交点连成圆顺的曲线。第二，后片装饰片。由后片横向分割线与侧缝线的交点处向下量出 3.5cm 确定出装饰片的宽度，再与后片横向分割线连接圆顺，如图 11-66 所示。

㉓ 后片贴袋。由后片装饰边与后侧缝线的交点处水平量取 4cm 确定出袋盖的一点，然后确定其袋盖长度 15cm 并作水平线，再由袋长的中点垂直向下量取 4cm 确定出袋盖的宽度，并在此基础上延长 1.5cm 确定出袋盖的尖点，最终确定出袋盖的形状。贴袋的长度为 16cm，宽度是在袋盖的基础上在两侧各收进

0.5cm 从而确定出贴袋的形状，如图 11-65 所示。

㉔ 裤襻的确定。本款裤型共有裤襻 5 个，前裤襻两个，位于前腰面与袋口对齐的位置。后裤襻 3 个，位于后腰面的中心和各 1/4 处。裤襻的长度均为 6.5cm，宽为 1cm，如图 11-66 所示。

㉕ 绘制前门襟、底襟。作门襟宽 3cm，长为 15cm；底襟宽为 7cm，长为 15.5cm，如图 11-66 所示。

（四）较宽松组合哈伦裤纸样的制作

本款裤子的基本造型完成之后，修正纸样，完成结构处理图。依据生产要求对纸样进行结构处理图的绘制，凡是有缝合的部位均需要复核修正。本款的结构处理有四个部位：第一部位为前侧片裁片、后侧片裁片的结构处理，第二部位为腰面的结构处理，第三部位为前口袋分割片、后横向分割片、前后装饰边裁片的结构处理。

1. 前侧裁片、后侧裁片的结构处理图

将前后侧片由裤片中分离出来，并且将前后侧片在侧缝处进行拼合形成一个完整的裁片，其结构处理图，如图 11-67 所示。

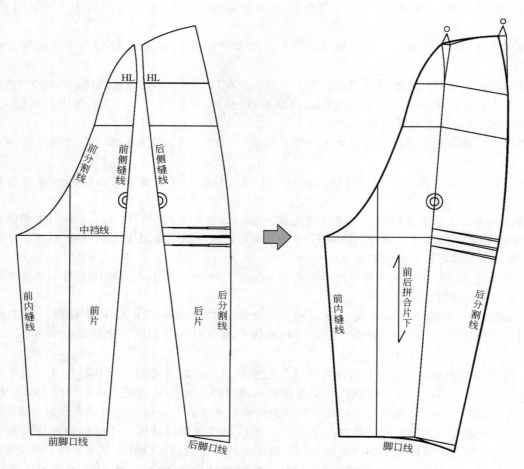

图 11-67 较宽松组合哈伦裤前侧片、后侧片裁片结构处理图

2. 腰面的结构处理

将前、后腰片由裤片中分离出来复核合并，从而完成腰的结构处理，如图 11-68 所示。

3. 前口袋分割片、后横向分割片、前后装饰边裁片的结构处理

将前口袋分割片、后横向分割片由裤片中分离出来，再将前口袋分割片与后横向分割片在侧缝处拼合形成一个完整的裁片，最后将后横向分割片中的省合并，修顺整个裁片的外轮廓线，并分离出口袋布、口袋贴边，如图 11-69 所示。将前后装饰边分别从裤片中分离出来，先将前、后装饰边在侧缝处拼合，再将后装饰边的省合并，最后修顺整个裁片的外轮廓线，如图 11-69 所示。

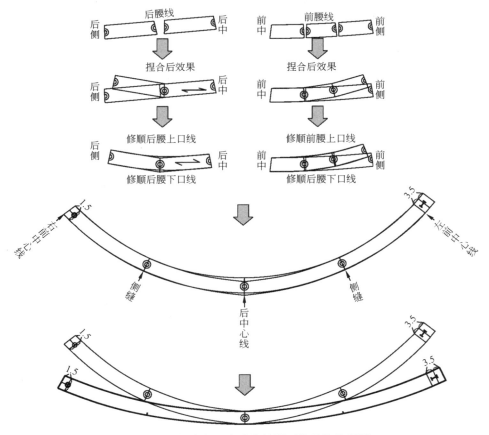

图 11-68 较宽松组合哈伦裤腰面的结构处理图

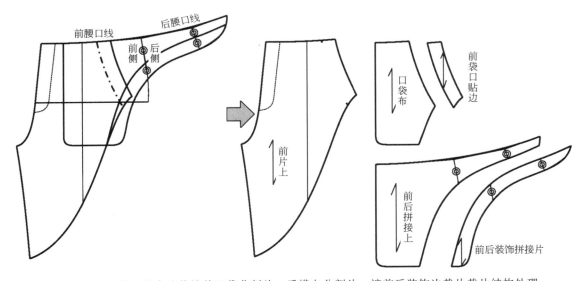

图 11-69 较宽松组合哈伦裤前口袋分割片、后横向分割片、裤前后装饰边裁片裁片结构处理

八、低腰分割线组合锥形裤

（一）低腰分割线组合锥形裤款式说明

本款裤型属于贴身小脚锥形裤，是近年来时尚女性喜欢的潮流单品。它不仅能提升女性的气质，还能在视觉上起到瘦腿的功能。该款裤型是在基本锥形裤的基础上，又增加了结构线的设计，前裤片在腰部到膝部

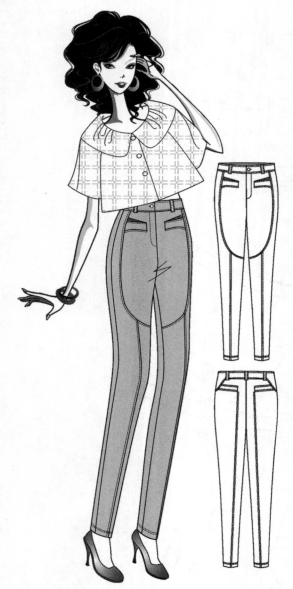

图11-70　低腰弹性分割线组合锥形裤款式图、效果图

之间设计了向内收的弧线，在视觉上能够修饰腿部的线条，膝部到脚口的竖向分割线也起到了拉长腿部的作用。前裤片口袋的设计独特，里布外露作为装饰性点缀是设计的亮点，而且更添时尚魅力。后裤片同样也采用了竖向分割的结构设计，并且与口袋设计巧妙地结合在一起，简约而不简单。后腰的弧形设计也增加了几分创意感。在面料的选择上，可以选用有弹性的棉混纺布、牛仔布，如图11-70所示。

1. 裤身构成

结构造型上，本款裤子属于贴身型的锥形裤，前片有曲线分割和竖向分割，并设有集装饰性和功能性于一体的口袋，后片为竖向分割线并且设有单袋牙口袋；前开门，绱拉链。

2. 裤腰

绱腰头，左搭右，并且在腰头处锁扣眼，装钉纽扣。

3. 裤襻

前片两个裤襻，后片3个裤襻。

4. 拉链

缝合于裤子前开门处，长度比门襟短1.5cm左右，颜色应与面料的颜色一致。

5. 纽扣

直径为1cm的纽扣1个，用于裤子前门襟处。

（二）低腰分割线组合锥形裤面料、里料、辅料的准备

1. 面料

幅宽：144cm、150cm、165cm。

估算方法为：基本估算为裤长+15cm左右。

2. 辅料

① 薄黏合衬：幅宽为90cm或120cm（零部件用），用于裤腰面、底襟部件和袋口处。

② 纽扣：直径为1cm的纽扣1个。

③ 拉链：缝合于裤子前开门处，长度比门襟短1.5cm左右，颜色应与面料的颜色一致。

（三）低腰分割线组合锥形裤的结构制图

准备好制图工具和制图纸，制图线与制图符号按照统一要求正确绘制。

1. 制订低腰分割线组合锥形裤成衣尺寸

成衣规格是160/68A，依据是我国使用的女装号型标准GB/T 1335.2—2008《服装号型女子》。基准测量部位以及参考尺寸，见表11-15。

表11-15　低腰分割线组合锥形裤系列成衣规格表　　　　　　　单位：cm

名称 规格	裤长	腰围	臀围	（制图立裆）	脚口	腰宽
155/66A（S）	92	68	94	25.5	28	3.5
160/68A（M）	94	70	96	26	30	3.5
165/70A（L）	96	72	98	26.5	32	3.5
170/72A（XL）	98	74	100	27	34	3.5

2. 制图要点

本款裤子采用原型制板法进行结构制图，是一款分割线组合形式的锥形裤裤型设计。本款裤型款式设计比较简单，在裤基型的基础上增加了分割线的设计，但是裤子局部如口袋、腰面的设计却独具匠心，值得琢磨。款式设计上的重点如下。

① 前、后片分割线的处理。前片曲线分割线属于功能性的分割线，将前腰省量消化掉，而前片中的竖向分割线则起到装饰性的作用。后片中的竖向分割线也属于装饰性的作用。

② 前、后腰省的处理。在制图的过程中，后片是将腰部的腰省量重新分配，其中的一个省在后中心和侧缝处各消化掉一半的省量，另外一个省通过转移将省量分配到后片口袋处，最终将后片中的臀腰差全部消化掉。而前片在腰省的分配上是将省量分配到分割线里将臀腰差消化掉。

③ 前、后口袋的结构处理。前片口袋在设计时需考虑它的形状，同时还需要考虑它与分割线的缝合方式。后片单袋牙口袋除了需要注意后片中省的处理的影响，也需要考虑其和分割线的缝合形式。

3. 制图步骤

本款裤型采用原型制板法进行结构制图，这里将根据图例分步骤进行制图说明。

① 放置裤基型。将裤子基型的前后片结构按照腰围辅助线、臀围辅助线、横裆线、中裆线和脚口线的放置摆放好，如图11-71所示。

② 前裤长。由腰围辅助线垂直向下量取裤长94cm（包括腰头宽3.5cm），确定出新的脚口辅助线。

③ 前立裆长。由腰围辅助线垂直向下量取立裆长26cm确定出前立裆长。

④ 前腰围尺寸。前腰围尺寸与裤基型的尺寸大小相同为 $W/4 + 3$（省量）$= 20.5$cm，如图11-71所示。

⑤ 前臀围大。由于前后片进行了互借，考虑到裤片整体的平衡性，因此以挺缝线为中线，前裤片在臀围线与前裆斜线、前侧缝线的交点处在臀围线上分别向挺缝线的方向收进0.5cm，即前臀围大为 $H/4 - 1 = 23$cm，从而确定出新的前裆斜线和臀围线以上的前侧缝线。

⑥ 前脚口尺寸。将挺缝线延长至新的脚口辅助线，在脚口辅助线上确定出前脚口尺寸为脚口宽 $/2 - 1 = 14$cm，以挺缝线与脚口辅助线的交点为中点在两侧将其平分并标记为"○"。

⑦ 前中裆大。在前中裆线上，取前中裆大尺寸为"○+2"，以挺缝线与中裆线的交点为中点在两侧将其平分。

⑧ 前内缝线。由前裆宽点经过中裆大点至脚口大点的内缝线连接圆顺。

⑨ 前侧缝线。由臀围线与新的前侧缝线的交点处经过中裆大点至脚口大点的侧缝线连接圆顺。

⑩ 确定新的前腰位置。由腰围线与前中心线、新的前侧缝线的交点处分别在前中心线和新的前侧缝线上下落3.5cm确定出平行于腰围线的水平线，从而确定出前腰的形状。

⑪ 确定前门襟位置。在前裆内劈势线上，作3cm的门襟宽，由臀围线与前裆直线的交点向下量取2cm作为门襟尖点的依据。

⑫ 后裤长。由腰围辅助线至脚口辅助线的垂直距离。

⑬ 后立裆长。由腰围辅助线垂直向下量取立裆长26cm作为后立裆长。

⑭ 后腰围尺寸。后腰围尺寸与裤基型取相同尺寸即 $W/4 + 4$（省量）$= 21.5$cm，如图11-71所示。

⑮ 后臀围大。由臀围线与后裆斜线、后侧缝线的交点处分别向挺缝线的方向收进0.5cm，即后臀围大为 $H/4 + 1 = 25$cm，并重新确定出后裆斜线和后侧缝线。

⑯ 后腰省的分配。将后腰中的一个腰省重新分配，分别在后中和后侧缝处各消化掉一半的省量从而确定出新的后裆斜线、后侧缝线，如图11-71所示。

⑰ 后脚口尺寸。将挺缝线延长至新的脚口辅助线，在脚口辅助线上确定出后脚口尺寸即脚口宽 $/2 + 1 = 16$cm，以挺缝线与脚口辅助线的交点为中点在两侧将其平分并标记为"□"。

⑱ 后中裆大。在后中裆线上，以挺缝线与中裆线的交点为中点在两侧分别量取"□+1"从而确定出后中裆尺寸。

⑲ 后内缝线。由后裆宽点经过中裆大点至脚口大点的内缝线连接圆顺。

⑳ 后侧缝线。由臀围线与新的后侧缝线的交点处经过中裆大点至脚口大点的侧缝线连接圆顺。

㉑ 确定新的后腰位置。由新的后裆斜线与腰线的交点处在新的后裆斜线上向下量取3.5cm确定出后腰

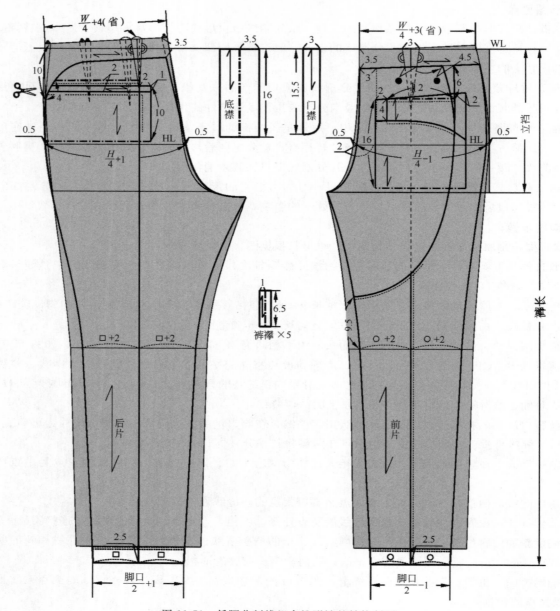

图 11-71　低腰分割线组合锥形裤的结构制图

线的一点。再由后腰线与新的后侧缝线的交点处在后侧缝线上向下量取 9.5cm 确定出另一点，然后连接两点画成圆顺的曲线从而确定后腰线的形状，如图 11-71 所示。

㉒ 后片单袋牙口袋。由新腰线与后侧缝线的交点处在新腰线上向上量取 4cm 确定出袋牙的一点，经过此点水平量取 14cm 确定出袋牙的宽度，再垂直向下量取 2cm 确定其长度，然后与新腰线水平连接，最终确定出袋牙的形状，如图 11-71 所示。

㉓ 后腰省的位置。以分割线与袋牙的交点为省的中点重新确定后腰中剩余省的位置。

㉔ 确定前、后片分割线。第一，前片曲线分割线的确定：由新的前腰线与侧缝线的交点处在新的前腰线上向前中方向量取 4.5cm 确定曲线分割线的点一，再由中裆线与前内缝线的交点在前内缝线上向上量取 9.5cm 确定出分割线的点二，然后将点一与点二连成圆顺的曲线。由新腰线上量取的 4.5cm 的点再向前中方向量取由前腰截取的剩余的省量并确定出点三，然后经过点三与确定出的曲线连接圆顺，如图 11-71 所示。第二，前片竖向分割线的确定：由曲线分割线与挺缝线的交点连接至脚口中点的线段。第三，后片竖向分割线的确定：由袋牙的 2cm 长度点与后脚口的中点连接确定出后片竖向分割线，如图 11-71 所示。

㉕ 前口袋袋牙形状。由新的前腰线上的 4.5cm 点在曲线分割线上向下量取 6cm 确定出袋牙的点四，然后向前中心线方向水平量取 12cm 确定出袋牙宽度，再由此点垂直向下量取 4cm 确定出口袋袋牙的长度，最后将口袋的形状画圆顺。然后由点四处在侧缝线上向上量取 1cm 确定出里布外露的点，然后再与口袋宽点连接圆顺，如图 11-71 所示。

㉖ 裤襻的确定。本款共有 5 个裤襻。前腰两个，后腰 3 个，裤襻的长度为 6.5cm，宽度为 1cm，如图 11-71 所示。

㉗ 绘制门襟、底襟。作门襟宽 3cm，门襟长 15.5cm；底襟宽 3.5，底襟长 16c，如图 11-71 所示。

（四）女装低腰分割线组合锥形裤的制作

基本造型完成后，修正纸样，完成结构处理图。依据生产要求对纸样进行结构处理图的绘制，凡是有缝合的部位均需复核修正，如裤口，腰口等，本款的结构处理有三个部位，第一部位是后腰省的转移，第二部位是前后腰的结构处理，第三部位为前后口袋的袋布、垫袋的结构处理。

1. 后腰省的结构处理

先沿着袋口下线剪开，再将后腰中的省合并，将腰省量转移到袋口下线中，如图 11-72 所示。

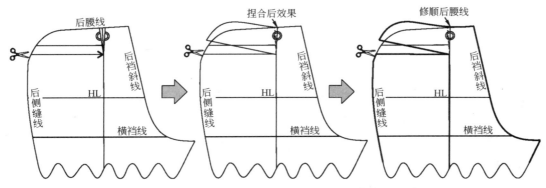

图 11-72　低腰分割线组合锥形裤后腰省的结构处理图

2. 前后腰的结构处理

将前、后腰片由裤片中分离出来复核合并，完成腰的结构处理，如图 11-73 所示。

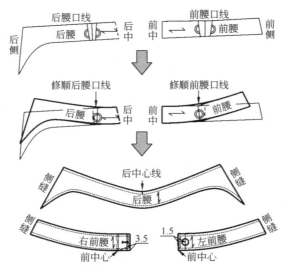

图 11-73　低腰分割线组合锥形裤腰的结构处理图

3. 前后袋布、垫袋的结构处理

根据口袋的形状，设计出袋布、垫袋的形状，如图 11-74 所示。

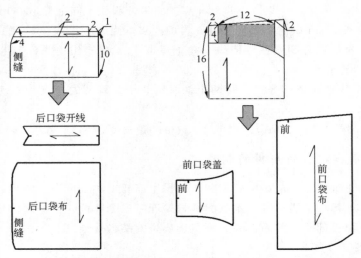

图 11-74 低腰分割线组合锥形裤前后袋布、垫袋的结构处理图

九、弹性曲线分割锥形裤

（一）弹性曲线分割锥形裤款式说明

本款裤子属于弹性贴身锥形裤，是目前年轻女性喜欢的裤型。修身的造型能够很好地凸显出女性的身材曲线。本款裤子最大的设计点集中在腰部到臀部的位置，前片设计了斜向及曲线分割线，并且在腰部的位置腰头的设计也独具匠心，前片腰部分为连腰设计。前片中斜插袋的设计蕴含在分割线中，别具一格。后片同样设计了竖向的曲线分割育克线，在臀部的位置同样还设置了横向的曲线分割线，并且附有袋盖，不仅修身提臀，而且美观大方。

在面料的选择上，应选用弹性好的面料，比如灯芯绒、斜纹棉、牛仔布等。其款式图、效果图如图 11-75 所示。

1. 裤身构成

在结构造型上，本款裤子属于贴身型的锥形裤，前片有斜向分割和曲线分割，并且在斜向分割中设有斜插袋，后片也设有曲线分割线，前后片在侧缝处进行了拼处理，后片臀部还增加了横向分割的设计，并且附有袋盖。前开门，装拉链。

2. 裤腰

前片中心线到口袋斜向分割线的位置为连腰式，内有贴边；剩余的腰部绱腰头，右搭左，并且在腰头处装裤钩。

3. 裤襻

前片两个裤襻，后片 3 个裤襻。

4. 拉链

缝合于裤子前开门处，长度比门襟短 1.5cm 左右，颜色应与面料的颜色一致。

5. 裤钩

用于裤子裤腰前门襟处。

（二）弹性曲线分割锥形裤面料、里料、辅料的准备

1. 面料

幅宽：144cm、150cm、165cm。

图 11-75 弹性曲线分割锥形
裤款式图、效果图

估算方法为：裤长＋15cm 左右。

2. 辅料

① 薄黏合衬。幅宽为 90cm 或 120cm（零部件用），用于裤腰面、底襟部件和袋口处。

② 裤钩。用于裤腰前门襟处。

③ 拉链。缝合于裤子前开门处，长度比门襟短 1.5cm 左右，颜色应与面料的颜色一致。

（三）弹性曲线分割锥形裤的结构制图

准备好制图工具和制图纸，制图线与制图符号按照统一要求正确绘制。

1. 制定弹性曲线分割锥形裤成衣尺寸

成衣规格：160/68A，依据我国使用的女装号型标准 GB/T 1335.2—2008《服装号型女子》基准测量部位以及参考尺寸，见表 11-16。

2. 制图要点

本款裤子是在裤子原型的基础上进行的变化，在款式设计上比较复杂，尤其是分割线的设计比较繁多，在局部细节的设计上也别具特色。款式设计的重点有三个。第一个是前、后片分割线的处理。前后片中均设

表 11-16 弹性曲线分割锥形裤系列成衣规格表 单位：cm

名称 规格	裤长	腰围	臀围	立裆	脚口	腰宽
155/66A(S)	92	68	92	25.5	28	3.5
160/68A(M)	94	72	94	26	28	3.5
165/70A(L)	96	74	96	26.5	30	3.5
170/72A(XL)	98	76	98	27	32	3.5

有竖向的装饰性的分割线，可以起到修饰腿型的作用。前后片臀部上斜向分割线的设计属于功能性的分割线，分解掉前后腰中的省量。第二个是前后片侧缝线的处理。由于前后片在侧缝处进行了拼合处理，为了便于拼合应该尽量呈直线状态，可以通过调节前后裆的倾斜度及腰部加放的省量大小来控制侧缝线的形态，但是其值大小应控制在合理的范围内。第三个是前、后腰处理。前片腰部分为连腰设计，部分与后片腰组合为分裁设计。

3. 制图步骤

采用原型制板法进行结构制图，这里将根据图例分步骤进行制图说明，如图 11-76 所示。

① 放置裤原型。将裤子原型的前后片按照腰围辅助线、臀围辅助线、横裆线、中裆线和脚口线的位置摆好，如图 11-76 所示。

② 裤长。由腰围辅助线垂直向下量取裤长 94cm（包括腰头宽 3.5cm），确定出新的脚口辅助线。

③ 立裆长。由腰围辅助线垂直向下量取立裆长 26cm 确定出前立裆长。

④ 前裆劈势。由裤基型前裆斜线与上平线的交点处向侧缝方向量取 1.5cm 确定出前裆的劈势。

⑤ 前腰围尺寸。由前裆偏移的 1.5cm 点在上平线上水平量取新的腰围尺寸即 $W/4 - 0.5 + 2$（省）＝19.5cm，并确定出腰围大点，然后由此点垂直向上量取 1cm 确定出前腰的起翘点，最后将前裆偏移的 1.5cm 点与起翘点连接圆顺，如图 11-76 所示。

⑥ 前臀围大。由于前后片进行了互借，考虑到裤片整体的平衡性，因此以挺缝线为中线，前裤片在臀围线与前裆斜线、侧缝线的交点处在臀围线上各向挺缝线的方向收进 0.5cm，即前臀围大为 $H/4 - 0.5\text{cm} = 23\text{cm}$，并确定出新的前裆斜线和臀围线以上的前侧缝线。

⑦ 前脚口尺寸。将挺缝线延长至新的脚口辅助线，在脚口辅助线上确定出前脚口尺寸脚口宽 $/2 - 1 = 13\text{cm}$，以挺缝线与脚口辅助线的交点为中点在两侧将其平分。

⑧ 前侧缝线。由前腰线的起翘点处经过臀围大点至脚口大的外缝点连接圆顺从而确定出前侧缝线。

⑨ 前中裆大。量取挺缝线与中裆线的交点处至前侧缝线与中裆线的距离，以挺缝线为中线，在其两侧平分从而确定出前中裆大。

⑩ 前内缝线。由前裆宽点经过中裆大内缝点至脚口大内缝点连接圆顺从而确定出前内缝线。

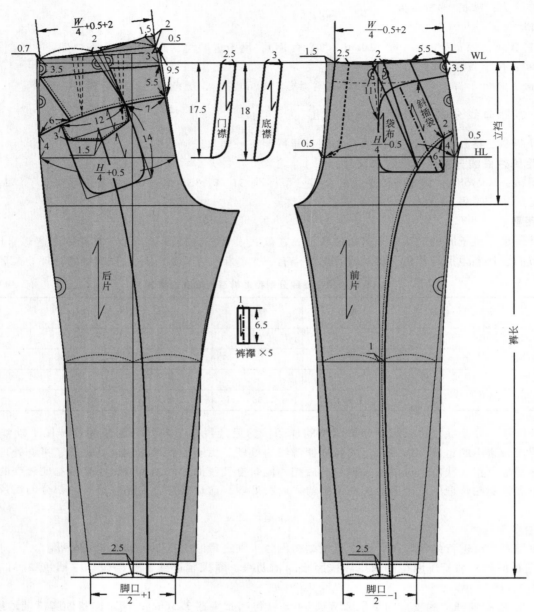

图 11-76 弹性曲线分割锥形裤的结构制图

⑪ 确定前门襟位置。在前裆内劈势线上，作 2.5cm 的门襟宽，由臀围线与前裆直线的交点作为门襟尖点的依据。

⑫ 后裆斜线。由裤基型后腰线与后裆斜线的交点处收进 0.5cm，起翘 3cm，确定出新的后裆斜线。

⑬ 后腰围尺寸。由新的后裆斜线与上平线的交点处向上延长 3cm 确定出后腰起翘点，由此点向后侧缝方向量取新的后腰围尺寸，即 $W/4 - 0.5 + 2$（省）= 19.5cm，并在侧缝处起翘 0.7cm，如图 11-76 所示。

⑭ 确定后腰的形状。由后腰线与新的后裆斜线的交点处向上延长 2cm，再向后侧缝方向作平行于腰线的平行线 1.5cm，最后将该点与后腰大点连成圆顺的曲线，如图 11-76 所示。

⑮ 后臀围大。后臀围大与裤基型的臀围尺寸相同，即 $H/4 + 0.5 = 24$cm，并确定出臀围线以上的后侧缝线。

⑯ 后脚口尺寸。将挺缝线延长至新的脚口辅助线，在脚口辅助线上确定出后脚口尺寸脚口宽 $/2 + 1 = 15$cm，以挺缝线与脚口辅助线的交点为中点在两侧将其平分。

⑰ 后侧缝线。由后腰大点经过臀围大点至脚口大外缝点连接圆顺，从而确定出后侧缝线，如图 11-76 所示。

⑱ 后中裆大。在后中裆线上，先量取后侧缝线与中裆线的交点处至挺缝线与中裆线的交点的距离，以挺缝线与中裆线的交点为中点在两侧分别将其平分，从而确定出后中裆大。

⑲ 后内缝。由后裆宽点经过后中裆大内缝点至脚口大内缝点连接圆顺从而确定出后内缝线。

⑳ 确定前片曲线分割线。由臀围线与新侧缝线的交点处向腰线方向量取 4cm 确定出曲线的点一，再将脚口宽分成三等分，然后将点一过中档线 1cm 点与靠近新的前侧缝方向的脚口宽 1/3 点连成圆顺的曲线，如图 11-76 所示。

㉑ 确定前片斜向分割线 1。由腰线与新前侧缝线的交点处在前腰线上量取 5.5cm 确定出斜线的点二，再由曲线分割线与新前侧缝线的交点处在曲线分割线上量取 2cm 确定出斜向分割线的点三，然后连接点二与点三确定出斜向分割线，如图 11-76 所示。

㉒ 确定前片腰的形状。由腰线与新前侧缝线的交点处在侧缝线上向下量取 3.5cm 确定出前腰的宽度，然后作前腰线的平行线，并与斜向分割线交于点四，从而确定出前腰的形状。

㉓ 确定前片斜向分割线 2。将前片腰线上靠近前中心线的省端点作前片斜向分割线 1 的平行线，交于前片曲线分割线。确定出斜线的点五，将点五与前片腰线上靠近侧缝的省端点连接，从而确定出斜向分割线的形状，并通过腰省解决了前腰的省量。

㉔ 后片横向分割线。由臀围线与新的后侧缝线的交点处在侧缝线上向上量取 4cm，确定出曲线的点六，在后裆斜线上向下量取 9.5cm，确定出曲线的点七，然后将点六与点七连成圆顺的曲线，如图 11-76 所示。

㉕ 后腰省的确定。将后腰二等分，再由后片横向分割线与后裆斜线的交点处在分割线上收进 7cm 点确定出后腰省的省尖，然后在中点两端各取 1cm 确定出省的大小，如图 11-76 所示。

㉖ 确定后腰的形状。由新腰线与新的后侧缝线的交点处在新侧缝线上向下量取 3.5cm，在后裆斜线上由起翘 3cm 点处向上延长 2cm，垂直向侧缝方向取 1.5cm 点，两点连线，确定出后腰造型。

㉗ 确定后片斜向分割线。由后片横向分割线与后裆斜线的交点处在横档线上向侧缝方向量取 7cm 确定出分割线的点八，以此点作为省尖，然后将后腰中的省转移到分割线中，如图 11-76 所示。

㉘ 确定后片另一斜向分割线。由新侧缝线与横向分割线的交点处向后裆斜线的方向量取 6cm，并将此点与新侧缝线上下落的 3.5cm 点连接从而确定出斜向分割线的形状。

㉙ 后片袋的形状。袋盖的形状，由曲线分割线上的点八处在曲线分割线上向新侧缝的方向量取 12cm 确定出袋盖的长度，然后经过此点作曲线分割线的垂线确定出袋盖的宽度 3cm，并由袋盖长度的中点向下量取 1.5cm 确定出袋尖，如图 11-76 所示。袋布的形状，本款的袋布是内明贴袋设计，袋口宽与袋盖的长度一致为 12cm，袋布长为 14cm，如图 11-76 所示。

㉚ 后片竖向曲线分割线。将袋盖的中点与后脚口尺寸靠近后内缝的 1/3 点连成圆顺的曲线。

㉛ 前片口袋、袋布。在斜向分割线 1 上的点四与点三之间的距离为口袋的大小。在口袋制作的过程中，在口袋的两端需要打结固定，另外袋布深是由点三向下垂直量取 6cm 确定出一点，并经过此点作水平线与挺缝线相交确定出袋口宽，最后确定出袋布的形状，如图 11-77 所示。

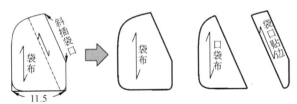

图 11-77 弹性曲线分割锥形裤口袋结构制图

㉜ 前贴边。作前腰线的平行线 3.5cm，从而确定出前片贴边的形状。

㉝ 裤襻的确定。本款共有 5 个裤襻。前腰两个，后腰 3 个，裤襻的长度为 6.5cm，宽度为 1cm，如图 11-76 所示。

㉞ 绘制门襟、底襟。作门襟宽 2.5cm，门襟长 17.5cm；底襟宽 3，底襟长 18cm，如图 11-76 所示。

（四）女装低腰分割线组合锥形裤的纸样制作

基本造型完成后，修正纸样，完成结构处理图。依据生产要求对纸样进行结构处理图的绘制，凡是有缝合的部位均需复核修正，如裤口、腰口等。本款的结构处理有三个部位：第一部位是前后腰的结构处理，第二部位是前后斜向分割片结构处理，第三部位为前后侧缝的结构处理。

1. 前后腰的结构处理

本款前片腰部分为连腰设计，需将连裁部分的腰里贴边整合处理；前后片腰组合为分裁设计，将前后腰片由裤片中分离出来复核合并，完成腰的结构处理，如图 11-78 所示。

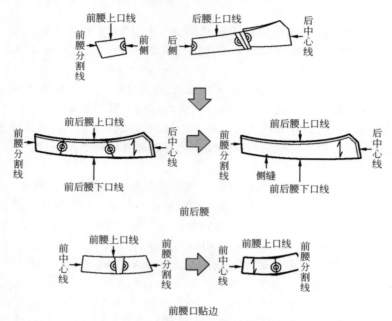

前后腰

前腰口贴边

图 11-78 弹性曲线分割锥形裤腰的结构处理图

2. 前后斜向分割片裁片的结构处理

将前后斜向分割片由裤片中分离出来复核合并，完成分割片的结构处理，如图 11-79 所示。

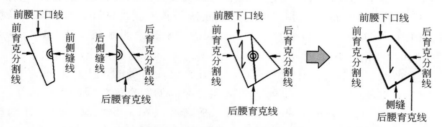

图 11-79 弹性曲线分割锥形裤前后斜向分割片的结构处理图

3. 前后侧片裁片的结构处理

将前后侧片由裤片中分离出来复核合并，在拼合的过程中，将各个对位线对齐，以侧缝线与脚口线的交点为固定点进行拼合。由于在拼合的过程中臀围线以上的部位出现一部分余缺量，因此，在后分割线的位置将该部分余缺量削减掉，最后再将各轮廓线修正圆顺。完成前后侧片的结构处理，如图 11-80 所示。

十、中腰式分割线组合直筒裤

（一）中腰分割线组合直筒裤款式说明

本款裤子属于弹性贴身型直筒裤，在款式设计上，采用了多种分割线组合的设计方式，在视觉上使裤子整体富有变化，还能够起到修饰人体体型的作用，前片是竖向的曲线分割线组合在一起，后片中是竖向的曲线分割线与横向分割线的组合。腰部为中腰式，后片增设育克，前口袋为月牙袋，缉明线，这些设计元素的组合增添了时尚休闲味道，如图 11-81 所示。

在面料的选择上，应选用弹性好的面料，比如灯芯绒、斜纹棉、牛仔布等。特别添加的弹力纤维使面料

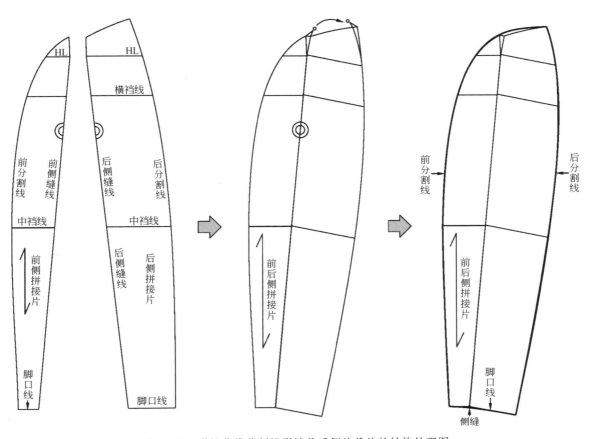

图 11-80 弹性曲线分割锥形裤前后侧片裁片的结构处理图

回弹性及塑形效果更好，与简洁的廓形相结合，更显双腿纤细修长，配合酵洗加软洗水工艺，休闲中更显酷感，使整条裤子更加可爱大方。

1. 裤身构成

前裤片腰口无褶裥，并且增设曲线分割线，后裤片拼合育克，也有曲线分割线，前侧缝处插月牙袋，前开门，装拉链。

2. 裤腰

绱腰头，右搭左，并且在腰头处锁扣眼，装钉纽扣。

3. 裤襻

前片两个裤襻，后片 3 个裤襻。

4. 拉链

缝合于裤子前开门处，长度比门襟短 1.5cm 左右，颜色应与面料的颜色一致。

（二）中腰式分割线组合直筒裤面料、里料、辅料的准备

1. 面料

幅宽：144cm、150cm、165cm。

估算方法为：裤长 + 15cm 左右。

2. 辅料

① 薄黏合衬。幅宽为 90cm 或 120cm，用于零部件裤腰面、底襟部件和袋口处。

② 纽扣。直径为 1cm 的纽扣 1 个。

③ 拉链。缝合于裤子前开门处，长度比门襟短 1.5cm 左右，颜色应

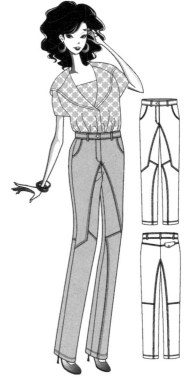

图 11-81 中腰式分割线组合直筒裤款式图、效果图

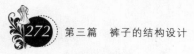

与面料的颜色一致。

（三）中腰式分割线组合直筒裤的结构制图

准备好制图工具和制图纸，制图线与制图符号按照统一要求正确绘制。

1. 制订中腰式分割线组合直筒裤成衣尺寸

成衣规格是 160/68A，依据是我国使用的女装号型标准 GB/T 1335.2—2008《服装号型女子》。基准测量部位以及参考尺寸，见表 11-17。

表 11-17　中腰式分割线组合直筒裤系列成衣规格表　　　　　　　　　　　　　单位：cm

名称　　规格	裤长	腰围	臀围	立裆	脚口	腰宽
155/66A(S)	94	72	98	21.5	40	3
160/68A(M)	96	74	96	22	42	3
165/70A(L)	98	76	102	22.5	44	3
170/72A(XL)	100	78	104	23	46	3

2. 制图要点

本款裤型属于弹性贴身型直筒裤，在结构制图时，采用比例制图法进行绘制。本款裤型的款式设计比较简单，款式设计重点有三个。重点一是前后片的分割线的设计。分割线的设计根据款式造型的需求按照合理的比例进行设置。重点二是后腰育克的结构处理。后腰育克的设计不仅解决掉了后腰的省量，而且还具有一定的装饰性。重点三是前片插袋的结构处理。由于前腰中不收省，因此，将 1cm 省量加入到前片插袋中，既可以减小前片的臀腰差量，又能使插袋形成一定的窝势，便于插手。

3. 制图步骤

本款裤型采用比例制图法绘制，这里根据图例分步骤进行说明，如图 11-82 所示。

（1）建立中腰式分割线组合直筒裤的框架结构

① 裤片长辅助线（前侧缝辅助线）。作竖向直线其长度为裤长 - 头宽 = 96cm - 3cm = 93cm，如图 11-82 所示。

② 上平线（腰围辅助线）。作水平线与裤片长辅助线的上端点垂直相交，该线为腰线设计的依据线。

③ 下平线（脚口辅助线）。作水平线与裤片长辅助线的下端点垂直相交并与上平线平行，该线是脚口设计的依据线。

④ 立裆长。由腰围辅助线与裤片长辅助线的交点处在裤片长辅助线上向下量取 22cm 确定出前立裆长，并作水平线平行于腰围辅助线从而确定出横裆辅助线。

⑤ 臀围线。将前立裆长三等分，由靠近横裆辅助线的 1/3 点作臀围线，并与腰围辅助线保持平行，如图 11-82 所示。

⑥ 中裆线。先将臀围线至下平线之间的线段二等分，并由中点向上平线方向量取 8cm，由该点作平行于上平线从而确定出前中裆线。

⑦ 臀围大。前臀围大，由臀围线与前侧缝辅助线的交点处在臀围线上量取 $H/4 - 1cm = 23cm$，确定出前臀围大；后臀围大，由臀围线与后侧缝辅助线的交点处在臀围线上量取 $H/4 + 1cm = 25cm$，确定出后臀围大，如图 11-82 所示。

⑧ 裆直线。前裆直线，经过前臀围大点作垂直于上平线的垂线确定出前裆直线，并延长至横裆辅助线。后裆直线，经过后臀围大点作垂直于上平线的垂线确定出后裆直线，并延长至横裆辅助线。

⑨ 前裆宽线。由前裆直线的延长线与横裆辅助线的交点处在横裆辅助线上向前侧缝的反方向量取 4.5cm，从而确定出前裆宽线。

⑩ 后裆斜线。由后裆直线与臀围线的交点处垂直向上量取 15cm 确定出一点，并由此点向侧缝方向水平量取 4cm 确定出另一点，将此点与臀围线和后裆直线的交点连接并与横裆线相交。

⑪ 后裆宽线。由后裆斜线与横裆辅助线的交点处在横裆辅助线上向后侧缝的反方向量取 $H/10 - 1 = 8.6cm$，从而确定出后裆宽线，如图 11-82 所示。

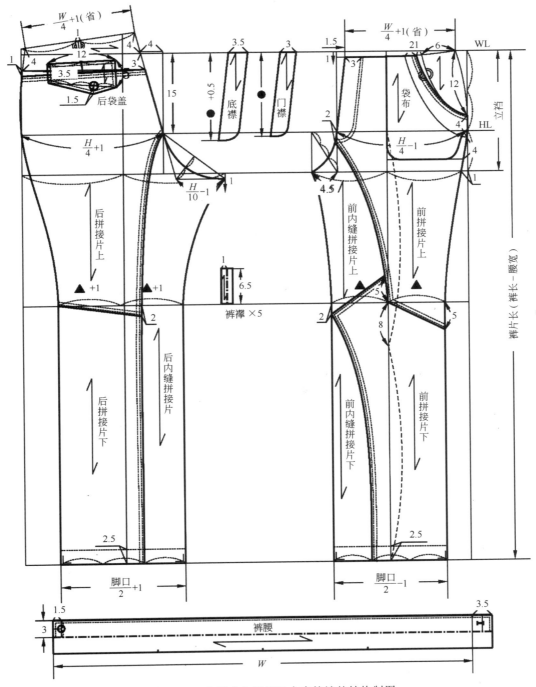

图 11-82　中腰式分割线组合直筒裤的结构制图

⑫ 挺缝线。前挺缝线，将前横裆大二等分，过其中点作平行于侧缝辅助线的直线并与上平线、下平线相交；后挺缝线。将后横裆大二等分，过其中点作平行于侧缝辅助线的直线并与上平线、下平线相交，如图 11-82 所示。

（2）建立中腰式分割线组合直筒裤的结构制图步骤

① 前裆劈势。由前裆直线与上平线的交点处在上平线上向前侧缝方向量取 1.5cm 并将前裆斜线画顺。

② 前裆弯弧线。由前裆宽点处作横裆辅助线的垂线并与臀围线相交于一点，经过此点与前裆直线的延长线和横裆辅助线的交点连成线段，然后将该线段三等分，由前裆斜线和臀围线的交点经过该线段靠近横裆线的 1/3 点至前裆宽点连成圆顺的曲线，从而确定出前裆弯弧线。

③ 前腰围尺寸。由前裆斜线与上平线的交点处向前侧缝方向量取前腰围大 $W/4 + 1cm（省）= 74cm/4 +$

1cm＝19.5cm，然后将前腰围大点与前中心劈势1.5cm点连接圆顺，从而确定出前腰线的形状，如图11-82所示。

④ 前脚口尺寸。在下平线上，取前脚口尺寸为脚口/2－1＝20cm，以挺缝线与中裆线的交点为中点在两侧将其平分。

⑤ 前中裆大。在前中裆线上，取与前脚口相同尺寸20cm，以挺缝线与中裆线的交点为中点在两侧将其平分并标记为"▲"，如图11-82所示。

⑥ 前侧缝线。由上平线与前腰线的交点经过前臀围大点、横裆大向内收的1cm点、前中裆大外缝点至脚口大的外缝点连接圆顺从而确定出前侧缝线。

⑦ 前内缝线。由前裆宽点经过前中裆大内缝点至脚口大的内缝点连接圆顺，从而确定出前内缝线。

⑧ 确定前门襟位置。在前裆内劈势线上，作3cm的门襟宽，由臀围线与前裆直线的交点向下量取2cm作为门襟尖点的依据。

⑨ 后腰围尺寸。由上平线与后裆斜线的交点处向上延长4cm确定出后裆起翘量，并由起翘点向腰围辅助线量取后腰围大 $W/4＋1(省)＝19.5cm$，从而确定出后腰线的形状，如图11-82所示。

⑩ 后脚口尺寸。在下平线上，取后脚口尺寸为：脚口/2＋1＝22cm，以挺缝线与下平线的交点为中点在两侧将其平分，如图11-82所示。

⑪ 后中裆大。在后中裆线上，取后中裆大尺寸为"▲＋1"，以挺缝线与中裆线的交点为中点在两侧将其平分。

⑫ 后侧缝线。由上平线与后腰线的交点经过后臀围大点、后中裆大外缝点至脚口大的外缝点连接圆顺，从而确定出后侧缝线。

⑬ 后内缝线。由后裆宽点经过后中裆大内缝点至脚口大的内缝点连接圆顺，从而确定出后内缝线，如图11-82所示。

⑭ 后腰省位置的确定。将后腰围尺寸二等分确定省中线的位置，并且省中线与后腰围线保持垂直，省大为1cm，省长为5.5cm。

⑮ 后腰育克。由上平线与后裆斜线的交点处在后裆斜线上向下量取3cm，从而确定出后育克的一点，由后侧缝与后腰线的交点处在后侧缝上量取4cm，确定出其另一点，然后连接这两点确定出后育克的形状，为了使裤子贴合人体，在后腰育克分割线中要向下劈去一定的量并通过后腰省的省尖，如图11-82所示。

⑯ 前、后片分割线的确定。

前片分割线1的确定：由门襟止点确定出前片分割线1的点一，然后由前中裆线与前侧缝线的交点处在前侧缝线上向下量取5cm，确定出分割线的点二，最后由点一处经过前中裆大的中点至点二连接圆顺。如图11-82所示。

前片分割线2的确定：由前中裆大的中点与分割线1的交点处在分割线上向上量取5cm确定出点三，再由前中裆线与前内缝线的交点处在内缝线上向下量取2cm确定出分割线的点四，最后由点三经过点四至脚口线上靠近内缝的1/3点连接圆顺从而确定出前片分割线2的形状，如图11-82所示。

后分割线1的确定：由臀围线与后裆直线的交点处与脚口大上靠近后内缝的1/3点连成圆顺的曲线，从而确定出后片分割线1的形状。如图11-82所示。

后片分割线2的确定：由后分割线1与中裆线的交点处在分割线1上向下量取2cm确定出一点，并经过此点与中裆线和后侧缝线的交点连成直线从而确定出后片分割线2。

⑰ 前片插袋、垫袋、及袋布的确定。由前侧缝线与上平线的交点处在前侧缝线上向下量取12cm确定出插袋的深度，然后由腰线与前侧缝线的交点处在前腰线上向前裆斜线方向量取6cm，确定出插袋的宽度。前腰围由于不收省，因此在插袋中加入1cm省量，既可以减小前片臀腰差量，又能使插袋形成一定的窝势，便于插手，如图11-83所示。垫袋位置的确定：由插袋深点在侧缝线上再向下量取4cm，确定出垫袋的深度；由插袋宽点在前腰线上向前裆方向在量取2cm，确定出垫袋的宽度。袋布的确定：由垫袋深点在侧缝线上向下量取4cm，确定出袋布的长度，经过此点作水平线与挺缝线相交，在交点处将直角修成弧形，如图11-83所示。

⑱ 后口袋盖的确定。本款的后口袋盖位装饰袋盖，仅左后片有，袋盖口大12cm，袋宽为不对称设计一边宽为5cm，一边宽为3.5cm，袋盖尖角1.5cm，袋盖距育克分割线2cm，以省的中点平分袋口大，如图

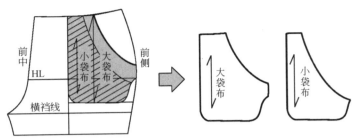

图 11-83　中腰式分割线组合直筒裤前片袋布结构制图

11-82 所示。

⑲ 裤襻的确定。本款裤型共有裤襻 5 个，前裤襻两个，位于前腰面与袋口对齐的位置；后裤襻 3 个，位于后腰面的中心和两端。裤襻的长度均为 6.5cm，宽为 1cm，如图 11-82 所示。

⑳ 绘制前门襟、底襟。作门襟宽 3cm，长为 16cm；底襟宽为 7cm，长为 16.5cm，如图 11-82 所示。

㉑ 绘制裤腰。取腰长：$W +$ 搭门量（3.5cm）= 77.5cm，腰面宽为设计量 3cm，由于腰面和腰里都是一体，将其双折腰头宽为 6cm。

（四）中腰式分割线组合直筒裤纸样的制作

本款裤子的基本造型完成之后，修正纸样，完成结构处理图。依据生产要求对纸样进行结构处理图的绘制，凡是有缝合的部位均需要复核修正。本款的结构处理有两个重点：第一部位为后腰育克的结构处理，第二部位为前片垫袋、袋布的结构处理。

1. 后腰育克的结构处理

将后腰育克中腰省合并，完成后腰育克的结构处理，如图 11-84 所示。

图 11-84　中腰式分割线直筒裤后腰育克的结构处理图

2. 前片插袋垫带、袋布的结构处理

将前片插袋中的省合并，并且修正圆顺外轮廓线，完成垫袋的结构处理，如图 11-85 所示。

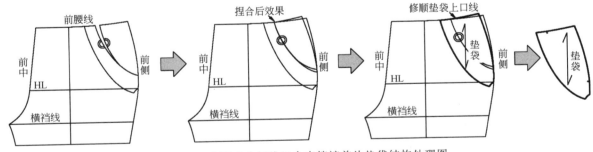

图 11-85　中腰式分割线组合直筒裤前片垫袋结构处理图

第四节　特殊裤子设计实例分析及工业样板处理

一、热裤结构设计

（一）热裤款式说明

热裤的英文名字为"HOT PANTS"，是美国人对一种紧身超短裤的叫法。热裤发展至今，逐渐分为两种明显的独特风格。一种是安全版。这种版型既凉爽又安全，样板主要是以合身为目的，其显著的特点是正

图 11-86　女装热裤效果图、款式图

常腰线、适当地包臀、宽松裤腿。通常口袋是这类热裤的重要装饰部位，例如其设计带有别致的立体口袋或者是突出臀部的明线装饰等，这些部位都是设计师的首要选择。另一种是迷你版。迷你版超短性感短裤的显著特点主要表现为是贴身而又低腰，将女性臀部至大腿之间的诱人曲线表露无遗，使穿着者更具有时尚、性感、诱惑力。

热裤是一款非常挑身材的时尚裤型，要想穿得好看，就需要一双笔直而又匀称的美腿以及浑圆微翘的臀部。但是倘若热裤穿得不好就会给别人留下过分性感的印象。体型较胖的人与身材不高或者是小腿比较粗的女性最好不要做这样的尝试，否则会遇到意想不到尴尬的局面。对于一些体型不够完美、身材不够完美的女性，应该把短裤作为避忌的对象，只有扬长避短才能使自身变得更加完美。

本款热裤为牛仔造型，款式特点为：腰部与臀部的松量较少，能够充分的凸显出女性的臀部曲线美，是年轻女性最为青睐的基本时尚裤型之一，如图 11-86 所示。

热裤面料的弹性要好且不宜过薄，应当选用中厚型的面料，如牛仔、纯棉、皮革等，这些面料为主。

1. 裤身构成

结构造型上，前裤片无褶裥，后裤片拼合育克，设后贴袋，前月牙插袋，开前门，装拉链。

2. 腰

绱腰头，左搭右，在腰头处锁扣眼，装钉"工"字型纽扣。

3. 拉链

缝合于裤子前开门处，其长度一般比门襟短 1cm 左右，颜色与面料一致。

（二）热裤面料、里料、辅料的准备

1. 面料

幅宽：144cm、150cm、165cm。

估算方法：裤长 + 15cm 左右。

2. 辅料

① 薄黏合衬：幅宽 90cm 或 120cm，用于零部件、腰面、底摆、底襟、袋口。

② 拉链：缝合位于前裆缝处，长度为 14cm。

③ 纽扣：直径为 1.5cm 的"工"字扣一套（用于前门襟），装饰性铆扣十套（用于牛仔裤袋口）。

（三）热裤结构制图

准备好制图所需要的必备工具纸和笔，制图中的一些必要的符号应该严格按照国际公认的符号标记。

1. 制定热裤成衣规格尺寸

成衣规格：160 /68A，依据我国使用的女装号型标准 GB /T 1335. 2—2008《服装号型女子》基准测量部位以及参考尺寸，见表 11-18。

2. 制图要点

热裤的结构设计与长裤的设计不同，由于热裤裤长很短，因此人体的臀凸距裤口较近，导致臀围至裤口线处有较大的空隙量，出现不贴体，要解决这样的弊病则需要加深后裤片的落裆量。如图 11-87 所示。本款

表 11-18　女装热裤系列成衣规格表　　　　　　　　　　　　　　　　单位：cm

名称 规格	裤长	腰围	臀围	（制图立裆）	脚口	腰宽
155/66A（S）	24.5	69	91	24.5	51.5	2.5
160/68A（M）	25.0	70	92	25.0	53.5	3.0
165/70A（L）	25.5	71	93	25.5	55.5	3.5
170/72A（XL）	26.0	72	94	26.0	57.5	4.0

裤型比较贴体，前片设有平插袋，能够很好地解决臀腰差。本款裤型后片的裤口是向外凸，前片裤口向内凹，这些都是考虑到人体体型因素的对服装的影响；腰线设计为曲线状态，这样更加贴体。

图 11-87　女装超短热裤结构分析图

3. 制图说明

采用直接打版法，根据图例分布步骤进行制图详细说明，如图 11-88 所示。

4. 制图步骤

（1）建立热裤的框架结构

① 裤长辅助线（前立裆辅助线、前侧缝辅助线）。以成品裤长 = 25cm，作出裤长辅助线，如图 11-88 所示。

② 上平线（腰围辅助线）。作水平线与裤长辅助线垂直相交，该线为腰线设计的依据线。

③ 下平线（脚口辅助线）。作水平线与裤长辅助线垂直相交，与上平线保持平行。

④ 前立裆长。从腰围线向下取 25cm 为前立裆长，并作水平线平行于腰围辅助线，确定横裆辅助线。

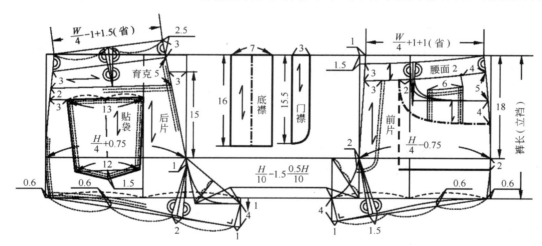

图 11-88　女装超短热裤结构制图

⑤ 臀围线。在裤长辅助线上，从腰围线向下取 18cm 作平行于上平线的前臀围线。

⑥ 前后臀围大。在前臀围线上，以前侧缝辅助线与臀围线的交点为起点，取 $H/4 - 0.75cm = 22.25cm$，确定前臀围大。在臀围线上，以后侧缝辅助线与臀围线的交点为起点，取 $H/4 + 0.75cm = 23.75cm$，确定后臀围大。

⑦ 前裆直线。通过前臀围大点作垂直于上平线的垂线确定出前裆直线，并将前裆直线延长至横裆辅助线。

⑧ 前裆宽线。在横裆辅助线上，以前裆直线延长线的交点为起点，向前侧缝辅助线反方向取 $0.5H/10 = 4.6cm$，确定前裆宽线。

⑨ 前横裆大。在横裆辅助线上，与前侧缝辅助线的交点为起点向前前裆直线方向量取 0.6cm，前裆宽线点至 0.6cm 的点距离为前横裆大。

⑩ 前挺缝线（烫迹线）。将前横裆大二等分，取其 1/2 的点作平行于侧缝辅助线的直线至上平线、下平线。

⑪ 后裆直线。通过后臀大点作垂直于上平线的垂线确定出后裆直线，并将后裆直线延长至横裆辅助线。

⑫ 后落裆辅助线。在横裆线上，向下平线方向作距横裆线 1cm 的平行线平行于横裆线，即为后落裆辅助线。

⑬ 后裆斜线。为了符合人体体型特征，在后裆直线上，由后裆直线与臀围线的交点向上平线方向量取 15cm 的点，通过此点向后侧缝弧线方向作 3cm 的垂线，建立后裆斜线为 15：3 的比值，连接两点至上平线，并向下平线方向延长至后落辅助裆线。

⑭ 后裆宽线。在后落裆辅助线上，与后裆斜线相交的点为起点，向后侧缝辅助线反方向取 $H/10 - 1.5cm = 7.7cm$，确定后裆宽线。

⑮ 后挺缝线（烫迹线）。由后裆宽点作横裆线的辅助垂线，并将该点与侧缝辅助线与横裆辅助线的交点之间的距离平分二等分，取 1/2 的点作侧缝辅助线的平行线，即裤片的挺缝线。

（2）建立热裤的结构制图步骤

① 前裆劈势。由前裆直线与上平线的交点向侧缝方向劈进 1cm，将前裆斜线（前中心线）画顺，如图 11-88 所示。

② 前腰围尺寸。由前中心线劈势 1cm 的点起，量取前腰围大 = $W/4 + 1cm + 1cm$（省）= 19.5cm，确定出前腰围线。热裤腰围尺寸的分配，可采取前后腰围尺寸互借的办法，如图 11-88 所示。

③ 前裆弯弧线。过前裆宽点作臀围线的垂线，由该点和前裆直线的延长线与横裆线的交点连线，并将该线段平分三等分，由前裆斜线与臀围线的交点过靠近横裆线 1/3 的点至前裆宽点画圆顺，如图 11-88 所示。

④ 前侧缝弧线。由上平线与前腰围线的交点连接至臀围大点至横裆大 0.6cm（脚口大外缝点）的点画圆顺，即为前侧缝弧线。

⑤ 前内缝弧线。由前裆宽点向下量取 4cm，作垂直于前裆宽线的辅助线，再由此点作向前侧缝方向的垂线并量取 1cm，再由该点与前裆宽点连线，即前内侧缝线，如图 11-88 所示。

⑥ 前脚口辅助线。由上述 1cm 的内侧缝点与前横裆大点连线，即该线前脚口辅助线。

⑦ 前脚口线。将前脚口辅助线平分三等分取靠近前侧缝的一个等分点作垂直于前脚口辅助线的垂线，取其长度为 0.6cm（调节数），并过此点分别与前裆宽点和前内缝点连线，并将其画顺，即为前脚口线，如图 11-88 所示。

⑧ 前脚口省。由于本款热裤比较短，故应当将其落裆量加大，因此在脚口处设 1.5cm 省（根据标准的大腿度来确定），再作纸样处理时应当将此省量转移至前裆，加大其落当量。

⑨ 确定前省道位置。在前腰围线上，与前挺缝线的相交的点为省大点，取省大 1cm，省长取 9cm，作省长平分省大并垂直于前腰围线，如图 11-87 所示。

⑩ 确定平插袋、垫袋、表袋的位置确定。第一，平插袋的深度确定。侧缝线上，由腰面下口线与侧缝的交点沿着侧缝线向脚口方向取 5cm，由该点作平行于上平线的辅助线，此线为插袋口的深度线；前腰围宽由于不收省，故在平插袋中加入 1cm 的省量。这样既起到了缩小前片的臀腰差，又可减小前中线与前侧缝的劈势量，还能够使得平插袋形成一定得凹势量，以便于插手。第二，垫袋位置的确定。由平插袋袋口的深度向下平线方向量取 4cm 为垫袋深度；由上平线与挺缝线的交点向前裆直线方向量取 2cm，作为垫袋宽度。第三，表袋位置的确定。由前侧缝弧线与前腰围线的交点向前当直线方向量取 4cm，再由此点向下平线方向量取 2cm，由 2cm 的点作平行于前腰围的辅助线。并由此点向前裆直线方向量取 6cm，作为表袋的宽，再按照结构图中的方法确定其具体的位置，如图 11-88 所示。

⑪ 确定前门襟位。在前腰面下口劈势线上，作 3cm 的门襟宽，由臀围线与前裆直线的交点向下量取 2cm 作为门襟低点的依据。

⑫ 后腰围尺寸。过上平线将后裆斜线延长，确定后裆起翘 2.5cm，由起翘点向腰围辅助线量取后腰围大 = $W/4 - 1 + 1.5cm$（省）= 18cm，确定出后腰围线。

⑬ 后裆弯弧线。将后裆直线和后裆斜线的交点与后裆宽点连线，取后裆斜线与落裆线的交点作垂直于该线并交于该线，将此线平分三等分，过靠近后裆斜线和落裆线的一等分点与臀围点、后裆宽点连线画顺，

即后裆弯弧线，如图 11-88 所示。

⑭ 后侧缝弧线。由上平线与后腰围线的交点连接至臀围大点至横裆大 0.6cm（脚口大外缝点）的点画圆顺，即为后侧缝弧线。

⑮ 后内缝弧线。由后裆宽点向下量取 4cm，作垂直于后裆宽线的辅助线，再由此点作向后侧缝方向的垂线并量取 1cm，再由该点与后裆宽点连线，即后内侧缝线，如图 11-88 所示。

⑯ 后脚口辅助线。由上述 1cm 的内侧缝点与后横裆大点连线，即该线后脚口辅助线。

⑰ 后脚口线。将后脚口辅助线平分三等分取靠近后侧缝的一个等分点作垂直于后脚口辅助线的垂线，取其长度为 0.6cm（调节数），并过此点分别与后裆宽点和后内缝点连线，并将其画顺，即为后脚口线，如图 11-88 所示。

⑱ 后脚口省。由于本款热裤比较短，故应当将其后落裆量加大，因此在脚口处设 2cm 省（根据标准的大腿度来确定），再作纸样处理时应当将此省量转移至后裆，加大其落当量。

⑲ 确定后省腰位置。将后腰围线平分两等分，取其中点作为省的中线并垂直与后腰围线，省大为 1.5cm，省长取 10cm（设计量），如图 11-88 所示。

⑳ 后腰育克。后中心线长为 5cm（设计量），后侧缝宽为 3cm（设计量），如图 11-88 所示。

㉑ 后贴袋。按款式图绘制，造型为上宽下窄。上口宽为 13cm（设计量），底边宽 12cm（设计量），底边放出尖角为 1.5cm。

㉒ 绘制门襟、底襟。作门襟宽 3cm，门襟长 15.5cm；底襟宽 7，底襟长 16cm。底襟应当大于门襟，应该盖住门襟，因此底襟长度应比门襟长 0.5cm，宽度比门襟宽 0.5cm，如图 11-88 所示。

㉓ 确定裤襻。裤襻长为 7cm，宽为 1cm。

（四）热裤纸样的制作

基本造型完成后，修正纸样，完成结构处理图。依据生产要求对纸样进行结构处理图的绘制，凡是有缝合的部位均需复核修正，如腰口、裤口等。

本款的结构处理有四部分：曲面腰线的处理、后育克的处理、前片口袋的处理、裤口的处理。

1. 曲面腰线的处理

曲面腰线的处理是本款的一个重点，将前后腰面由结构图中分离出来，整合合并，绘制出新的曲线腰面，如图 11-89 所示。

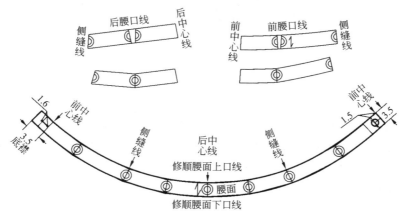

图 11-89　热裤曲线腰结构处理图

2. 后育克、前片口袋的处理

后育克的处理：将后育克的省合并，修顺上下口，完成厉育克制图。前片口袋处需要解决剩余的腰省，将前片省量合并，修顺腰口和侧缝线，完成口袋的分离处理，如图 11-90 所示。

3. 裤口的处理

前后裤口的结构处理是本款的一个重点，在前、后裤片上按照省分别对裤片进行省道合并处理，最后修顺前后裤口，如图 11-91 所示。

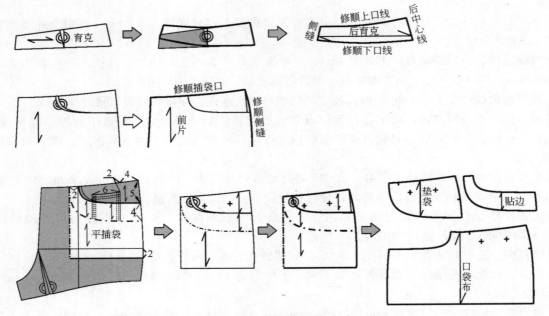

图 11-90　热裤后育克、腰口线侧缝线、口袋处理图

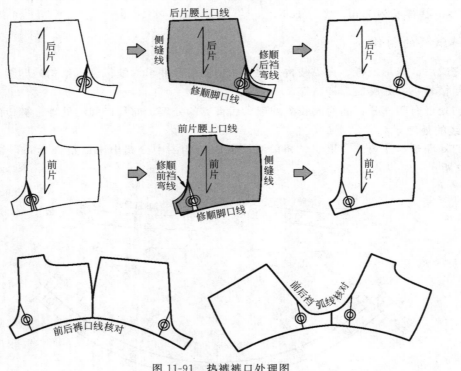

图 11-91　热裤裤口处理图

二、八分吊裆裤

（一）八分吊裆裤款式说明

吊裆裤的原型最早出现在监狱里，为了防止犯人们用皮带上吊自杀，即使裤子太大也只能让它松松垮垮地荡在腰部以下。到了 20 世纪 80 年代后期，这种款式的裤子开始出现在匪帮影视片中，并逐渐在城市滑板少年和高中学生中流行。此外，这种吊裆裤也是黑人饶舌歌手的象征之一。又称为哈伦裤。

吊裆裤为了增加臀部和裤口的视觉比例，夸张臀部尺寸并缩小脚口尺寸，吊裆裤的特点是裤裆宽松，而且大多会比较低，裤管比较窄，系绳、罗文口或闭襟型的设计是目前最受年轻人喜欢的。本款吊裆裤的裤裆比较较低，臀部蓬松，脚口收紧，腰部为抽橡筋的结构。由于本款裤型属于八分裤，在视觉上不仅起到了修饰小腿的效果，还可以有效的遮掩臀部和大腿的缺点。可以与 T 恤、夹克、牛仔衬衫或是运动外套等搭配穿着，时尚、随意、休闲又不失俏皮气息，如图 11-92 所示。

在面料的选择上，可以选用悬垂感好的棉涤混纺面料、亚麻或拉架面料等，可以根据需要选择不同档次不同风格的面料。

1. 裤身构成

本款裤子属于八分裤，长度及至小腿中部以下，前后裤片结构相同，脚口收紧。

2. 腰

绱腰头，采用抽橡筋的结构设计，宽度为 4cm。

（二）分吊裆裤面料、辅料的准备

1. 面料

幅宽：144cm、150cm、165cm。

估算方法为：裤长 − 腰头宽 + 裤口折边 + 起翘 + 缝份 + 裤长×缩率 = 裤长 + 5cm 左右。

2. 辅料

橡筋：宽度和腰宽相同，长度为实际要根据橡筋的弹性伸长率计算。

（三）八分吊裆裤的结构制图

准备好制图所需要的必备工具纸和笔，制图中的一些必要的符号应该严格按照国际公认的符号标记。

1. 制订八分吊裆裤成衣规格尺寸

成衣规格是 160/68A，依据是我国使用的女装号型标准 GB/T 1335.2—2008《服装号型女子》。基准测量部位以及参考尺寸，见表 11-19 所示。

图 11-92 八分吊裆裤款式图、效果图

表 11-19 八分吊裆裤系列成衣规格表
单位：cm

名称 规格	裤长	腰围	（制图臀围）	臀围	立裆	中裆大	脚口	腰宽
155/66A(S)	78	208	88	190	44	33.5	33.5	4
160/68A(M)	80	210	90	192	45	34	34	4
165/70A(L)	82	212	92	194	46	34.5	34.5	4
170/72A(XL)	84	214	94	196	47	35	35	4

2. 制图要点

本款裤型采用比例法绘制结构图，前后片采取基本相同的制图方式，绘制结构图时根据臀围的尺寸加放量来确定制图中的腰围的大小，其中臀围的加放量可以根据蓬松度的需要进行自由设计，另外立裆的长度也可以根据款式和造型需要自由设定，但是起码要满足人体基本的舒适度要求，具体的制图过程如下，如图 11-93 所示。

3. 制图步骤

吊裆裤是一种特殊形式的裤型，这里将根据图例分布步骤进行制图详细说明。

① 裤长辅助线（侧缝辅助线）。长度为成品裤长－腰头宽＝80－4cm＝76cm，如图 11-93 所示。

② 上平线。作水平线与裤长辅助线垂直相交，该线为腰线设计的依据线。

③ 下平线。由上平线与裤长辅助线的交点处垂直向下量取裤片长 76cm 确定一点，过此点作裤长辅助线的垂线并与上平线平行，确定出下平线。

④ 立裆长。由上平线与裤长辅助线的交点处在裤长辅助线上向下垂直量取 45cm 定出立裆长并确定出一点，过此点作水平线与上平线平行确定出横裆线辅助线，如图 11-93 所示。

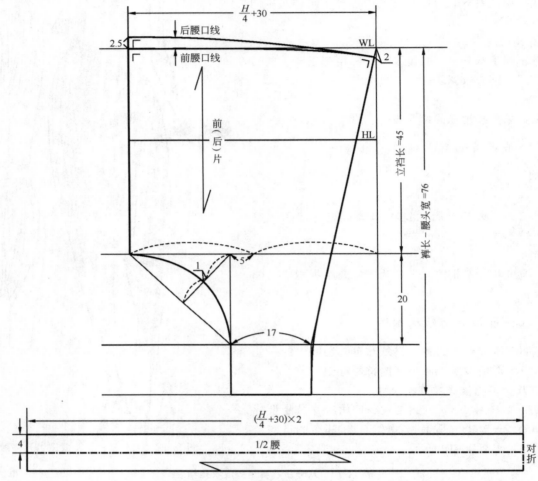

图 11-93　八分吊裆裤的结构制图

⑤ 中裆线辅助线。由裤长辅助线与横裆线的交点在裤长辅助线上垂直向下量取 20cm 确定一点，过此点作上平线的平行线确定出中裆线。

⑥ 确定腰围大。由上平线与裤长辅助线的交点处在上平线上量取腰围大 $H/4 + 30cm = 52.5cm$，如图 11-93 所示。

⑦ 确定前、后中心线。经过上平线上的腰围大点作上平线的垂线并与横裆线相交并确定出横裆宽。上平线上的腰围大点即为前腰节中点；将前、后中心线由上平线交点抬升 2.5cm 后腰起翘量，确定出后腰节中点，如图 11-93 所示。

⑧ 内缝辅助线。将横裆宽二等分并向中心线的方向偏移 5cm 作横裆线的垂线，并分别与中裆线辅助线、脚口辅助线相交。

⑨ 确定中裆宽。由内缝辅助线和中裆线辅助线的交点处在中裆辅助线上向侧缝方向水平量取中裆大／2＝17cm 并确定中裆宽点，如图 11-93 所示。

⑩ 确定脚口宽。由内缝辅助线与脚口线的交点处在脚口辅助线上向侧缝方向水平量取 17cm 并确定出脚口宽点，如图 11-93 所示。

⑪ 侧缝线辅助线。由上平线与裤长辅助线的交点处分别与中裆宽点、脚口宽点连接确定出侧缝线辅助线。

⑫ 确定侧缝线。由上平线与侧缝辅助线的交点处在侧缝辅助线上下落 2cm，确定出下落点，然后再经过中裆宽点、脚口宽点连成圆顺的曲线确定出侧缝线，如图 11-93 所示。

⑬ 确定腰围线。由前、后腰节中点与侧缝下落的 2cm 点连成圆顺的弧线，并且与侧缝线保持垂直，如图 11-93 所示。

⑭ 确定内缝弧线。经过前、后中心线与横裆线的交点与内缝辅助线与中裆线辅助线的交点连成一条直线，然后由内缝辅助线与横裆辅助线的交点处作直线的垂线，然后将垂线二等分，并由二等分点再垂线上向下下落 1cm，然后由前、后中心线与横裆线辅助线的交点经过垂线上下落的 1cm 点与内缝线和中裆线辅助线的交点连成圆顺的弧线，如图 11-93 所示。

思考题

根据当下流行的裤子，完成多款裤型的结构制图，并完成工业样板的处理，制成成衣。

绘图要求 ▶▶

构图严谨、规范，线条圆顺；标识准确；尺寸绘制准确；特殊符号使用正确；构图与款式图要相吻合；比例 1：1；作业整洁。

参 考 文 献

[1] 张文斌. 服装结构设计 [M]. 北京：中国纺织出版社，2007.

[2] 刘瑞璞. 女装纸样设计原理与应用（女装篇）[M]. 北京：中国纺织出版社，2008.

[3] 袁良. 香港高级女装技术教程 [M]. 北京：中国纺织出版社，2007.

[4] 侯东昱，仇满亮，任红霞. 女装成衣工艺 [M]. 上海：东华大学出版社，2012.

[5] 侯东昱，马芳. 服装结构设计·女装篇 [M]. 北京：北京理工大学出版社，2010.

[6] 陈明艳. 裤子结构设计与纸样 [M]. 上海：上海文化出版社，2009.

[7] [日] 中泽愈，著. 人体与服装 [M]. 袁观洛译. 北京：中国纺织出版社，2003.

[8] [日] 中屋典子，三吉满智子，著. 服装造型学技术篇Ⅰ [M]. 孙兆全，刘美华，金鲜英译. 北京：中国纺织出版社，2004.

[9] [日] 中屋典子，三吉满智子，著. 服装造型学技术篇Ⅱ [M]. 孙兆全，刘美华，金鲜英译. 北京：中国纺织出版社，2004.

[10] [日] 三吉满智子，著. 服装造型学技术篇理论篇 [M]. 郑嵘，张浩，韩洁羽译. 北京：中国纺织出版社，2006.

[11] [日] 文化服装学院编. 服装造型讲座②—裙子·裤子 [M]. 张祖芳，纪万秋，朱瑾等，译. 上海：东华大学出版社，2006.

[12] 侯东昱. 女装成衣结构设计·下装篇 [M]. 上海：东华大学出版社，2012.

[13] 熊能. 世界经典服装设计与纸样（女装篇）[M]. 南昌：江西美术出版社，2007.

[14] 侯东昱. 女装结构设计 [M]. 上海：东华大学出版社，2012.

[15] 侯东昱. 女装成衣结构设计·部位篇 [M]. 上海：东华大学出版社，2012.

[16] 冯泽民，刘海清. 中西服装史 [M]. 北京：中国纺织出版社，2010.

[17] 张孝宠. 高级服装打板技术全编 [M]. 上海：上海文化出版社，2006.

[18] 素材中国网 http://www.sccnn.com/